高等职业教育教材

物理性污染监测

闫淑梅　闫　静　主编

姚运先　主审

化学工业出版社

·北京·

内 容 简 介

本书对噪声污染监测、电磁辐射水平监测、环境放射性水平监测的基本理论和方法进行了详细讲述，分别对噪声、电磁辐射、放射性的实际监测或分析项目，以任务的形式编排，着重培养动手能力和专业技能。

本书充分体现了党的二十大精神进教材，贯彻生态文明思想，践行绿水青山就是金山银山的理念。推动绿色发展，促进人与自然和谐共生。

本书为高等职业教育本科、高职高专环境保护类及相关专业的教材，也可作为大中专院校、环境保护相关单位及职业资格考试的培训教材。

图书在版编目（CIP）数据

物理性污染监测/闫淑梅，闫静主编． —北京：化学工业出版社，2023.6（2024.9重印）
ISBN 978-7-122-43285-8

Ⅰ.①物… Ⅱ.①闫…②闫… Ⅲ.①环境污染-环境监测 Ⅳ.①X83

中国国家版本馆 CIP 数据核字（2023）第 065089 号

责任编辑：王文峡　　　　　　　　　　文字编辑：师明远　刘　莎
责任校对：刘　一　　　　　　　　　　装帧设计：韩　飞

出版发行：化学工业出版社（北京市东城区青年湖南街 13 号　邮政编码 100011）
印　　刷：北京云浩印刷有限责任公司
装　　订：三河市振勇印装有限公司
787mm×1092mm　1/16　印张 13¼　字数 321 千字　2024 年 9 月北京第 1 版第 3 次印刷

购书咨询：010-64518888　　　　　　　　　售后服务：010-64518899
网　　址：http://www.cip.com.cn
凡购买本书，如有缺损质量问题，本社销售中心负责调换。

定　　价：42.00 元　　　　　　　　　　　　　　　　　　　　版权所有　违者必究

编写人员

主　编 闫淑梅　闫　静

参　编（排名不分先后）
闫淑梅　闫　静　刘铁祥
方　晖　曹小敏　郭海彦
彭娟莹　邓湘湘　张晓缝
向　勇　翟自坡

主　审 姚运先

前言

物理性污染是由于物理因素如声、振动、放射性、电磁等产生的物理作用而对人类健康和生态环境造成危害的污染。物理性污染与化学性污染和生物性污染不同。物理性污染被称为无形污染，它们在环境中是永远存在的，会损害人体健康、影响人们的生活质量、不利于社会安定。近年来，随着城市建设的迅猛发展和人们对生活环境要求的不断提高，物理性污染（例如噪声、电磁辐射等）引起的投诉也逐渐增加。因此，加强物理性污染防治已引起各级管理部门、监测部门及广大民众的高度重视。

本书共分为三大模块：噪声污染监测、电磁辐射水平监测和环境放射性水平监测。每一模块分项目、分任务构建教材体系；按学习认知规律，以任务导入—知识学习（现场监测）—同步练习—阅读材料—拓展知识的顺序编排教学内容。本书主要适用于高等职业教育本科、高职高专环境保护类及相关专业，也可作为大中专院校、环境保护相关单位及职业资格考试的培训教材。

本书编写具有以下特色：

1. 由校企共同开发、设计和编写，内容的编排对接了方案编制、采样、分析和报告编制等职业岗位，有效融通岗位需求，使教材更具实践性。

2. 本书充分体现了党的二十大精神进教材，贯彻生态文明思想，践行绿水青山就是金山银山的理念。推动绿色发展，促进人与自然和谐共生。规范环境监测全过程，增强社会责任、法律责任意识等，坚持用最严格制度、最严密法治保护生态环境。

3. 结合本书涉及的监测本身所具有的环保、质量和安全等思政特点，从学习目标设计、任务安排和阅读材料的选取等多方位融入思政元素，有效增强和落实教材的德育功能。

4. 本书内容与时俱进，引入了大量的经典监测技术案例，为读者的学习借鉴提供了经验素材。

本书由常年在教学和科研一线、实践经验丰富的工作人员和企业专家共同编写。本书编写分工如下：长沙环境保护职业技术学院闫淑梅、方晖、彭娟莹、邓湘湘、张晓缝、刘铁祥和广电计量检测（湖南）有限公司向勇编写项目一、项目二、项目三和项目四，长沙环境保护职业技术学院曹小敏、郭海彦和内蒙古化工职业技术学院闫静编写项目五、项目六，闫淑梅、湖南省职业病防治院翟自坡编写项目七。全书由闫淑梅统稿。

本书在编写过程中参考了相关领域的著作、文献和标准文件，借鉴了许多专家、学者和机构发表的成果和资料，在此向有关作者表示衷心感谢。

由于水平有限，书中难免存在不足和疏漏之处，敬请广大读者批评指正。

编　者
2023 年 1 月

目录

模块一 噪声污染监测

项目一 社会生活噪声监测 …… 1
 任务一 制订声环境监测方案 …… 2
  一、噪声概述 …… 2
  二、声波的基本知识 …… 6
  三、级的概念及运算 …… 13
  四、声波衰减量的计算 …… 17
  五、噪声的测量及评价 …… 19
  六、噪声污染防治与控制 …… 30
  七、监测方案的制订 …… 33
 任务二 社会生活噪声扰民监测 …… 35
  一、社会生活噪声 …… 35
  二、社会生活噪声测量方法 …… 36
  三、扰民投诉监测案例分析 …… 37
 任务三 校园声环境质量现场监测 …… 42
  一、实验目的 …… 42
  二、仪器设备 …… 42
  三、监测依据 …… 43
  四、实验内容 …… 43
  五、结果评价 …… 43
  六、绘制声环境质量时间分布图 …… 43

项目二 交通运输噪声监测 …… 45
 任务一 交通噪声监测方案制订 …… 46
  一、道路交通噪声监测 …… 46
  二、城市轨道交通噪声测量 …… 49
  三、铁路边界噪声测量 …… 49
  四、机场周围飞机噪声测量 …… 49
  五、监测方案编制案例分析 …… 50
 任务二 交通噪声扰民投诉监测 …… 53
  一、高架桥交通噪声扰民监测 …… 54
  二、高架桥噪声污染原因及治理对策 …… 56
 任务三 学院周边道路交通噪声现场监测 …… 57
  一、实验目的 …… 57
  二、实验器材 …… 58
  三、监测依据 …… 58
  四、实验内容 …… 58

项目三 工业企业厂界噪声监测 …… 60
 任务一 厂界噪声监测前准备 …… 60
  一、厂界噪声及厂界 …… 61
  二、厂界噪声监测方法 …… 61
  三、厂界噪声监测方案编制 …… 64
 任务二 厂界环境噪声监测 …… 67
  一、项目概况 …… 67
  二、监测依据 …… 67
  三、执行标准分析 …… 67
  四、监测内容 …… 67
  五、监测方法 …… 68
  六、监测结果及评价 …… 69
  七、案例点评 …… 70
 任务三 某厂界噪声现场监测 …… 71
  一、实验目的 …… 71
  二、实验器材 …… 71
  三、监测依据 …… 71
  四、实验步骤 …… 72

项目四 建筑施工场界噪声监测 …… 73
 任务一 施工噪声监测前准备 …… 74

一、建筑施工噪声及场界 ……… 74
　　二、建筑施工噪声监测方法 …… 75
　　三、监测方案编制案例分析 …… 76
　任务二　建筑施工噪声扰民监测 …… 79
　　一、案例描述 …………………… 79
　　二、现场调研及分析 …………… 80
　　三、监测方法 …………………… 80
　　四、监测结果及评价 …………… 81

　　五、跟踪调查及案例点评 ……… 81
　任务三　某建筑工地噪声现场
　　　　　监测 …………………………… 82
　　一、实验目的 …………………… 82
　　二、实验器材 …………………… 82
　　三、监测依据 …………………… 82
　　四、实验步骤 …………………… 82

模块二　电磁辐射水平监测　　85

项目五　电力系统电磁辐射监测 …… 85
　任务一　制订电磁辐射监测方案 …… 86
　　一、电磁辐射概述 ……………… 86
　　二、环境电磁场及基本原理 …… 90
　　三、环境电磁评价量 …………… 98
　　四、电磁环境控制限值 ………… 101
　　五、测量仪器及工作原理 ……… 102
　　六、电磁辐射监测方案编制 …… 105
　任务二　电力系统电磁辐射监测 …… 110
　　一、设备工作原理 ……………… 110
　　二、电磁辐射特性 ……………… 111
　　三、监测方法 …………………… 113
　　四、案例分析 …………………… 116
　任务三　变电站电磁辐射现场
　　　　　监测 …………………………… 122
　　一、实验目的 …………………… 122
　　二、实验器材 …………………… 122
　　三、监测依据 …………………… 122

　　四、实验步骤 …………………… 122
项目六　通信基站电磁辐射监测 …… 126
　任务一　基站辐射监测前准备 ……… 126
　　一、设备工作原理 ……………… 127
　　二、电磁辐射特性 ……………… 128
　　三、监测方法 …………………… 128
　　四、案例分析 …………………… 130
　任务二　市区基站电磁辐射监测 …… 132
　　一、项目概况 …………………… 133
　　二、监测技术与方法 …………… 133
　　三、监测结果及讨论 …………… 134
　任务三　手机辐射现场监测 ………… 135
　　一、实验目的 …………………… 136
　　二、实验器材 …………………… 136
　　三、监测依据 …………………… 136
　　四、实验内容 …………………… 136
　　五、测量结果与评价 …………… 138

模块三　环境放射性水平监测　　140

项目七　环境中放射性样品分析
　　　　测定 ………………………………… 140
　任务一　明确放射性监测基本
　　　　　知识 …………………………… 141
　　一、原子、原子核与核素 ……… 141
　　二、核辐射与物质的放射性 …… 143
　　三、常用辐射量与单位 ………… 152

　　四、放射性污染与防护 ………… 154
　　五、放射性检测仪器 …………… 158
　　六、数据处理和常用统计方法 … 162
　任务二　放射性样品采集及制备 …… 171
　　一、采样点的布设 ……………… 171
　　二、样品的采集和处理 ………… 173
　　三、总α、总β测量的制样

方法 ……………………………… 180
　四、γ能谱分析样品的制备 ……… 183
**任务三　环境中放射性核素分析
　　　测定** …………………………… 185
　一、水质中总α放射性的测定 …… 185
　二、水质中总β放射性的测定 …… 189

　三、环境样品中微量铀的分析
　　　测定 ……………………………… 191
　四、水中钍的分析测定 …………… 196
　五、辐射环境监测标准分析
　　　方法 ……………………………… 198

参考文献 ……………………………………………………………………………………… 201

模块一

噪声污染监测

2022年6月实施的《中华人民共和国噪声污染防治法》(以下简称《噪声法》)第二条：本法所称噪声，是指在工业生产、建筑施工、交通运输和社会生活中所产生的干扰周围生活环境的声音。因此，按照噪声来源，噪声分为社会生活噪声、交通运输噪声（包括道路、铁路、机场、港口及航道噪声等）、工业噪声和建筑施工噪声。

按照工作属性，我国开展的噪声监测可分为声环境常规监测和噪声源监测两类：①声环境常规监测也称例行监测，是指为掌握城市声环境质量状况，生态环境部门所开展的区域声环境监测、道路交通声环境监测和功能区声环境监测。②噪声源监测包括环境影响评价（简称环评）监测、建设项目竣工环境保护验收监测、企业噪声排放监督监测及噪声纠纷的仲裁监测等。噪声源监测为我国从源头控制噪声污染发挥了重要作用。

本模块按城市噪声产生来源，以项目化的形式组织教材内容。

项目一 社会生活噪声监测

 学习目标

【知识目标】

1. 掌握噪声监测基本知识：噪声及噪声污染的定义、声波传播及衰减规律、噪声评价量及噪声测量仪器的工作原理；
2. 掌握声环境监测方案的编制方法；
3. 掌握社会生活噪声定义及监测方法；
4. 熟悉声环境质量标准及技术规范的查询方法；
5. 了解噪声污染的危害及防治。

【能力目标】

1. 学会声波基本物理量的计算及声级加减运算；
2. 学会噪声评价量的计算及运用；
3. 能依据具体项目，制订合理、科学的声环境监测方案；
4. 能正确开展噪声污染源现场调研及资料收集；

5. 能正确开展社会生活噪声现场监测及分析；
6. 能在整个监测过程中实施质量保证与质量控制。

【素质目标】

1. 培养热爱环保事业、爱岗敬业的职业素养；
2. 培养团队协作、顾全大局的团队精神；
3. 培养法治意识、规范意识及生态环境意识。

【学习法律、标准及规范】

1. 《中华人民共和国噪声污染防治法》；
2. 《声环境质量标准》（GB 3096—2008）；
3. 《社会生活环境噪声排放标准》（GB 22337—2008）；
4. 《环境噪声监测技术规范 噪声测量值修正》（HJ 706—2014）；
5. 《环境噪声监测技术规范 结构传播固定设备室内噪声》（HJ 707—2014）；
6. 《环境噪声监测技术规范 城市声环境常规监测》（HJ 640—2012）。

任务一 制订声环境监测方案

任务导入

监测方案是一项监测任务的总体构思和设计，制订时必须首先明确监测目的，然后在调查研究的基础上确定监测对象、设计监测网点，合理安排监测时间和监测频率，选定监测方法及测定技术，提出监测报告要求，制订质量保证程序、措施和方案的实施计划等。

本任务通过噪声监测基本知识学习，以校园声环境质量监测为研究对象，以小组为单位，开展现场调查和资料收集，分析确定校园声环境功能区分布及监测点布设、选定监测分析方法及数据处理等，出具包括项目概况、监测依据、监测点位及示意图、监测时间及频次、监测分析方法、监测质量控制与质量保证等内容的完整监测方案。

知识学习

一、噪声概述

1. 噪声及噪声污染

（1）噪声的定义 声音在人们的生活中是必不可少的，悦耳的音乐声、潺潺的流水声、琅琅的读书声，无一不使人们心情舒畅，而隆隆的装修声、街道的喧闹声，却让我们心情不适，烦躁不安。这些让我们心情烦躁的声音就是噪声。

从物理学的角度看，噪声是发声体做无规则振动时发出的声音；从生物学的角度看，噪声是妨碍人们正常学习、工作和休息的声音；从环保角度看，噪声是指一切人们不需要的声音。

噪声从心理学上可分为：超过一定强度标准，可危及人体健康的过响声；妨碍人们工作、生活、学习、生产等活动的妨碍声；使人产生厌恶感的不愉快声；另外还有人们可以容忍和习惯适应，甚至可以融合到生活中的可忽视噪声，又称无影响声。

（2）噪声污染的定义 《噪声法》重新界定了噪声污染内涵，扩大了其法律适用范围，明确了噪声污染是"指超过噪声排放标准或者未依法采取防控措施产生噪声,并干扰他人正常生活、工作和学习的现象",解决了部分噪声污染行为在现行法律中存在监管空白的问题。

《噪声法》针对有些产生噪声的领域没有噪声排放标准的情况,在"超标+扰民"基础上,将"未依法采取防控措施"产生噪声干扰他人正常生活、工作和学习的现象,均界定为噪声污染。没有噪声排放标准的产生噪声的领域,包括城市轨道交通、机动车"炸街"、乘坐公共交通工具、饲养宠物、餐饮等噪声扰民行为。

噪声污染具有以下特点:

① 瞬时性:与其他污染源排污后污染物长期残留积累起来不同,噪声源一旦停止发声,噪声立即消除,没有积累性。

② 能量性:噪声不像污染物,不会积累,它的能量最后完全转变为热能。虽然声能量很小,但它能引起空气介质的波动,由此产生的污染也很大。

③ 局限性:噪声源只能影响它周围的一定区域,其扩散和危害具有局限性。

④ 危险潜伏性:噪声在心理承受上有一定的延续效应,长期接触或短期高强度接触有损健康。

(3)噪声污染的来源　随着人类工业的发展,各种各样的噪声充斥着人们的生活,噪声污染的来源多种多样,主要有工业噪声污染源、交通噪声污染源、建筑噪声污染源和社会生活噪声污染源。

① 工业噪声污染源　主要有空气动力性噪声、机械性噪声和电磁性噪声。

a. 空气动力性噪声:由气体中存在的涡流或发生压力突变时引起的气体扰动而产生,如空压机、通风机、鼓风机、高压气体放空时所产生的噪声。

b. 机械性噪声:由机械撞击、转动、摩擦而产生,如破碎机、电锯、球磨机、机床等发出的噪声。一些常见的机械性噪声源及其强度如表1-1所示。

c. 电磁性噪声:由磁场和电源频率脉动引起电器部件的振动而产生,如发电机、继电器、变压器产生的噪声。

工业噪声还可以按噪声的性质分为稳态噪声和脉冲噪声。

a. 稳态噪声:在较长一段时间内保持恒定不变的噪声称为稳态噪声;

b. 脉冲噪声:随时间变化时大时小的噪声称为脉冲噪声。

表1-1　常见的机械性噪声源及其强度

机械噪声源	声级/dB
放大机、拷贝机、电子刻板真空镀膜机	<75
蒸发机、上胶机	75
针织机、织袜机、漆包线机	80
车床、刨床、铣床、造纸机	85
泵房、冷冻机房、轧钢车间、空气压缩机站	90
织带机、轮转印刷机	95
电焊机、柴油发电机、大型鼓风机站	100
织布机、破碎机、大螺杆压缩机	105
电锯、无齿锯、罗茨鼓风机	110
抽风机、振动筛、振捣台	115
加压制砖机、大型球磨机、有齿钢材锯	120
轧材、热锯(峰值)	125
风铲、大型鼓风机、高炉和锅炉排气放空	130

② 交通噪声污染源　交通噪声是指交通工具运行时所产生的妨碍人们正常生活和工作的声音，包括机动车噪声、空中交通噪声、铁路交通噪声和船舶噪声等，一般主要指机动车辆在城市内交通干线上行驶时产生的噪声。交通噪声是一种不稳定的噪声，声级随时间等因素而变化，其污染程度与机动车辆的种类、数量、速度、运行状态、相互距离、鸣笛，道路宽度、坡度，路面情况及风速等多种因素有关。

根据来源的不同，城市道路交通噪声主要分为动力系统噪声、非动力系统噪声和轮胎路面噪声三方面。动力系统噪声包括进排气噪声、传动系统噪声、发动机表面辐射噪声等。非动力系统噪声包括鸣笛、刹车等产生的噪声。当汽车速度处于45～55km/h时，轮胎噪声就成为小客车与轻型载重车噪声频谱的主要成分。

另外，铁路交通噪声指火车在车站和列车调度场进行车辆的调度发生碰撞而产生的一种频率相当低的噪声；空中交通噪声指飞机由于快速运转的器件喷射出高速气流而产生的频率非常高的噪声。

③ 建筑噪声污染源　在基础工程中，有土方爆破、挖掘沟道、平整和清理场地、打夯、打桩等作业；在主体工程中，有立钢骨架或钢盘混凝土骨架、吊装构件、搅拌和浇捣混凝土等作业；在施工现场，有材料和构件的运输活动；此外还有各种敲打、撞击、旧建筑拆除等。

④ 社会生活噪声污染源　包括通风机、空调、水泵、油烟机、高音喇叭、音响设备以及其他社会活动所使用的电器。一些典型的家庭常用设备及噪声强度如表1-2所示，虽然社会生活噪声平均声级不是很高，但给居民造成的干扰却很大，是城市中影响声环境质量的主要污染源，所占比例近50%。

表1-2　家庭常用设备及噪声强度

家庭常用设备	声级/dB	家庭常用设备	声级/dB
风扇	30～68	除尘器、电视机、抽水马桶	60～84
电冰箱	30～58	钢琴	62～92
通风机、吹风机	50～75	食物搅拌器	65～80
洗衣机、缝纫机	50～80		

2. 噪声的危害及投诉情况

(1) 噪声的危害　噪声污染对人、动物、仪器仪表及建筑物均构成危害，其危害程度主要取决于噪声的频率、强度及人在噪声中的暴露时间。噪声的危害主要包括以下几方面：

① 噪声对人体最直接的危害是听力损伤　人在强噪声环境中暴露一段时间后，会感到双耳难受，甚至会出现头痛等感觉。离开噪声环境到安静的场所休息一段时间，听力就会逐渐恢复正常，这种现象叫作暂时性听阈偏移，又称听觉疲劳。但是，如果长期在强噪声环境下工作，听觉疲劳不能得到及时恢复，内耳器官会发生器质性病变，即形成永久性听阈偏移，又称噪声性耳聋。若人突然暴露于极其强烈的噪声环境中，听觉器官会发生急性外伤，引起鼓膜破裂出血，螺旋器从基底膜急性剥离，可能使人耳完全失去听力，即出现爆震性耳聋。

② 噪声能诱发多种疾病　噪声通过听觉器官作用于大脑中枢神经系统，以至影响全身各个器官，所以噪声除对人的听力造成损伤以外，还会给人体其他系统带来危害。

③ 噪声干扰正常生活和工作　噪声对人的睡眠影响极大，人即使在睡眠中，听觉也要

承受噪声的刺激。噪声会导致多梦、易惊醒、睡眠质量下降等，突然的噪声对睡眠的影响更为突出。

④ 噪声影响动物　噪声能对动物的听觉器官、视觉器官、内脏器官及中枢神经系统造成病理性变化。噪声对动物的行为有一定的影响，可使动物失去行为控制能力，出现烦躁不安、失去常态等现象，强噪声会引起动物死亡。

⑤ 特强噪声危害仪器设备和机械结构　实验研究表明，特强噪声会损坏仪器设备，甚至使仪器设备失效。噪声对仪器设备的影响程度与噪声强度、频率及仪器设备本身的结构与安装方式等因素有关。当噪声声级超过150dB时，会严重损坏电阻、电容、晶体管等元件。当特强噪声作用于火箭、宇航器等机械结构时，由于受声频交变负载的反复作用，材料会产生疲劳现象而断裂，这种现象叫作声疲劳。

(2) 噪声投诉情况　随着社会经济发展和技术进步，人民群众对美好生活环境的要求不断提高，噪声污染投诉量大幅增加。根据《2022年中国环境噪声污染防治报告》，据不完全统计，2021年，全国地级及以上城市"12345"市民服务热线以及生态环境、住房和城乡建设、公安、交通运输、城市管理综合行政执法等部门合计受理的噪声投诉举报约401万件。其中，社会生活噪声投诉举报最多，占57.9%；建筑施工噪声次之，占33.4%；工业噪声占4.5%；交通运输噪声占4.2%。

2021年，全国生态环境信访投诉举报管理平台共接到公众环境投诉举报45万余件，其中噪声扰民问题占全部举报的45.0%，同比升高3.8个百分点，仅次于大气污染，排各环境污染要素的第2位。生态环境部门受理的噪声投诉举报以工业噪声为主，占47.9%；建筑施工噪声次之，占31.1%；社会生活噪声占18.8%；交通运输噪声占2.2%。

 同步练习

一、选择题

1. 下列属于噪声的是（　　）。

　　A. 音乐厅里演奏的交响曲　　　　　　B. 家里的电视声

　　C. 小明上课回答问题的说话声　　　　D. 尖钉在铝锅上划出的声音

二、填空题

1. 按噪声产生来源，噪声可分为_____、_____、_____和_____。
2. 按照工作属性，我国开展的噪声监测可分为_____和_____两类。其中噪声源监测包括_____、_____、_____和_____等。

三、简答题

1. 根据《噪声法》，噪声的定义是什么？什么是噪声污染？如何界定？
2. 简述噪声污染的特征。

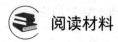

阅读材料

用最严格制度最严密法治保护生态环境的体现

党的十八大以来,我国出台了一系列的政策和法律文件,加大了污染治理的力度,设置了更加严密的制度,严格了监管执法的尺度,加快了环境质量的改善。

2013年,国务院发布《大气污染防治行动计划》,通过十条措施有力地促进了我国空气质量的改善。

2014年,我国修订了《中华人民共和国环境保护法》,这是环境保护领域的基础性法律,被称为"史上最严"环境保护法。此后,我国又陆续制定和修订了生态环境保护领域25部相关法律法规。

2015年,国务院发布《水污染防治行动计划》,通过十条措施加强了我国对水污染问题的预防和治理。中共中央、国务院印发了《生态文明体制改革总体方案》,提出了生态文明体制改革的总体要求。

2016年,国务院发布《土壤污染防治行动计划》,通过十条措施切实加强土壤污染防治,逐步改善土壤环境质量。

2018年8月31日,第十三届全国人民代表大会常务委员会第五次会议通过了《中华人民共和国土壤污染防治法》,在保护和改善生态环境、防治土壤污染、保障公众健康、推动土壤资源永续利用、推进生态文明建设、促进经济社会可持续发展等方面提供了制度保障。

2020年4月29日,第十三届全国人大常委会第十七次会议审议通过了新修订的《中华人民共和国固体废物污染环境防治法》,自2020年9月1日起施行。现行《中华人民共和国固体废物污染环境防治法》增加了建筑垃圾、农业固体废物和保障措施等专章,完善了对工业固体废物、农业固体废物、生活垃圾、建筑垃圾、危险废物等的污染防治制度,特别是针对重大传染病疫情等突发事件应对过程中产生的医疗废物,提出了与时俱进的管理制度。

2021年12月24日,第十三届全国人民代表大会常务委员会第三十二次会议通过了《中华人民共和国噪声污染防治法》,于2022年6月5日起施行。现行《中华人民共和国噪声污染防治法》有几大亮点:重新界定了噪声污染内涵,扩大了法律适用范围;完善了噪声标准体系、强化了噪声源头防控、分类防控噪声污染、聚焦噪声扰民难点等。

二、声波的基本知识

1. 声波的产生

(1) **声源** 各种各样的声音都起始于物体的振动。凡能产生声音的振动物体统称为声源。从物体的形态来分,声源可分成固体声源、液体声源和气体声源等。例如,敲击的锣鼓、波涛汹涌的大海和排气的汽车都是常见的声源。如果你用手指轻轻触及被敲击的鼓面,就能感觉到鼓面的振动。所谓声源的振动就是物体(或质点)在其平衡位置附近进行的往复运动。

(2) **声波的传播** 当声源振动时,就会引起声源周围弹性媒质——空气分子的振动。这些振动的分子又会使其周围的空气分子产生振动。这样,声源产生的振动就以声波的形式向外传播。声波不仅可以在空气中传播,也可以在液体和固体中传播。但是,声波不能在真空中传播,因为在真空中不存在能够产生振动的弹性媒质。根据传播媒质的不同,可以将声分成空气声、水声和固体(结构)声等类型。

在空气中,声波是一种纵波,这时媒质质点的振动方向是与声波的传播方向相一致的。

反之，将质点振动方向与声波传播方向相互垂直的波称为横波。在固体和液体中既可能存在纵波，也可能存在横波。

需要注意的是，纵波或横波都是通过相邻质点间的动量传递来传播能量的，而不是由物质的迁移来传播能量。例如，若向水池中投掷小石块，就会引起水面的起伏变化，一圈一圈地向外传播，但是水质点（或水中的漂浮物）只是在原位置处上下运动，并不向外移动。

2. 声波的基本物理量

（1）声压 p　没有声波时，空气中的压强即为大气压；空气中有声波时，由于声波的存在，原来的大气压产生起伏，会叠加上一个变化的压强。声压就是指介质中的压强相对于无声波时的压强改变量。声压越大，声音越强；声压越小，声音越弱，通常用 p 来表示，单位为帕（Pa）。

声压是表示声音强弱最常用的物理量。正常人刚刚能听到的声音的声压是 2×10^{-5} Pa，此为听阈声压；当声音的声压达到 20Pa 时，会使人产生震耳欲聋的感觉，此为痛阈声压。

（2）周期 T　如果声源的振动是按一定的时间间隔重复进行的，也就是说振动是具有周期性的，那么就会在声源周围媒质中产生周期性的疏密变化。在同一时刻，从某一个最稠密（或最稀疏）的地点到相邻的另一个最稠密（或最稀疏）的地点之间的距离称为声波的波长，记为 λ，单位为米（m）。振动重复 1 次的最短时间间隔称为周期，记为 T，单位为秒（s）。周期的倒数，即单位时间内的振动次数，称为频率，记为 f，单位为赫兹（Hz），$1Hz=1s^{-1}$。

可闻声的频率范围：20～20000Hz。频率低于 20Hz 的声称为次声，频率高于 20000Hz 的声称为超声。

（3）声速 c　媒质中的振动由声源向外传播。这种传播是需要时间的，即传播的速度是有限的，这种振动在媒质中的传播速度称为声速，记为 c，单位为米每秒（m/s）。

在空气中声速：

$$c = 331.45 + 0.61t \tag{1-1}$$

式中　c——声速，m/s；

　　　t——空气的温度，℃。

可见，在空气中，声速 c 随温度的变化会有一些变化，但是一般情况下，这个变化不大，实际计算时常取 c 为 340m/s。

显然，在这些物理量之间存在着如下的相互关系：

$$\lambda = \frac{c}{f} \tag{1-2}$$

$$f = \frac{1}{T} \tag{1-3}$$

在相同温度下，声速的大小主要与介质的性质有关。在不同介质中，声音的传播速度是不相同的。

（4）声能量、声强、声功率

① 声能量　声波在媒质中传播，一方面使媒质质点在平衡位置附近往复运动，产生动能。另一方面又使媒质产生了压缩和膨胀的疏密过程，从而具有形变的势能。这两部分能量之和就是由于声扰动使媒质得到的声能量。

空间中存在声波的区域称为声场。声场中单位体积媒质所含有的声能量称为声能密度，记为 D，单位为焦（耳）每立方米（J/m³）。

② 声强　声场中某点处，与质点速度方向垂直的方向单位面积上单位时间内通过的声能称为瞬时声强，它是一个矢量。声强的符号为 I，单位为瓦特每平方米（W/m^2）。

③ 声功率　声源在单位时间内发射的总能量称为声功率，记为 W，单位为瓦（W）。

对于在自由空间中传播的平面声波：

声能密度： $$\overline{D}=\frac{p_e^2}{\rho_0 c^2} \tag{1-4}$$

声强： $$\overline{I}=\frac{p_e^2}{\rho_0 c} \tag{1-5}$$

声功率： $$\overline{W}=\overline{I}S \tag{1-6}$$

式中　$\overline{D}$——平均声能密度，J/m^3；
　　　ρ_0——弹性介质的密度，kg/m^3；
　　　c——声速，m/s；
　　　$\overline{I}$——平均声强，W/m^2；
　　　$\overline{W}$——平均声功率，W（瓦特）。

符号顶部的"—"表示对一定时间 t 的平均。

　　　p_e——声压的有效值，Pa，对于简谐声波 $p_e=p_0/\sqrt{2}$；
　　　S——平面声波波阵面的面积。

3. 声波的基本类型

一般常用声压 p 来描述声波，在均匀的理想流体媒质中小振幅声波的波动方程是：

$$\frac{\partial^2 p}{\partial x^2}+\frac{\partial^2 p}{\partial y^2}+\frac{\partial^2 p}{\partial z^2}=\frac{1}{c^2}\times\frac{\partial^2 p}{\partial t^2} \tag{1-7a}$$

或记为 $$\nabla^2 p=\frac{1}{c^2}\times\frac{\partial^2 p}{\partial t^2} \tag{1-7b}$$

式中　∇^2——拉普拉斯算符，在直角坐标系中 $\nabla^2=\frac{\partial^2 p}{\partial x^2}+\frac{\partial^2 p}{\partial y^2}+\frac{\partial^2 p}{\partial z^2}$；
　　　c——声速，m/s；
　　　t——时间，s。

式(1-7a) 表明，声压 p 是空间（x、y、z）和时间 t 的函数，记为 $p(x、y、z、t)$，描述不同地点在不同时刻的声压变化规律。

根据声波传播时波阵面的形状不同可以将声波分成平面声波、球面声波和柱面声波等类型（图 1-1）。所谓波阵面是指空间同一时刻相位相同的各点的轨迹曲线。

（1）平面声波　当声波的波阵面是垂直于传播方向的一系列平面时，就称其为平面声波。若将振动活塞置于均匀直管的始端，管道的另一端伸向无穷，当活塞在平衡位置附近作小振幅的往复运动时，在管内同一截面上各质点将同时受到压缩或扩张，具有相同的振幅和相位，这就是平面声波。声波传播时处于最前沿的波阵面也称为波前。通常，可以将各种远离声源的声波近似地看成平面声波。平面声波在数学上的处理比较简单，是一维问题。通过对平面声波的详细分析，可以了解声波的许多基本性质。声压随时间、空间坐标的变化波形如图 1-2 所示。

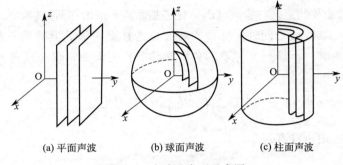

(a) 平面声波　　　　(b) 球面声波　　　　(c) 柱面声波

图 1-1　声波的类型示意图

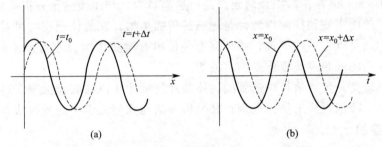

图 1-2　声压 p 随时间 t、空间坐标 x 的变化波形
(a) 在确定时刻 t_0，声压 p 随空间坐标 x 的变化曲线；
(b) 在确定位置 x_0，声压 p 随时间 t 的变化曲线

如果管道始端的活塞以正（余）弦函数的规律往复运动，则称为简谐振动。活塞偏离平衡位置的距离 ξ 称为位移。对简谐振动有：

$$\xi = \xi_0 \cos(\omega t + \varphi) \tag{1-8}$$

式中　ξ_0——活塞离开平衡处的最大位移，称为振幅，m；
　　　ω——$2\pi f$，称为角频率，rad/s；
　　　t——时间，s；
　　　$(\omega t + \varphi)$——时刻 t 的相位，rad；
　　　φ——初相位，rad。

在均匀理想流体媒质中，小振幅平面声波的波动方程是：

$$\frac{\partial^2 p}{\partial x^2} = \frac{1}{c^2} \times \frac{\partial^2 p}{\partial t^2} \tag{1-9}$$

（2）球面声波　当声源的几何尺寸比声波波长小得多时，或者测量点离开声源相当远时，则可以将声源看成一个点，称为点声源。在各向同性的均匀媒质中，从一个表面同步胀缩的点声源发出的声波是球面声波，也就是在以声源点为球心，以任何 r 值为半径的球面上声波的相位相同。球面声波的波动方程为：

$$\frac{\partial^2 (rp)}{\partial r^2} = \frac{1}{c^2} \times \frac{\partial^2 (rp)}{\partial t^2} \tag{1-10}$$

可用 $p(r,t)$ 来描述从球心向外传播的简谐球面声波：

$$p(r,t)=\frac{P_0}{r}\cos(\omega t-kr) \tag{1-11}$$

球面声波的一个重要特点是，振幅（P_0）随传播距离 r 的增加而减少，二者成反比关系。

（3）柱面声波　波阵面是同轴圆柱面的声波称为柱面声波，其声源一般可视为线声源。考虑最简单的柱面声波，声场与坐标系的角度和轴向长度无关，仅与径向半径 r 相关。于是有波动方程：

$$\frac{1}{r}\times\frac{\partial}{\partial r}\left(r\frac{\partial p}{\partial r}\right)=\frac{1}{c^2}\times\frac{\partial^2 p}{\partial t^2} \tag{1-12}$$

对于远场简谐柱面声波有：

$$p=P_0\sqrt{\frac{2}{\pi kr}}\cos(rt-kt) \tag{1-13}$$

其幅值由于 $\sqrt{2/\pi kr}$ 存在，随径向距离的增加而减少，与距离的平方根成反比。

平面声波、球面声波和柱面声波都是理想的传播类型。在具体应用时可对实际条件进行合理近似，例如，可以将一列火车，或公路上一长串首尾相接的汽车看成不相干的线声源，将大面积墙面发出的低频声波视作平面声波等。

当声波频率较高，传播途径中遇到的物体的几何尺寸比声波波长大很多时，可以不计声波的波动特性，直接用声线来加以处理，其分析方法与几何光学中的光线法非常相似。

4. 声波的叠加

前面讨论的各类声波都是只包含单个频率的简谐声波。而实际遇到的声场，如谈话声、音乐声、机器运转声等，不只含有一个频率或不只有一个声源。这样就涉及到声波的叠加原理，各声源所激起的声波可在同一媒质中独立地传播，在各个波的交叠区域，各质点的声振动是各个波在该点激起的更复杂的复合振动。在处理声波的反射问题时也会用到叠加原理。

（1）相干波和驻波　假定几个声源同时存在，在声场某点处的声压分别为 p_1，p_2，p_3，$\cdots$，p_n，那么合成声场的瞬时声压 p 为：

$$p=p_1+p_2+\cdots+p_n=\sum_{i=1}^{n}p_i \tag{1-14}$$

式中　p_i——第 i 列波的瞬时声压。

如果两个声波频率相同，振动方向相同，且存在恒定的相位差：

$$p_1=P_{01}\cos(\omega t-kx_1)=P_{01}\cos(\omega t-\varphi_1)$$
$$p_2=P_{02}\cos(\omega t-kx_2)=P_{02}\cos(\omega t-\varphi_2)$$

式中，x_1 与 x_2 的坐标原点是由各列声波独自选定的，不一定是空间的同一位置；P_{01} 与 P_{02} 分别为两个声波的振幅。由叠加原理得：

$$p=p_1+p_2=P_T\cos(\omega t-\varphi) \tag{1-15}$$

由三角函数关系知，合成声波幅值与初相位满足下式：

$$P_T^2=P_{01}^2+P_{02}^2+2P_{01}P_{02}\cos(\varphi_2-\varphi_1) \tag{1-16a}$$

$$\varphi=\tan^{-1}\frac{P_{01}\sin\varphi_1+P_{02}\sin\varphi_2}{P_{01}\cos\varphi_1+P_{02}\cos\varphi_2} \tag{1-16b}$$

上述分析表明，对于两个频率相同、振动方向相同、相位差恒定的声波，合成声仍是一个同频率的声振动。它们之间的相位差为：

$$\Delta\varphi=(\omega t-\varphi_1)-(\omega t-\varphi_2)=\varphi_2-\varphi_1=k(x_2-x_1) \tag{1-17}$$

$\Delta\varphi$ 与时间 t 无关，仅与空间位置有关，对于固定地点，x_1 和 x_2 确定，所以 $\Delta\varphi$ 是常量。原则上对于空间不同位置，$\Delta\varphi$ 会有变化。由式(1-16a)可知，合成声波的声压幅值 P_T 在空间的分布随 $\Delta\varphi$ 变化。在空间某些位置振动始终加强，在另一些位置振动始终减弱，此现象称为干涉现象。这种具有相同频率、相同振动方向和恒定相位差的声波称为相干波。

当 $\Delta\varphi=0,\pm2\pi,\pm4\pi,\cdots$ 时，P_T 为极大值，$P_{Tmax}=|P_{01}+P_{02}|$；在另外一些位置，当 $\Delta\varphi=\pm\pi,\pm3\pi,\pm5\pi,\cdots$ 时，P_T 为极小值，$P_{Tmin}=|P_{01}-P_{02}|$，这种振幅值 P_T 随空间不同位置有极大值和极小值分布的周期波称为驻波，其声场称为驻波声场。驻波的极大值和极小值分别称为波腹和波节。当 P_{01} 与 P_{02} 相等时，$P_{Tmax}=2P_{01}$，$P_{Tmin}=0$，驻波现象最明显。

（2）不相干声波　在一般的噪声问题中，经常遇到的多个声波，或者是频率互不相同，或者是相互之间并不存在固定的相位差，或者是两者兼有，也就是说，这些声波是互不相干的。这样对于空间某定点，$\Delta\varphi$ 不再是固定的常值，而是随时间作无规变化，叠加后的合成声场不会出现驻波现象。

在不相干的情况下，各个声波间不存在固定相位差时，其能量可以直接叠加。总声压表示为：

$$p_e^2 = p_{1e}^2 + p_{2e}^2 + \cdots p_{ne}^2 = \sum_{i=1}^{n} p_{ie}^2 \tag{1-18}$$

但是，如果要求某一时刻的瞬态值时，还应由 $p=\sum_{i=1}^{n}p_i$ 来计算，两者不能混淆。

5. 声音的频谱

实际生活中的声音很少是单个频率的纯音，一般是由多个频率组合而成的复合声。因此，常常需要对声音进行频谱分析。若以频率 f 为横轴，以声压级 L_p 为纵轴，则可绘出声音的频谱图（图1-3）。

对于线状谱声音可以确定单个频率处的声压。对于周期振动的声源，其产生的声音就是线状谱。其中，与振动周期相同正弦形式的频率称为基频，频率等于基频整数倍的正弦形式称为谐波。例如，某个周期振动声源的周期 $T=1/100\mathrm{s}$，那么，其发出的声音的基频是100Hz，二次谐波是200Hz，三次谐波是300Hz，依次类推。

对于连续谱声音，不可能给出某个频率处的声压，只能测得某个频率 f 附近 Δf 带宽内的声压。显然，带宽不同所测得的声压（或声强）也会不同。对于足够窄的带宽 Δf，谱密度计算公式为：

$$W(f) = p^2/\Delta f \tag{1-19}$$

6. 声波的反射、折射、散射和衍射

声波在空间传播时会遇到各种障碍物，或者遇到两种媒质的界面。这时，依据障碍物的形状和大小，会产生声波的反射、透射、折射和衍射。声波的这些特性与光波十分相近。

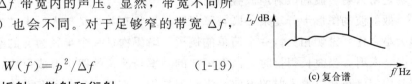

图1-3　典型的声音频谱图

（1）声波的反射　声波在传播过程中发生反射现象，是由于遇到了特性阻抗不同的界面。如山谷里听到的回声就是声波的反射现象。声波反射现象的强弱可用反射系数的大小来

表示，反射系数等于反射声能与入射声能之比。从特性阻抗为 ρ_1c_1 的介质到特性阻抗为 ρ_2c_2 的介质，垂直入射声波的反射系数 β 的计算公式为：

$$\beta=\left(\frac{\rho_1c_1-\rho_2c_2}{\rho_1c_1+\rho_2c_2}\right)^2 \tag{1-20}$$

反射系数 β 值越大，则反射出的声能越多。根据式(1-20)，当两种介质的特性阻抗接近时，其反射系数 β 非常小，声波几乎可以由第一种介质完全进入第二种介质中。

声波在管道内部传播时，遇到弯头、分支、变径管和阀件等，也都会产生声波的反射现象。这种声学特性在噪声控制中已被很好地加以利用。

声波的反射还与声波的波长、障碍物的大小以及表面光滑程度有关。当声波波长比障碍物表面尺寸小时，可将声音反射回去。声波波长比障碍物的表面尺寸小得越多时，反射越容易，并可在障碍物后面形成一个声影区。这种现象与光线遇到障碍物的情况类似。声波的反射与折射规律与几何光学相似，所以称为"几何声学"。

(2) 声波的折射　声波在传播过程中，遇到不同特性阻抗的界面时，除部分声波发生反射外，有一部分声波在传播方向上发生改变，称为声波的折射，如图 1-4 所示。折射定律为：入射线、折射线和法线在同一平

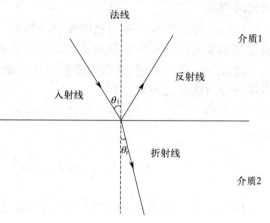

图 1-4　声波的反射与折射

面内，且不管入射角大小如何，入射角 θ_i 的正弦值与折射角 θ_r 的正弦值之比等于在第一种介质中的声速 c_1 与第二种介质中的声速 c_2 之比。即

$$n_{21}=\frac{\sin\theta_i}{\sin\theta_r}=\frac{c_1}{c_2} \tag{1-21}$$

式中　n_{21}——第一种介质对第二种介质的相对折射率；

　　　c_1——第一种介质中的声速，m/s；

　　　c_2——第二种介质中的声速，m/s。

(3) 声波的散射与衍射　如果障碍物的表面很粗糙（也就是表面的起伏程度与波长相当），或者障碍物的大小与波长差不多，入射声波就会向各个方向散射。这时障碍物周围的声场是由入射声波和散射声波叠加而成。

散射波的图形十分复杂，既与障碍物的形状有关，又与入射声波的频率（即波长与障碍物大小之比）密切相关。一个简单的例子，障碍物是一个半径为 r 的刚性圆球，平面声波自左向右入射，当波长很长时，散射声波的功率与波长的四次方成反比，散射波很弱，而且大部分均匀分布在对着入射的方向。当频率增加，波长变短，指向性分布图形变得复杂起来。继续增加频率至极限情况时，散射波能量的一半集中于入射波的前进方向，而另一半比较均匀地散布在其他方向，形成如图 1-5 的图形（心脏形，再加上正前方的主瓣）。

由于总声场是由入射声波与散射声波叠加而成的，因此对于低频情况，在障碍物背面散射波很弱，总声场基本上等于入射声波，即入射声波能够绕过障碍物传到其背面形成声波的衍射。声波的衍射现象不仅在障碍物比波长小时存在，即使障碍物很大，在障碍物边缘也会出现声波衍

射。波长越长，这种现象就越明显。例如，路边的声屏障不能将声音（特别是低频声）完全隔绝就是由于声波的衍射效应。

三、级的概念及运算

现实生活中的声音强弱差异非常大，从听阈声压到痛阈声压，声压由 2×10^{-5}Pa 到 20Pa，相差了一百万倍，在衡量声音强弱时非常不方便，同时也不能保证其精度，为了方便起见，引入一个成倍比关系的对数量——"级"，作为声音大小的常用单位，这就是声压级，即以声压级代替声压。相对应的有声强级和声功率级。

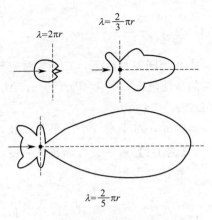

图 1-5 刚性圆球的散射声波强度的指向性分布

1. 声压级、声强级及声功率级

（1）声压级 声压级的表达式为：

$$L_p = 10\lg\frac{p^2}{p_0^2} = 20\lg\frac{p}{p_0} \tag{1-22}$$

式中 L_p——声压级，dB；
p——声压，Pa；
p_0——基准声压，2×10^{-5}Pa。

引入声压级后，范围由 $2\times10^{-5}\sim20$Pa 缩小到了 $0\sim120$dB，变化范围急剧缩小，利用声压级来表示声音的强弱十分方便。

按普通人的听觉，很静、几乎感觉不到声音时的声压级为 0～20dB；安静、犹如轻声絮语时的声压级为 20～40dB；一般、普通室内谈话时的声压级为 40～60dB；吵闹、有损神经时的声压级为 60～70dB；很吵、神经细胞受到破坏时的声压级为 70～90dB；吵闹加剧、听力受损时的声压级为 90～100dB；难以忍受、承受一分钟即暂时致聋时的声压级为 100～120dB；导致极度聋或全聋时的声压级为 120dB 以上。

（2）声强级 声强级的表达式为：

$$L_I = 10\lg\frac{I}{I_0} \tag{1-23}$$

式中 L_I——声强级，dB；
I——声强，W/m^2；
I_0——基准声强，W/m^2，$I_0 = 10^{-12}$W/m^2。

对于空气中的平面声波，$I = \dfrac{p^2}{\rho c}$。

声压级与声强级之间的关系推导：

$$\begin{aligned}L_I &= 10\lg\frac{I}{I_0}\\&= 10\lg\left[\left(\frac{p^2}{\rho c}\right)/I_0\right]\\&= 10\lg\left(\frac{p^2}{p_0^2}\right) + 10\lg\left(\frac{p_0^2}{\rho c I_0}\right)\end{aligned}$$

$$=L_p+10\lg\left(\frac{400}{\rho c}\right)$$

$$=L_p+\Delta L_p$$

在相同大气压下，38.9℃时空气的特性阻抗 $\rho c=400\text{Pa}\cdot\text{s/m}$，此时 $L_I=L_p$；0℃时空气的特性阻抗 $\rho c=428\text{Pa}\cdot\text{s/m}$，$\Delta L_p=-0.29\text{dB}$；20℃时空气的特性阻抗 $\rho c=415\text{Pa}\cdot\text{s/m}$，$\Delta L_p=-0.16\text{dB}$。

因此，对于空气中的平面声波，一般认为 $L_I=L_p$。

【例 1-1】对某声源测得其声强 $I=0.1\text{W/m}^2$，求其声强级。

解：由已知条件得：

$$L_I=10\lg\frac{I}{I_0}=10\lg\left(\frac{0.1}{10^{-12}}\right)=10\times11=110(\text{dB})$$

（3）声功率级 声功率级的表达式为：

$$L_W=10\lg\frac{W}{W_0} \tag{1-24}$$

式中 L_W——声功率级，dB；

W——声功率，W（瓦特）；

W_0——基准声功率，W（瓦特），$W_0=10^{-12}$ W。

【例 1-2】某一噪声源发出 0.2W 声功率，试求其声功率级。

解：由已知条件得：

$$L_W=10\lg\frac{W}{W_0}=10\lg\frac{0.2}{10^{-12}}=10\times(0.3010+11)=113(\text{dB})$$

利用声强与声功率之间的关系：$I=W/S$（S 为声波传播中通过的面积），则

$$L_I=10\lg\left(\frac{W}{S}\times\frac{1}{I_0}\right)=10\lg\left[\frac{W}{W_0}\times\frac{W_0}{I_0}\times\frac{1}{S}\right]$$

将 $W_0=10^{-12}$ W、$I_0=10^{-12}$ W/m 代入便得：

$$L_I=L_W-10\lg S \tag{1-25}$$

对于确定的声源，其声功率是不变的。但是，空间各处的声压级和声强级是会变化的。例如，由点声源发出的球面波，在离源点 r 处，球面面积 $S=4\pi r^2$，所以有：

$$I=\frac{W}{4\pi r^2}$$

$$L_I=L_W-10\lg(4\pi r^2)=L_W-20\lg r-11 \tag{1-26}$$

一些声源或噪声环境的声压级如表 1-3 所示，一些声源或噪声环境的声功率级如表 1-4 所示。

表 1-3 声源或噪声环境的声压级

声源或噪声环境	声压级/dB	声源或噪声环境	声压级/dB
核爆炸试验场	180	汽车喇叭（离车 1m）	120
导弹、火箭发射	160	公共汽车内	80
喷气式飞机	140	大声讲话	80
锅炉排气放空	140	繁华街道	70
大型球磨机	120	安静车间	40
大型风机房（离风机 1m）	110	轻声耳语	30
织布车间、机间过道	100	树叶沙沙声	20
冲床车间（离冲床 1m）	100	农村静夜	10

表 1-4 声源或噪声环境的声功率级

声源或噪声环境	声功率级/dB	声源或噪声环境	声功率级/dB
"阿波罗"运载火箭	195	通风扇	90
波音 707 飞机	160	大声喊叫	80
螺旋桨发动机	120	一般谈话	70
空气锤	120	低噪声空调机	50
空压机	100	耳语	30

2. 声级的加法运算

声级的相加遵循的是能量叠加法则，一般噪声都是不相干声波，叠加后不会形成驻波，所以叠加后总声能量等于各个声波能量的直接叠加。

设有两个不同声压级 L_{p_1}、L_{p_2}，并有 $L_{p_1} \geqslant L_{p_2}$，$\Delta L_p = L_{p_1} - L_{p_2}$

由声压级的定义：

$$L_{p_1} = 10\lg \frac{p_1^2}{p_0^2}, \frac{p_1^2}{p_0^2} = 10^{0.1L_{p_1}}$$

$$L_{p_2} = 10\lg \frac{p_2^2}{p_0^2}, \frac{p_2^2}{p_0^2} = 10^{0.1L_{p_2}}$$

$$L_{总} = 10\lg \frac{p_1^2 + p_2^2}{p_0^2}$$

$$= 10\lg(10^{0.1L_{p_1}} + 10^{0.1L_{p_2}})$$

$$= 10\lg[10^{0.1L_{p_1}} + 10^{0.1(L_{p_1} - \Delta L_p)}]$$

$$= 10\lg[10^{0.1L_{p_1}}(1 + 10^{-0.1\Delta L_p})]$$

$$= L_{p_1} + 10\lg(1 + 10^{-0.1\Delta L_p})$$

$$= L_{p_1} + \Delta L \tag{1-27}$$

由此，可以推算 n 个声源叠加，其合成声压级为：

$$L_{p_{1+2+\cdots+n}} = 10\lg(\sum_{i=1}^{n} 10^{0.1L_{p_i}}) \tag{1-28}$$

声级相加 ΔL_p 与 ΔL 的关系如表 1-5 所示。

表 1-5 声级相加 ΔL_p 与 ΔL 的关系

ΔL_p/dB	0	1	2	3	4	5	6	7	8	9	10	11	12	13	14	15
ΔL/dB	3.0	2.5	2.1	1.8	1.5	1.2	1.0	0.8	0.6	0.5	0.4	0.3	0.26	0.21	0.17	0.13

声级相加曲线图如图 1-6 所示。

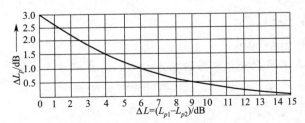

图 1-6 声级相加曲线图

几个声压级的叠加，总的声压级由其中最大的一个来决定，而较小的声压级对总声压级的贡献较小。

【例 1-3】 某工厂一工人操作 5 台机器，在操作位置测得这 5 台机器的声压级分别为 95dB、90dB、92dB、86dB、80dB，试求在操作位置产生的总声压级为多少？

解：由已知条件得：

$$L_{总} = 10\lg(10^{\frac{L_{p_1}}{10}} + 10^{\frac{L_{p_2}}{10}} + 10^{\frac{L_{p_3}}{10}} + 10^{\frac{L_{p_4}}{10}} + 10^{\frac{L_{p_5}}{10}})$$
$$= 10\lg(10^{9.5} + 10^9 + 10^{9.2} + 10^{8.6} + 10^8)$$
$$= 97.9 (\text{dB})$$

特例：相同噪声级的合成

【例 1-4】 某车间有两台相同的车床，单独开动时，测得的声压级均为 100dB，求这两台机床同时开动时的声压级是多少分贝？

解：两台机床同时开动时的总声压级为：

$$L_p = 10\lg \frac{p^2}{p_0^2} = 10\lg \frac{p_1^2 + p_2^2}{p_0^2} = 10\lg \frac{2p_1^2}{p_0^2} = 10\lg 2 + 20\lg \frac{p_1}{p_0}$$
$$\approx 3 + 100$$
$$= 103 (\text{dB})$$

由上可知，两个特性相同、声压级相等的噪声叠加的总声压级比单个声源的声压级增加了 3dB。

如果有 N 个特性相同、声压级相等的声源叠加，总声压级为：

$$L_{总} = L_p + 10\lg N \tag{1-29}$$

式中　L_p——单个声源的声压级，dB；

　　　N——声源的个数。

3. 声级的减法运算

在噪声测量时，往往会受到外界噪声的干扰。例如，存在测试环境的背景噪声（或称本底噪声），这时用仪器测得某机器运行时的声级是包括背景噪声在内的总声压级 L_{p_T}，那么就需要从总声压级中扣除机器停止运行时的背景噪声声压级 L_{p_B}，得到机器的真实噪声声压级 L_{p_S}，这就是级的相减。

$$L_{p_T} = 10(10^{0.1L_{p_B}} + 10^{0.1L_{p_S}})$$

则 $$L_{p_S} = 10\lg(10^{0.1L_{p_T}} - 10^{0.1L_{p_B}}) \tag{1-30}$$

式中　L_{p_T}——总声压级，dB；

　　　L_{p_S}——机器噪声级，dB；

　　　L_{p_B}——背景噪声级，dB。

【例 1-5】 为测定某车间中一台机器的噪声大小，从声级计上测得声级为 104dB，当机器停止工作，测得背景噪声为 100dB，求该机器噪声的实际大小。

解：由题可知：

机器噪声和背景噪声之和（L_{p_T}）为 104dB；背景噪声（L_{p_B}）为 100dB。

$$L_{p_S} = 10\lg(10^{0.1L_{p_T}} - 10^{0.1L_{p_B}})$$
$$= 10\lg(10^{0.1\times104} - 10^{0.1\times100})$$
$$= 101.8(\text{dB})$$

4. 平均声压级

例如，某车间有多个声源，各操作点的声压级不尽相同，如何求车间声压级的平均值。设 N 个声压级分别为 L_{p_1}、L_{p_2}、…、L_{p_N}，按照声能叠加原理，N 个声压级的平均值 $\overline{L_p}$ 可以表示为：

$$\overline{L_p} = 10\lg\left[\frac{1}{N}\sum_{i=1}^{N}10^{\frac{L_{p_i}}{10}}\right]$$
$$= 10\lg\left[\sum_{i=1}^{N}10^{\frac{L_{p_i}}{10}}\right] - 10\lg N \tag{1-31}$$

四、声波衰减量的计算

声波在任何声场中传播都会有衰减。一是扩散衰减，声波在声场传播过程中，波阵面的面积随着传播距离的增加而不断扩大，声能逐渐扩散，单位面积上通过的声能相应减少，声强随着离声源距离的增加而衰减；二是吸收衰减，声波在介质中传播时，由于介质的内摩擦性、黏滞性、导热性等特性使声能不断被介质吸收，转化为其他形式的能量，使声强逐渐衰减。

1. 声波的扩散衰减

(1) 点声源的扩散衰减　在自由声场中，点声源以球面波的方式向各个方向扩散，当距声源 r_1 处的声压级为 L_{p_1} 时，则在距声源 r_2 处的声压级为 L_{p_2}，可由下式计算：

$$L_{p_2} = L_{p_1} - 20\lg\frac{r_2}{r_1} \tag{1-32}$$

当 $r_2 = 2r_1$ 时，则：

$$L_{p_2} = L_{p_1} - 20\lg\frac{2r_1}{r_1} = L_{p_1} - 6 \tag{1-33}$$

衰减量 $\Delta L = L_{p_1} - L_{p_2} = 6\text{dB}$，即在自由声场中，距离每增加一倍，声压级衰减 6dB。

(2) 线声源的扩散衰减　在自由声场中，对于无限长线声源，若距声源 r_1 处声压级为 L_{p_1}，距声源 r_2 处声压级为 L_{p_2}，则其声压级随距离衰减由下式计算：

$$L_{p_2} = L_{p_1} - 10\lg\frac{r_2}{r_1} \tag{1-34}$$

由上式看出，离开线声源的距离每增加一倍，声压级衰减 3dB。

对有限长线声源，可按下述方式简化：

设线状声源长为 l_0，在线声源垂直平分线上距声源 r 处的声级为 $L_p(r)$。

当 $r > l_0$ 且 $r_0 > l_0$ 时，可近似简化为：

$$L_p(r) = L_p(r_0) - 20\lg\frac{r}{r_0} \tag{1-35}$$

即在有限长线声源远场，有限长线声源可当作点声源处理。

当 $r < \frac{l_0}{3}$ 且 $r_0 < \frac{l_0}{3}$ 时，可近似简化为：

$$L_p(r) = L_p(r_0) - 10\lg\frac{r}{r_0} \tag{1-36}$$

当 $\frac{l_0}{3} < r < l_0$ 且 $\frac{l_0}{3} < r_0 < l_0$ 时，可近似简化为：

$$L_p(r) = L_p(r_0) - 15\lg\frac{r}{r_0} \tag{1-37}$$

（3）面声源的扩散衰减　设面声源的边长分别为 a、b ($a<b$)，设离开声源中心的距离为 r，其声压级随距离的衰减分不同情况考虑：

① 当 $r \leqslant \frac{a}{\pi}$ 时，衰减值为 0dB，即在面声源附近，距离变化时，声压级无变化；

② 当 $\frac{a}{\pi} < r \leqslant \frac{b}{\pi}$ 时，按线声源来处理，即距离增加一倍，声压级衰减 3dB；

③ 当 $r > \frac{b}{\pi}$ 时，则可按点声源来处理，即距离增加一倍，声压级衰减 6dB。

2. 声波的吸收衰减

吸收衰减与介质的成分、温度、湿度等有关，此外还与声波的频率有关，频率越高，衰减越快。由于空气吸收，声波每 100m 衰减的量如表 1-6 所示。

表 1-6　空气吸收引起的声波衰减　　　　　　　　dB/100m

频率/Hz	温度/℃	衰减量			
		相对湿度 30%	相对湿度 50%	相对湿度 70%	相对湿度 90%
500	0	0.28	0.19	0.17	0.16
	10	0.22	0.18	0.16	0.15
	20	0.21	0.18	0.16	0.14
1000	0	0.96	0.55	0.42	0.38
	10	0.59	0.45	0.40	0.36
	20	0.51	0.42	0.38	0.34
2000	0	3.23	1.89	1.32	1.03
	10	1.96	1.17	0.97	0.89
	20	1.29	1.04	0.92	0.84
4000	0	7.70	6.34	4.45	3.43
	10	6.58	3.85	2.76	2.28
	20	4.12	2.65	2.31	2.14

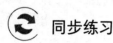 同步练习

一、填空题

1. 可闻声的频率为_____Hz 到_____Hz。
2. 经常所说的听阈声压是_____Pa，痛阈声压是_____Pa。

二、简答题

1. 声音能在真空中传播吗？为什么？

2. 简述声压、声强、声功率之间的关系。
3. 声波的基本类型有哪些，各有什么特点？

三、计算题

1. 频率为500Hz的声波，在空气中、水中和钢中的波长分别为多少？
   （已知空气中的声速是340m/s，水中是1483m/s，钢中是6100m/s）
2. 已知两列声脉冲到达人耳的时间间隔大于50ms，人耳听觉上才可区别开这两个声脉冲，试问人离开高墙至少多远才能分辨出自己讲话的回声？
3. 噪声的声压分别为2.97Pa、0.332Pa、0.07Pa、$2.7×10^{-5}$Pa，问它们的声压级各为多少？
4. 若不同声源噪声的声功率分别为0.1W和1W，其声功率级分别为多少？
5. 三个声音各自在空间某点的声压级为70dB、75dB和65dB，求该点的总声压级。
6. 在车间内测量某机器的噪声，在机器运转时测得声压级为87dB，该机器停止运转时的背景噪声为79dB，求被测机器的噪声级。
7. 室内吊扇工作时，测得噪声声压 $p=0.002$Pa，电冰箱单独开动时声压级为40dB，两者联合开动时的合成声压级是多少？
8. 某机器运转时的声功率级可达135dB，人耳允许的声压级为95dB，试求人应站在机器多远处才能满足要求？假设机器为点声源。

五、噪声的测量及评价

噪声测量是噪声监测、控制及噪声研究的重要手段。通过噪声测量，可了解噪声的污染程度、噪声源的状况和噪声的特征，确定控制噪声的措施，检验与评价噪声控制的效果。本节主要介绍噪声测量的技术和原理、典型噪声测量仪器的使用、噪声有关物理量的测量方法等。

1. 噪声测量仪器

（1）声级计 声级计是测量噪声最常用的仪器，可根据国际标准和国家标准，按照一定的频率计权和时间计权测量声压级和声级，具有体积小、质量轻、操作简单、便于携带等特点，适用于机器噪声、职业噪声、环境保护、建筑声学等各种声学的测量。

按照功能不同，声级计可分为：常规声级计、积分平均声级计和积分声级计。按照精度等级不同，分为1级和2级。1级与2级的区别主要是最大允许误差、工作温度范围和频率范围不同，1级声级计的精度高于2级。一般情况下选用2级声级计就可满足测量要求。在我国环境噪声规范中规定，当噪声A声级低于35dB时，要求使用满足1级精度的声级计。

声级计一般由传声器、放大器、衰减器、计权网络、检波器和指示器等组成。原理框图如图1-7所示。

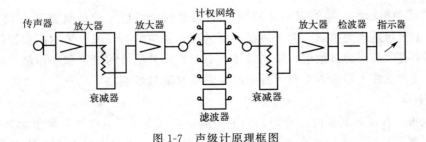

图1-7 声级计原理框图

① 传声器　也叫话筒，它是将声压转换成电压的声电换能器。在噪声测量中常使用的传声器有四种：晶体传声器、电动式传声器、电容传声器、驻极体传声器。传声器对整个声级计的动态范围和精确度影响甚大，因此，传声器必须具有频率范围宽、频率响应平直、动态范围大、失真小、体积小、灵敏度变化小、本底噪声低、稳定性好等特征。选用传声器时，要详细查阅其说明书，了解其性能指标，以满足测量要求。

② 放大器　传声器把声音转换成电信号，此电信号一般是很微弱的，不足以在电表上得到指示。因此，需要把信号放大，包括输入放大和输出放大。一般对声级计中放大器的要求是：增益足够大且稳定，频率响应特性平直，有足够的动态范围，固有噪声低，耗电小。

③ 衰减器　声级计的量程范围较大，一般为23～130dB(A)，但检波器和指示器不可能有这么宽的量程范围，这就需要设置衰减器。其功能是将接到的强信号给予衰减，以免放大器过载。衰减器可以分为输入衰减器和输出衰减器，其作用为：保证高、低声级在电表上都有适当的指标，以减少误差；可使放大器保持一定的动态范围，高声级通过衰减后，其输入信号不因放大器过载而失真；保证一定的信噪比。

④ 计权网络　在噪声测量中，为了使声音的客观物理量和人耳听觉的主观感觉近似取得一致，声级计中设有A、B、C计权网络，并已标准化。各计权网络的频率响应如表1-7所示。

表1-7　A、B、C计权网络的频率响应

频率/Hz	A计权/dB	B计权/dB	C计权/dB	频率/Hz	A计权/dB	B计权/dB	C计权/dB
10	−70.4	−38.2	−14.3	500	−3.2	−0.3	−0.0
12.5	−63.4	−33.2	−11.2	630	−1.9	−0.1	−0.0
16	−56.7	−28.5	−8.5	800	−0.8	−0.0	−0.0
20	−50.5	−24.2	−6.2	1000	0	0	0
25	−44.7	−20.4	−4.4	1250	+0.6	−0.0	−0.0
31.5	−39.4	−17.1	−3.0	1600	+1.0	−0.0	−0.1
40	−34.6	−14.2	−2.0	2000	+1.2	−0.1	−0.2
50	−30.2	−11.6	−1.3	2500	+1.3	−0.2	−0.3
63	−26.2	−9.3	−0.8	3150	+1.2	−0.4	−0.5
80	−22.5	−7.4	−0.5	4000	+1.0	−0.7	−0.8
100	−19.1	−5.6	−0.3	5000	+0.5	−1.2	−1.3
125	−16.1	−4.2	−0.2	6300	−0.1	−1.9	−2.0
160	−13.4	−3.0	−0.1	8000	−1.1	−2.9	−3.0
200	−10.9	−2.0	−0.0	10000	−2.5	−4.3	−4.4
250	−8.6	−1.3	−0.0	12500	−4.8	−6.1	−6.2
315	−6.6	−0.8	−0.0	16000	−6.6	−8.4	−8.5
400	−4.8	−0.5	−0.0	20000	−9.3	−11.1	−11.2

⑤ 检波器和指示器　检波器用来将放大器输出的交流信号检波（整流）成直流信号，以便在表头上获得适当的指示。为了测量不同的值，相应的有峰值、平均值和近似有效值检波电路，其中有效值（均方根值）使用较多。有时也测量信号的峰值和平均值，如测量冲击信号的幅度或考虑放大器是否会出现过载时，都需要测量峰值。

(2) 配件

① 防风罩：在室外测量时，传声器应加防风罩，减少风产生噪声对测量结果的影响。

② 传声器延长线：手持式声级计的传声器一般直接连接在主机上，在传声器和主机间安装延长线可延伸测量范围，如在高空或窗外1m处布设传声器等。

③ 三脚架及延长杆：在测量时声级计应固定在三脚架上。使用延长线监测时，可使用延长杆固定传声器。

④ 户外监测箱：户外监测箱具有防风防雨、电力保障、坚固安全等特点，在户外监测，特别是连续昼夜监测时使用较便利。

（3）声校准器　为保证测量的准确性，声级计使用前后要进行校准。校准所用仪器应符合《电声学　声校准器》（GB/T 15173—2010）对1级或2级声校准器的要求。目前，常用的声级计校准仪器为声级校准器。声级校准器发声的频率是1000Hz，声级计可以置于任意计权开关位置，因为在1000Hz处任何计权或线性响应的灵敏度都相同。校准时，把声校准器套入电容传声器头部，调节声级计"校准"电位器，使声级计读数刚好是声校准器产生的声压级。

2. 频谱分析仪

为了解噪声的频率组成，需要进行频谱分析时，可以配备倍频程滤波器或1/3倍频程滤波器。这是两种恒定百分比带宽的带通滤波器。倍频程滤波器的带宽是100%，1/3倍频滤波器是23%。仪器性能应符合《电声学　倍频程和分数倍频程滤波器》（GB/T 3241—2010）中对滤波器的要求。

声级计或噪声统计分析仪，与倍频程滤波器或1/3倍频程滤波器结合在一起，就组成了频谱分析仪，如AWA5633A型数显声级计或AWA5610B型积分声级计加AWA5721型倍频程滤波器组成一般用途的频谱分析仪，可进行倍频程频谱分析；AWA5671型积声级计和AWA6218型噪声统计分析仪加上AWA5721型倍频程滤波器或AWA5722型1/3倍频程滤波器组成频谱分析仪，可进行倍频程、1/3倍频程频谱分析，并在LCD上列表显示每个频带的声压级或显示频谱分布图，还可以通过UPS40TS打印机，列表打印或打印频谱分布图。

有的仪器将声级计和滤波器装在一个机壳内组成频谱分析仪，如AWA6270型噪声频谱分析仪，它既可以进行倍频程、1/3倍频程频谱分析，也可以进行噪声的统计分析，还可以用于机场噪声和建筑声学的测量，使用更加方便。

近年来，实时频谱分析仪已逐渐广泛应用。采用数字滤波、FFT等进行数字信号处理技术，对噪声信号进行实时分析，在几十毫秒内即可获得整个频率范围的频谱分析图。AWA6290型频谱分析仪就是一种全数字化1型声级计，由主机及笔记本电脑（或微机）组成，主机采集声信号，电脑进行数字信号处理。可以同时测量并显示A（或C）声级、声压级、倍频程（或1/3倍频程）频谱图及列表、8192线FFT分析，也可以进行时域或频域数据存盘。

3. 噪声物理量的测量

（1）声功率的测量　声功率测量的方法有以下几种。

① 混响室法　混响室是一间体积较大（一般大于200m³），墙的隔声和地面隔震都很好的特殊实验室，它的壁面坚实光滑，在测量的声音频率范围内，壁面的反射系数大于0.98。混响室法是将声源放在混响室内进行测量的方法。

室内离声源r点的声压级为：

$$L_p = L_W + 10\lg\left[\frac{R_\theta}{4\pi r^2} + \frac{4}{R}\right] \tag{1-38}$$

式中　L_W——声源的声功率级，dB；

R_θ——声源的指向性因数；

R——房间常数，$R=\dfrac{S\bar{\alpha}}{1-\bar{\alpha}}$；

S——混响室内各面的总面积，m^2；

$\bar{\alpha}$——平均吸声系数。

在混响室内只要离开声源一定的距离，即在混响场内，表征混响声的 $4/R$ 将远大于表征直达声的 $R_\theta/(4\pi r^2)$。于是近似有：

$$L_p = L_W + 10\lg\dfrac{4}{R} \tag{1-39}$$

考虑到混响场内的实际声压级不是完全相等的，因此必须取几个测点的声压级平均值 $\overline{L}_p$。由此可以得到被测声源的声功率级为：

$$L_W = \overline{L}_p - 10\lg\dfrac{4}{R} \tag{1-40}$$

② 消声室法　消声室法是将声源放置在消声室或半消声室内进行测量的方法。消声室是另一种特殊实验室，与混响室正好相反，内壁装有吸声材料，能吸收98%以上的入射声能。室内声音主要是直达声而反射声极小。消声室内的声场，称为自由场。如果消声室的地面不铺设吸声面，而是坚实的反射面，则称为半消声室。

测量时设想有一包围声源的包络面，将声源完全封闭其中，并将包络面分为 n 个面元，每个面元的面积为 ΔS_i，测定每个面元上的声压级 L_{p_i}，并依据式(1-25)导得：

$$L_W = \overline{L}_p + 10\lg S_0 \tag{1-41}$$

其中，包络面总面积：$S_0 = \sum\limits_{i=1}^{n}\Delta S_i$

平均声压级：
$$\overline{L}_p = 10\lg\left(\dfrac{1}{n}\sum\limits_{i=1}^{n}10^{0.1L_{p_i}}\right) \tag{1-42}$$

③ 现场测量法　现场测量法是在一般房间内进行的，分为直接测量和比较测量两种。这两种方法测量结果的精度虽然不及实验室测得的结果准确，但可以不必搬运声源。

直接测量法：与消声室法一样，也设想一个包围声源的包络面，然后测量包络面各面元上的声压级。不过在现场测量中声场内存在混响声，因此要对测量结果进行必要的修正，修正值 K 由声源的房间常数 R 确定：

$$L_W = \overline{L}_p + 10\lg S_0 - K \tag{1-43}$$

式中　L_W——声功率级，dB；

$\overline{L}_p$——平均声压级，dB；

S_0——包络面总面积，m^2；

K——修正值，dB。

修正值
$$K = 10\lg\left(1+\dfrac{4S_0}{R}\right) \tag{1-44}$$

当测点处的直达声与混响声相等时，$K=3$。K 值越大，测量结果的精度越差。为了减小 K 值，可适当缩小包络面，即将各测点移近声源；或者临时在房间四周放置一些吸声材料，增加房间的吸声量。

比较测量法：在实验室内按规定的测点位置预先测定标准声源（一般可用宽频带的高声压级风机，国内外均有产品）的声功率级。在现场测量时，首先仍按上述规定的测点布置测量待测声源的声压级,然后将标准声源放在待测声源位置附近,停止待测声源,在相同测点再次测量标准声源的声压级。于是,可得待测声源的声功率级:

$$L_W = L_{W_S} + (\overline{L}_p - \overline{L}_{p_S}) \tag{1-45}$$

式中　L_{W_S}——标准声源的声功率级,dB;

　　　$\overline{L}_p$——待测声源现场测量的平均声压级,dB;

　　　$\overline{L}_{p_S}$——标准声源现场替代测量的平均声压级,dB。

4. 噪声评价与标准

(1) 噪声的评价量　声压和声压级是衡量声音强度的量,声压级越高,声音越强。但人耳对声音的感觉不仅和声压有关,还与频率及时间变化有关。人耳对高频声敏感,对低频声感觉迟钝。即使声压级相同,但频率不同的声音,人耳听起来却不一样。例如,声压级同为60dB,频率为100Hz和1000Hz的两个声音,人耳听起来会感觉到前者要轻得多。而声压级高于120dB、频率为30Hz的超声波,尽管声压级很高,人耳却完全听不见。

声压和声压级只能表征声音在物理上的强弱,不能表征人对声音的主观感觉,而噪声控制的目的是为人类服务的,如何才能把噪声的客观物理量与人的主观感觉结合起来,得出与主观响应相对应的评价量,用于评价噪声对人的干扰程度,这是一个复杂的问题。迄今为止,噪声的评价量和评价方法多达几十种,现将常用的评价量介绍如下。

① 计权声级和计权网络　人耳对于高频声,特别是对于1000～5000Hz的声音较敏感,而对低频声,特别是1000Hz以下的可听声不敏感,且频率越低越不敏感,即声压级相同的声音由于频率成分和相应强度,需要借助仪器来反映人耳的听觉特性。通常是在测量声音的仪器上加上一个滤波器,对所接受的声音按频率进行一定的衰减来模拟人耳的听觉特性,使仪器反映的读数与人的主观感觉相接近。这种通过频率计权后测量得到的声压级称为计权声级。这种对低频声有较大的衰减,对高频声衰减较小或略有放大的滤波器叫作计权网络。根据需要,声级计可设置A、B、C和D计权网络,最常用的是A计权网络和C计权网络。

A计权网络模拟人耳对40phon纯音的响应,与40phon的等响曲线倒置后的形状相接近,它使接收、通过的低频段(500Hz以下)声音有较大的衰减。

B计权网络模拟人耳对70phon纯音的响应,与70phon等响曲线倒置后形状相接近,它使接收、通过的低频段声音有一定的衰减,因此,用于60～70dB的噪声评价。事实上B计权网络几乎不用。

C计权网络模拟人耳对100phon纯音的响应,与100phon等响曲线倒置后形状相接近,在整个可听频率范围内有近乎平直的特性。所以,C计权与线性声压级是比较接近的。在低频段,C计权与A计权的差别最大,因此,可以根据C声级与A声级的差值大小,大致判断该噪声是否以低频成分为主。根据预期的主观反应,认为C计权网络原则上适用于评价高声级的噪声。事实上,该评价量只是用来代替总声压级。

D计权网络是对高频声作了补偿,主要用于航空噪声的评价。

【说明】phon是响度级的单位。以1000Hz的纯音为基准音,以其他频率的纯音(噪声)和1000Hz纯音相比较,使其和基准纯音听起来一样响,把基准音的声压级称为该频率的响度级。响度级是很早以前用于噪声的一个评价量,目前基本上不用,本书也不再详述。

图1-8显示了A、B、C、D计权网络频率特性。表1-7为A、B、C计权网络的频率响应特性的修正值,表中各数值均为相对于1000Hz的衰减量。

用A、B、C、D计权网络测得的分贝数,分别称为A声级、B声级、C声级和D声级,单位分别记为dB(A)或分贝(A)、dB(B)或分贝(B)、dB(C)或分贝(C)和dB(D)或分贝(D)。

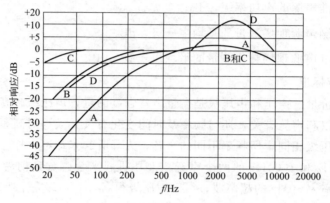

图1-8 计权网络频率特性

实践表明,A声级的测量结果与人耳对噪声的主观感受近似一致,即对高频声敏感,对低频声不敏感。A声级越高,人越觉得吵闹,A声级能较好地反映出人们对噪声吵闹的主观感觉;A声级同噪声对人耳的损伤程度也对应得较合理,即A声级越高,损伤越严重。因此,A声级是目前广泛应用的一个噪声评价量,已成为国际标准化组织和绝大多数国家评价噪声的主要指标。许多环境噪声的容许标准和机器噪声的评价标准都采用A声级或以A声级为基础。当然,A声级不能代替倍频程声压级,因为A声级不能全面反映噪声源的频谱特性,具有相同A声级的噪声源,其频谱差别可能非常大,故不能准确反映噪声的危害,A声级主要用于宽频带稳态噪声的一般测量。

A声级可以直接测量得到,也可以由倍频程或1/3倍频程计算得到。根据倍频程或1/3倍频程声压级,查表得A计权网络的修正值,通过计算得到各个频率下的A声级,由总声压级计算公式计算得到不同频率下的总A声级。

【例1-6】用频带分析仪对某噪声进行测量,得相应的频带声压级列于表1-8第2行,试计算出该噪声的A声级。

表1-8 测量结果及修正值

频带/Hz	63	125	250	500	1000	2000	4000	8000
声压级/dB	100	95	90	85	85	82	68	56
A计权修正值/dB	−26.2	−16.1	−8.6	−3.2	0	1.2	1.0	−1.1

解:由表1-7查出A计权修正值列于上表第3行。

根据声级加法计算公式及A声级定义,可得:

$$L_A = 10\lg[10^{0.1(100-26.2)} + 10^{0.1(95-16.1)} + 10^{0.1(90-8.6)} + 10^{0.1(85-3.2)}$$
$$+ 10^{0.1(85-0)} + 10^{0.1(82+1.2)} + 10^{0.1(68+1)} + 10^{0.1(56-1.1)}]$$
$$= 89.7(dB)$$

② 等效连续A声级 人工作的环境有可能是稳态噪声(噪声的强度和频率基本不随时间而变化)环境,但实际噪声很少是稳定地保持固定声级,而是随时间忽高忽低地起伏变化。噪声对人的影响,不仅与噪声的声级有关,而且还与噪声的状态、性质以及噪声作用的

时间长短有关。例如，某人一天工作 8h，始终处于稳态噪声 85dB(A) 下，而另一人在 85dB(A) 下工作 2h、在 80dB(A) 下工作 5h、在 90dB(A) 下工作 1h，同样工作 8h，这两个人谁受的噪声干扰大呢？可见，评价噪声的影响，只有 A 声级是不够的，需要将非稳态噪声转变为一个在一定时间内稳定不变的值才能进行比较，为此提出了等效连续 A 声级评价量。

等效连续 A 声级又称为等能量 A 计权声级，它等效于在相同的时间间隔 t 内与非稳态噪声能量相等的连续稳定噪声的 A 声级，即将某一时段内非稳态噪声的不同 A 声级，用能量平均的方法，转化为一个在相同时间内声能与之相等的连续稳定的 A 声级，记为 L_{eq}，数学表达式为：

$$L_{eq} = 10 \lg \left[\frac{1}{T} \int_0^T 10^{0.1 L_A(t)} dt \right] \tag{1-46}$$

式中　L_{eq}——在 T 时间内的等效连续 A 声级，dB；

　　　T——噪声暴露时间，h 或 min；

　　　$L_A(t)$——在 T 时间内，A 声级变化的瞬时值，dB(A)。

实际测量中，都是离散采样的，即每间隔一段时间读取声级值，因而，上式可以简化成：

$$L_{eq} = 10 \lg \left(\frac{1}{T} \sum_{i=1}^n 10^{0.1 L_{A_i}} \tau_i \right) \tag{1-47}$$

式中　L_{A_i}——τ_i 时间段内的 A 声级，dB(A)；

　　　T——噪声暴露时间，h 或 min；

　　　τ_i——第 i 个 A 声级暴露时间，h 或 min。

从等效连续 A 声级的定义中不难看出，对于连续的稳态噪声，等效连续 A 声级即等于所测得的 A 计权声级。等效连续 A 声级由于较为简单，易于理解，而且又与人的主观反应有较好的相关性，因而已成为许多国际国内标准所采用的评价量。

【例 1-7】某人一天工作 8h，其中 5h 在 95dB(A) 噪声条件下工作，2h 在 90dB(A) 噪声条件下工作，1h 在 85dB(A) 噪声条件下工作，计算其等效连续 A 声级。

解：已知：$t_1 = 5h$，$L_1 = 95dB(A)$；$t_2 = 2h$，$L_2 = 90dB(A)$；$t_3 = 1h$，$L_3 = 85dB(A)$。则有：

$$\begin{aligned} L_{eq} &= 10 \lg \left(\frac{1}{T} \sum_{i=1}^n 10^{0.1 L_i} \tau_i \right) \\ &= 10 \lg \left[\frac{1}{8} (10^{0.1 \times 95} \times 5 + 10^{0.1 \times 90} \times 2 + 10^{0.1 \times 85} \times 1) \right] \\ &= 93.6 dB(A) \end{aligned}$$

③ 昼夜等效声级　由于同样的噪声在白天和夜间对人的影响是不一样的，而等效连续 A 声级评价量并不能反映人们对噪声主观反应的这一特点。为了考虑噪声在夜间对人们烦恼的增加，规定在夜间测得的所有声级均加上 10dB(A) 作为修正值，再计算昼夜噪声能量的加权平均，由此构成昼夜等效声级这一评价参量，用符号 L_{dn} 表示。昼夜等效声级主要预计人们昼夜长期暴露在噪声环境中所受的影响。由上述规定，昼夜等效声级 L_{dn} 可表示为：

$$L_{dn} = 10 \lg \frac{1}{24} \left[16 \times 10^{0.1 \overline{L}_d} + 8 \times 10^{0.1 (\overline{L}_n + 10)} \right] \tag{1-48}$$

式中　L_{dn}——昼夜等效声级，dB(A)；

$\overline{L}_d$——昼间测得的噪声等效连续 A 声级，dB(A)；

$\overline{L}_n$——夜间测得的噪声等效连续 A 声级，dB(A)。

根据《噪声法》规定，昼间的时间划分为 6:00～22:00；夜间的时间划分为 22:00～次日 6:00。但由于我国幅员辽阔，各地习惯有较大差异，因此昼间和夜间的时间由当地县级以上人民政府按当地习惯和季节变化划定。

昼夜等效声级可用来作为几乎包含各种噪声的城市噪声全天候的单值评价量。

④ 城市公共噪声的评价　现实生活中，许多环境噪声是属于非稳态的，对于这类噪声可以用前面叙述的等效连续 A 声级等评价量表达其大小，但噪声随机的起伏程度却没有表达出来，特别是对于城市公共噪声（交通噪声等），它时时刻刻在变化之中，是一种无规则噪声，声级会随着地点、时间和车辆种类的变化而起伏不定，往往几秒钟内变化数分贝甚至数十分贝，很显然不能用前面所介绍的评价量去评价城市公共噪声这种随时间变化强烈的特性。因此，通常采用统计的方法来评价城市公共噪声。常用评价方法如下。

a. 累积百分声级　累积百分声级是评价城市公共噪声常用的统计方法，以噪声级出现的时间概率或累积概率来表示，称为统计声级或累积百分声级，它是在某点噪声级有较大波动时，用于描述该点噪声随时间变化状况的统计物理量，一般用 L_n 表示，指 $n\%$ 的测量时间所超过的声级，更多时候用 L_{10}、L_{50}、L_{90} 表示。例如：

$L_{10}=90$dB(A) 表示整个测量时间内有 10% 的测量时间，噪声都超过 90dB(A)，称为峰值噪声，相当于峰值噪声级。

$L_{50}=70$dB(A) 表示整个测量时间内有 50% 的测量时间，噪声都超过 70dB(A)，称为平均噪声，相当于中值噪声级。

$L_{90}=50$dB(A) 表示整个测量时间内有 90% 的测量时间，噪声都超过 50dB(A)，称为背景噪声，相当于本底噪声级。

根据数理统计方法，用累积百分声级求出标准偏差 σ，在规定的时间内，如采样数为 n，则标准偏差为：

$$\sigma=\sqrt{\frac{1}{n-1}\sum_{i=1}^{n}(L_i-\overline{L})^2} \qquad (1-49)$$

式中　L_i——第 i 个声级，dB(A)；

$\overline{L}$——所有声级的算术平均值，dB(A)；

n——测得声级的总个数。

由于城市交通干线噪声一般符合正态分布，计算标准偏差可简单取近似值：

$$\sigma=\frac{1}{2}(L_{16}-L_{84}) \qquad (1-50)$$

这种情况下的等效连续 A 声级可近似计算为：

$$L_{eq}=L_{50}+\frac{(L_{10}-L_{90})^2}{60}=L_{50}+\frac{d^2}{60} \qquad (1-51)$$

统计声级的计算方法是：将等时间间隔测量的 100 个数据从大到小顺序排列，第 10 个数据即为 L_{10}，第 50 个数据即为 L_{50}，第 90 个数据为 L_{90}。

实践证明，对于车辆流量较大的马路，L_{50} 数值和人们的主观吵闹感觉程度有较好的相关性，有些国家直接采用 L_{50} 评价交通噪声。但是，当车辆流量较少时，噪声随时间起伏变化较大，同样 L_{50} 数值的马路，噪声起伏变化数值越大，人们的主观烦恼度也越高。因此，在评价此类马路的噪声时,除了考虑 L_{50} 之外,也要兼顾 L_{10} 和 L_{90} 之间的差值。

等效声级、累积百分声级和标准偏差都是区域环境噪声与交通干线噪声的评价量。等效声级是噪声强度的评价值,累积百分声级和标准偏差则反映噪声起伏的情况。

b. 噪声污染级　噪声污染级也是用来评价人对噪声烦恼程度的一种评价量,它是由综合能量平均值和变动特性两者的影响而提出的评价值,因此,它既包含了对噪声能量的评价,同时也包含了噪声涨落的影响。噪声污染级用标准偏差来反映噪声的涨落,标准偏差越大,表示噪声的离散程度越大,即噪声的起伏越大。噪声污染级用符号 L_{NP} 表示,其表达式为:

$$L_{NP}=L_{eq}+k\sigma \tag{1-52}$$

式中　L_{NP}——噪声污染级,dB(A);

　　　L_{eq}——等效连续 A 声级,dB(A);

　　　σ——规定时间内噪声瞬时声级的标准偏差,dB(A);

　　　k——常量,一般取 2.56。

式中第一项取决于噪声的能量,累积了各个噪声在总的噪声暴露中所占的分量,其难以反映噪声起伏的情况;第二项取决于噪声事件的持续时间,可反映由于声级的起伏而带来的烦扰程度。起伏大的噪声,$k\sigma$ 项也大,对噪声污染级的影响就越大,更能引起人的烦恼。所以噪声污染级的意义是一种噪声的吵闹程度,除了与这种噪声的平均大小有关外,还与噪声的高低变化有关系,变化越大,使人觉得越吵闹。

噪声污染级的提出,最初是试图对各种变化的噪声做出一个统一的评价量,但到目前为止的主观调查结果并未显示出它与主观反映的良好相关性。事实上,噪声污染级并不能说明噪声环境中许多较小的起伏和一个大的起伏(如脉冲声)对人影响的区别。但它对许多公共噪声的评价,如道路交通噪声、航空噪声以及公共场所的噪声等评价是较适当的,它与噪声暴露的物理测量具有很好的一致性。

⑤ 交通噪声评价

a. 城市道路交通噪声评价　交通噪声指数(TNI)是城市道路交通噪声评价的一个重要参量,它是在 24h 周期内进行大量的室外 A 计权声级取样的基础上,统计得到随机噪声峰值 L_{10} 和本底噪声级 L_{90},定义交通噪声指数为:

$$TNI=4(L_{10}-L_{90})+L_{90}-30 \tag{1-53}$$

式中第一项表示"噪声气候"的范围,说明噪声的起伏变化程度,变化越大就越吵;第二项表示本底噪声状况,也是越大越吵;第三项是为了凑成一个较为方便的数据而加入的修正值。

TNI 评价量只适用于机动车辆噪声对周围环境干扰的评价,而且只限于车流量较多及附近无固定声源的时间和地段。对于车流量较少的环境,L_{10} 和 L_{90} 的差值较大,得到的 TNI 也很大,使计算数据明显地夸大了噪声的干扰程度。

b. 铁路噪声的评价　随着列车的提速及运输量的增加,铁路噪声对沿线居民的干扰问题日益突出和普遍,如何正确地评价铁路噪声的污染和对周围环境的影响就显得非常重要。

铁路环境噪声评价方法主要有如下几种:

主要考虑铁路噪声对环境的客观影响程度及范围,可用等效连续 A 声级作为评价指标。

主要考虑噪声声级出现的时间概率或累积概率,可用累积百分声级、交通噪声指数等作为评价指标。

结合铁路环境噪声级的大小,综合考虑人口数量的因素,即考虑铁路噪声对沿线居民的实际影响。事实上,有些铁路沿线居民区的噪声级虽然比较高,但由于受其影响的人数较少,铁路环境噪声对居民的冲击影响不大。相反,人口较多的居民区噪声级虽然不高,但其对居民的实际冲击影响却很大。而且居民区内昼夜人口变化波动较大,一般白天家居人口较少,夜间较多。因此,以声级计权人口(LWP)评价方法来综合评价铁路环境噪声对居民的实际影响较为合适。

该方法是对每一声级确定一个计权因子,然后把计权因子与该声级作用下的人口数相乘,乘积为 LWP 值。基本公式可表示为:

$$LWP = \sum W_i P_i \tag{1-54}$$

式中 W_i ——某一声级的计权因子,无因次量;

P_i ——某一声级作用下的人口数。

具体做法是将评价区域内的声级按大小分成 n 个声级段,先分别求出每一声级段的 LWP,然后再把所有声级段的 LWP 相加,求出总的声级计权人口数 LWP。

采用声级计权人口来评价铁路环境噪声污染,使得低噪声对多数人的干扰和强噪声对少数人的干扰有了比较的依据,可以对铁路噪声对居民的实际影响做出合理的综合比较评价。

c. 有效感觉噪声级　为了更好地评价航空噪声,提出了有效感觉噪声级,它是在感觉噪声级 L_{PN} 的基础上,加上对持续时间和噪声中存在的可闻纯音或离散频率修正后的声级,用 L_{EPN} 表示。感觉噪声级 L_{PN} 经纯音修正后的声级表示为 L_{PNT},持续时间修正为飞机飞越上空,其声级从未达到最高峰值前 10dB 开始到从峰值下降 10dB 为止的时间内,每隔 0.5s 间隔的所有 L_{PNT} 的能量相加,并加以时间归一化(20s)。修正过程如图 1-9 所示。

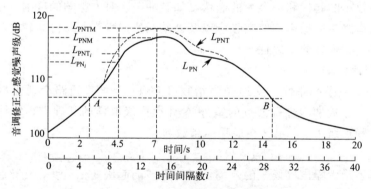

图 1-9　将纯音加在感觉噪声级相应分量上所得到的
纯音修正的感觉噪声级随时间变化的曲线

经修正后得到的有效感觉噪声级可用数学表达式表示为:

$$L_{EPN} = 10\lg \sum_{i=0}^{N} 10^{0.1 L_{PNTi}} - 13 \tag{1-55}$$

式中 L_{PNTi} ——第 i 个时间间隔的 L_{PNT},dB;

N ——0.5s 间隔的个数,$N = t/0.5$,t 为图中 A 到 B 的飞行时间。

d. 计权有效连续感觉噪声级　计权有效连续感觉噪声级是在有效感觉噪声级的基础上发展起来的,用于航空噪声的评价,用 L_{WECPN} 来表示。它的特点在于既考虑了 24h 的时间内,飞机通过一固定点的飞行引起的总噪声级,同时也考虑了不同时间内的飞行所造成的不同环境影响。我国现行《机场周围飞机噪声环境标准》就规定采用此法进行评价。

一日内计权有效连续感觉噪声级的计算公式为：

$$L_{WECPN} = \overline{L}_{EPN} + 10\lg(N_1 + 3N_2 + 10N_3) - 39.4 \tag{1-56}$$

式中　$\overline{L}_{EPN}$——N 次飞行的有效感觉噪声级的能量平均值，dB；

N_1——白天（07:00～19:00）的飞行次数；

N_2——傍晚（19:00～22:00）的飞行次数；

N_3——夜间（22:00～07:00）的飞行次数。

(2)《声环境质量标准》(GB 3096—2008)　适用范围：适用于声环境质量评价与管理，标准中规定了五类环境功能区的环境噪声限值及测量方法。机场周围区域受飞机通过（起飞、降落、低空飞越）噪声的影响，不适用于本标准。按区域的使用功能特点和环境质量要求，声环境功能区分为以下五种类型：

0 类声环境功能区：指康复疗养等特别需要安静的区域。

1 类声环境功能区：指以居民住宅、医疗卫生、文化教育、科研设计、行政办公为主要功能，需要保持安静的区域。

2 类声环境功能区：指以商业金融、集市贸易为主要功能，或者居住、商业、工业混杂，需要维护住宅安静的区域。

3 类声环境功能区：指以工业生产、仓储物流为主要功能，需要防止工业噪声对周围环境产生严重影响的区域。

4 类声环境功能区：指交通干线两侧一定距离之内，需要防止交通噪声对周围环境产生严重影响的区域，包括 4a 类和 4b 类两种类型。4a 类为高速公路、一级公路、二级公路、城市快速路、城市主干路、城市次干路、城市轨道交通（地面段）、内河航道两侧区域；4b 类为铁路干线两侧区域。

各类声环境功能区适用表 1-9 规定的环境噪声等效声级限值。

表 1-9　环境噪声等效声级限值　　　　　　　　　单位：dB(A)

声环境功能区类别		昼间	夜间
0 类		50	40
1 类		55	45
2 类		60	50
3 类		65	55
4 类	4a 类	70	55
	4b 类	70	60

表 1-9 中 4b 类声环境功能区环境噪声限值，适用于 2011 年 1 月 1 日起环境影响评价文件通过审批的新建铁路（含新开廊道的增建铁路）干线建设项目两侧区域。在下列情况下，铁路干线两侧区域不通过列车时的环境背景噪声限值，按昼间 70dB(A)、夜间 55dB(A) 执行。

①穿越城区的既有铁路干线；②对穿越城区的既有铁路干线进行改建、扩建的铁路建设项目。既有铁路是指 2010 年 12 月 31 日前已建成运营的铁路或环境影响评价文件已通过审批的铁路建设项目。

各类声环境功能区夜间突发噪声，其最大声级超过环境噪声限值的幅度不得高于 15dB(A)。

城市区域应按照 GB/T 15190 的规定划分声环境功能区，分别执行本标准规定的 0、1、

2、3、4类声环境功能区环境噪声限值。

乡村区域一般不划分声环境功能区，根据环境管理的需要，县级以上人民政府环境保护行政主管部门可按以下要求确定乡村区域适用的声环境质量要求：①位于乡村的康复疗养区执行0类声环境功能区要求；②村庄原则上执行1类声环境功能区要求，工业活动较多的村庄以及有交通干线经过的村庄（指执行4类声环境功能区要求以外的地区）可局部或全部执行2类声环境功能区要求；③集镇执行2类声环境功能区要求；④独立于村庄、集镇之外的工业、仓储集中区执行3类声环境功能区要求；⑤位于交通干线两侧一定距离内的噪声敏感建筑物执行4类声环境功能区要求。

六、噪声污染防治与控制

1. 噪声污染防治目的

噪声控制并不是将噪声降得越低越好。噪声是指不需要的声音，一些声音在某些情况下可能是需要的，但在工作和休息时就不需要了，例如歌曲是美妙的声音，但在休息前，外放的歌曲就是吵闹的噪声了。因此，噪声控制要采取技术措施，最终达到适当的声学环境，即经济上、技术上和要求上都合理的声学环境和标准。

2. 噪声污染防治的方法

任何一个声学系统都是由声源—传播途径—接收者三个环节组成的，控制噪声即从这三个环节入手，从声源上根治噪声，在传播途径中采取降噪措施，对噪声接收者采取保护措施。

（1）声源控制　声源控制噪声是噪声控制中最根本和最有效的手段，研究发声机理、限制噪声的发生是根本性措施。在工厂中，噪声源主要为运转的机械设备和运输工具，控制它们的噪声主要有以下途径：一是选用内阻尼大、内摩擦大的低噪声材料，如合金和高分子材料而不是一般的金属材料；二是采用低噪声结构，在保证机器功能不变的情况下，采用合理的操作方法，改变设备的结构形式，降低声源的噪声发射功率；三是提高部件的加工精度和装配精度，由于机械配件之间的冲击和摩擦平衡不好会产生振动导致噪声增大，因此提高加工精度也是一种控制噪声的有效方法；四是采用吸声、隔声、减振、隔振等技术。

声源控制噪声的方法及控制噪声的效果如表1-10所示。

表1-10　声源控制噪声的方法及控制噪声的效果

声源	控制方法	降噪效果/dB
敲打、撞击	加弹性垫	10～20
机械转动部件动态不平衡	进行平衡调整	10～20
整机振动	加隔振基座（弹性耦合）	10～25
机器部件振动	使用阻尼材料	3～10
机壳振动	包覆、安装隔声罩	3～30
管道振动	包覆、使用阻尼材料	3～20
电机	安装隔声罩	10～20
烧嘴	安装消声器	10～30
进气、排气	安装消声器	10～30
炉膛、风道共振	安装隔板	10～20

（2）传播途径控制　传播途径中的控制是最常用的办法，由于技术上和经济上的原因，从声源上控制噪声还难以实现，这时需要从传播途径上加以考虑，即在传播途径上阻断和屏

蔽声波的传播，或使声波传播的能量随距离衰减等。一般应建立隔声屏障、应用吸声材料和吸声结构，对于固体振动产生的噪声采取隔振和阻尼措施等。

(3) 接收者的防护　对于接收者防护阶段，可采取以下措施：尽量减少在噪声环境中的暴露时间；佩戴防护耳具，如耳罩、耳塞、防声盔等；合理分配工作人员岗位，调整在噪声环境中的工作人员。

3. 噪声控制的程序

在对噪声进行控制时，一般按以下程序确定控制噪声的方案。

(1) 现场噪声调查　通过现场调查测量噪声级和噪声频谱，弄清主要噪声源及噪声传播的主要途径，测量时应注意选择有代表性的测量点。如果条件允许，可进行对比实验，能够更加准确地确定噪声源及噪声源声级。

(2) 确定现场容许的噪声级　根据相关环境标准和使用要求，确定实际工程中不同区域的噪声容许标准，并根据未采取控制措施时现场实测的噪声级，计算二者之差即可确定达到噪声标准时所需要的噪声降低指标。

(3) 选择适当的控制措施　根据现场情况，因地制宜，注意经济合理，考虑声学效果，对采取的措施进行必要的估算，避免措施的盲目性。如果确定方案时有多种措施可选择，除考虑降噪效果外，还应考虑投资及对设备正常运转有无影响等因素。

噪声控制基本程序框图如图 1-10 所示：

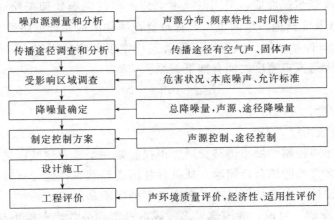

图 1-10　噪声控制基本程序框图

4. 城市环境噪声控制

根据《中华人民共和国噪声污染防治法》第十八条规定，各级人民政府及其有关部门制定、修改国土空间规划和相关规划，应当依法进行环境影响评价，充分考虑城乡区域开发、改造和建设项目产生的噪声对周围生活环境的影响，统筹规划，合理安排土地用途和建设布局，防止、减轻噪声污染。合理的城市规划，对噪声控制具有非常重要的意义。

(1) 居住区规划中的噪声控制

① 居住区中道路网的规划　居住区道路网规划设计中，应对道路的功能与性质进行明确的分类、分级。分清交通性干道和生活性道路，前者主要承担城市对外交通和货运交通。它们应避免从城市中心和居住区域穿过，可规划成环形道等形式从城市边缘或城市中心区边缘绕过。在拟定道路系统、选择线路时，应兼顾防噪因素，尽量利用地形设置成路堑式或利用土堤等来隔离噪声。必须要从居住区穿过时，可选择下述措施：a. 将干道转入地下，其

上布置街心花园或步行区；b. 将干道设计成半地下式；c. 沿干道两侧设置声屏障，在声屏障朝干道侧布置灌木丛、矮生树，这样既可绿化街景，又可减弱声反射；d. 也可在干道两侧设置一定宽度的防噪绿带，作为和居住用地隔离的地带。防噪绿带宜选用常绿的或落叶期短的树种，高低配植组成林带，方能起减噪作用，这种林带每米宽减噪量约为 0.1～0.25dB。降噪绿带的宽度一般需要 10m 以上。这种措施对于城市环线干道较为适用。

生活性道路只允许通行公共交通车辆、轻型车辆和少量为生活服务的货运车辆。必要时可对货运车辆的通行进行限制，严禁拖拉机行驶。在生活性道路两侧可布置公共建筑或居住建筑，但必须仔细考虑防噪布局。当道路为东西向时，两侧建筑群宜采用平行式布局，路南侧如布置居住建筑，可将次要的辅助房间，如厨房、卫生间、储藏室等朝街面北布置，或朝街一面设计为外廊式并装隔声窗。路北侧可将商店等公共建筑或一些无污染、较安静的第三产业集中成条状布置临街处，以构成基本连续的防噪障壁，并方便居民生活。当道路为南北向时，两侧建筑群布局可采用混合式。路西临街布置低层非居住性障壁建筑，如商店等公共建筑，住宅垂直道路布置。这时公共建筑与住宅应分开布置，方能使公共建筑起声屏障的作用。路东临街布置防噪居住建筑。建筑的高度应随着离开道路距离的增加而逐渐增高，可利用前面的建筑作为后面建筑的防噪障壁，使暴露于高噪声级中的立面面积尽量减少。

② 工业区远离居住区　在城市总体规划中，工业区应远离居住区。有噪声干扰的工业区须用防护地带与居住区分开，布置时还要考虑主导风向。现有居住区内的高噪声级的工厂应迁出居住区，或改变生产性质，采用低噪声工艺或经过降噪处理来保证邻近住房的安静，等效声级低于 55dB 及无其他污染的工厂，宜布置在居住区内靠近道路处。

③ 居住区中人口控制规划　城市噪声随着人口密度的增加而增大。美国环保局发布的资料指出，城市噪声与人口密度之间有如下关系：

$$L_{dn} = 10\lg\rho + 22 \tag{1-57}$$

式中　ρ——人口密度，人/km²；

　　　L_{dn}——昼夜等效声级，dB。

(2) 道路交通噪声控制　城市道路交通噪声控制是一个涉及到城市规划建设、噪声控制技术、行政管理等多方面的综合性问题。从世界各国的经验看，比较有效的措施是研究低噪声车辆，改进道路设计，合理规划城市，实施必要的标准和法规。

① 研究低噪声车辆　目前，我国绝大多数载重汽车和公共汽车噪声是 88～91dB，一般小型车辆为 82～85dB。因此，85dB 为低噪声重型车辆的指标。整车噪声降低到 80dB 以下，要求其他主要噪声源在 7.5m 处低于表 1-11 的数值。

表 1-11　汽车部件噪声级

部件名称	噪声级/dB(A)	部件名称	噪声级/dB(A)
发动机（包括齿轮箱）	≤77	传动轴	≤69
进气	≤69	冷却风扇	≤69
轮胎	75～77	排气	≤69

电动汽车加速性能较好，特别适用于城市中启动和停车频繁的公共交通车辆。典型的电动公共汽车，在停车时的噪声级为 60dB，45km/h 行驶时的噪声级为 76～77dB。电动公共汽车的噪声比一般内燃机公共汽车的噪声低 10～12dB，其主要噪声为轮胎噪声。

② 改进道路设计　随着车流量的增加，车速的加快，尤其是高速公路的发展，道路两侧的噪声将增高。因此，在道路规划设计中必须考虑噪声控制问题。除前所提及的道路布

局、声屏障设置等必须考虑外,还必须考虑路面质量问题等。国外已普及低噪声路面,我国正在积极研制和推广。在交叉路口采用立体交叉结构,减少车辆的停车和加速次数,可明显降低噪声。在同样的交通流量下,立体交叉处的噪声比一般交叉路口的噪声低 5~10dB。又如在城市道路规划设计时,应多采用往返双行线。在同样运输量时,单行线改为双行线,噪声可以减少 2~5dB。

③ 合理规划城市　影响城市交通噪声的重要因素是城市交通状况,合理地进行城市规划和建设是控制交通噪声的有效措施之一。表 1-12 列出一些常用措施的实用效果。

表 1-12　利用城市规划方法控制交通噪声的措施及实用效果

控制交通噪声措施	实用效果
居住区远离交通干线和重型车辆通行道路	距离增加 1 倍,噪声降低 4~5dB
按声环境功能区进行合理区域规划	噪声降 5~10dB
利用商店等公共场所做临街建筑,隔离噪声	噪声降 7~15dB
道路两侧采用专门设计的声屏障	噪声降 5~15dB
减少交通流量	流量减 1 倍,噪声降 3dB
减小车辆行驶速度	每减小 10km/h,噪声降 2~3dB
减少车流量中重型车辆比例	每减少 10%,噪声降 1~2dB
增加临街建筑的窗户隔声效果	噪声降 5~20dB
临街建筑的房间合理布局	噪声降 10~15dB
禁止汽车使用喇叭	噪声降 2~5dB

(3) 城市绿地降噪　城市绿化不仅美化环境,净化空气,同时在一定条件下,对减少噪声污染也是一项不可忽视的措施。

声波在厚草地上面或穿过灌木丛传播时,在 1000Hz 衰减较大,可高达 23dB/100m,可用经验公式表示:

$$A_{g1} = (0.18 \lg f - 0.31) r \tag{1-58}$$

式中　A_{g1}——声波在厚草地上面或穿过灌木丛传播时的衰减量,dB;
　　　f——声波频率,Hz;
　　　r——距离,m。

声波穿过树林传播的实验表明,对不同的树林,衰减量的差别很大,浓密的常绿树在 1000Hz 时有 23dB/100m 的衰减量,稀疏的树干只有 3dB/100m 的衰减量,若对各种树林求一个平均的衰减量,大致为:

$$A_{g2} = 0.01 f^{1/3} r \tag{1-59}$$

总的说来,要靠一两排树木来降低噪声,其效果是不明显的,特别是在城市中,不可能有大片的树林,但如果能种上几排树木,开辟一些草地,增大道路与住宅之间的距离,则不但能增加噪声衰减量,而且能美化环境。绿化带的存在,对降低人们对噪声的主观烦恼度有一定的积极作用。

在铁路穿越市区的路段,营造宽度较大的(如 15~20m 以上)绿化带,对降低噪声有较大的作用。

七、监测方案的制订

1. 资料收集

监测前,应根据监测目的对监测区域进行现场踏勘及资料收集。主要内容包括以下几个方面：
(1) 监测区域的基本情况：地理位置、主要噪声源、周边敏感建筑物、人口分布。
(2) 现场调查：受影响的人群、可疑声源调查及识别、现场噪声预测值。
(3) 执行标准分析。

2. 监测项目

根据监测目的和收集的资料分析，确定监测项目：背景噪声排放值、设备（噪声源）运行时的噪声排放值等。

3. 监测频次

根据现场调查，针对实际情况，根据当地居民的生活习惯、起居规律及设备（噪声源）运行时的时间，判断噪声源是稳态噪声还是非稳态噪声，确定设备（噪声源）运行频次及运行一次持续的时间，确定监测时间及频次。一般稳态噪声每个监测点测1min，非稳态噪声需测整个工作时段的等效声级。

4. 监测点位

根据现场调查及噪声相关排放标准测定位置规定，对受噪声影响的区域及受噪声影响的周边敏感建筑物进行监测点布设，并规范画出监测点位示意图。如是投诉监测，测点的布设需征求投诉业主的意见。

5. 监测仪器及监测条件

(1) 监测仪器：2级或2级以上的多功能声级计，在检定有效期内。
(2) 声校准仪器：在检定有效期内。
(3) 监测条件：测试期间的测量条件符合标准要求，无雨雪、无雷电，风速不超过5m/s。

6. 监测结果及评价

根据相关排放标准及《环境噪声监测技术规范 噪声测量值修正》对测量结果进行修正，并根据声环境功能区噪声排放限值，对结果进行评价。

 同步练习

一、填空题

1. 《中华人民共和国噪声污染防治法》颁布的时间是_____，实施时间是_____。
2. 一般情况下，集镇执行_____类声环境功能区要求，位于交通地平线两侧一定距离内的噪声敏感建筑物执行_____类声环境功能区要求。
3. 1类声环境功能区环境噪声限值，昼间_____dB(A)，夜间_____dB(A)；各类声环境功能区夜间突发噪声，规定了其最大声级超过环境噪声限值的幅度不得高于_____dB(A)。

二、名词解释

突发噪声、偶发噪声、频发噪声。

三、简答题

1. 简述声环境功能区分类。

2. 简述声级计的结构及工作原理。
3. 查询资料：AWA5688多功能声级计操作步骤、如何校正及仪器操作注意事项。
4. 按城市声环境产生来源分，噪声分为几类？你所在的城市主要噪声源是什么？该如何防治？

四、计算题

1. 某发电机房工人1个工作日暴露于92dB(A)噪声中4h，98dB(A)噪声中24min，其余时间均在噪声为75dB(A)的环境中。试求该工人1个工作日所受噪声的等效连续A声级。
2. 甲地区白天的等效A声级为64dB，夜间为45dB；乙地区的白天等效A声级为60dB，夜间为50dB，请问哪一地区的环境对人们的影响更大？
3. 某城市交通干道一侧的第一排建筑物距道路边沿20m，夜间测得建筑物前交通噪声62dB（1000Hz），若在建筑物和道路间种植20m宽的厚草地和灌木丛，建筑物前的噪声为多少？欲使达标，绿地需多宽？

五、操作题

1. 监测人员应具备良好的标准意识和规范操作意识，能准确运用各类环境标准。尝试通过生态环境部官网和手机APP检索标准两种方法，准确检索现行的《声环境质量标准》。
2. 为对校园声环境质量进行评价，以组为单位，监测前，编写一份校园声环境质量监测方案。

任务二　社会生活噪声扰民监测

 任务导入

据《2022年中国环境噪声污染防治报告》：据不完全统计，2021年全国地级及以上城市"12345"市民服务热线以及生态环境、住房和城乡建设、公安、交通运输、城市管理综合行政执法等部门合计受理的噪声投诉举报约401万件，其中，社会生活噪声投诉举报最多，占57.9%。本任务是通过对社会生活噪声测量方法的学习，对学院周边社会生活噪声扰民问题进行现场调查和资料收集，分析确定受扰位置监测点位布设、监测方法、监测时间和频次、监测质量控制等，并编写噪声扰民监测方案。

 知识学习

一、社会生活噪声

社会生活噪声广义是指人为活动所产生的除工业企业厂界噪声、建筑施工噪声和交通运输噪声之外的干扰周围生活环境的声音。社会生活噪声包括商业经营活动产生的噪声，文化娱乐业产生的噪声，居民在城市市区街道、广场、公园等公共场所组织娱乐、集会等活动产生的噪声，邻里之间日常生活产生的噪声源等。

社会生活环境噪声监测主要指对营业性文化娱乐场所和商业经营活动中产生的环境噪声进行监测，社会生活噪声监测与评价执行《社会生活环境噪声排放标准》（GB 22337—2008）。

该标准规定了营业性文化娱乐场所和商业经营活动中可能产生环境噪声污染的设备、设施边界噪声排放限值和测量方法。其适用于对营业性文化娱乐场所、商业经营活动中使用的向环境排放噪声的设备、设施的管理、评价与控制。

营业性文化娱乐场所和商业经营活动场所主要包括：①商业经营场所，如商场商店、集贸市场等；②服务经营场所，如餐饮业等；③文化娱乐场所，如靠近居住区的电影院、剧场、文化场馆、舞厅、KTV等；④体育场所等。

经营场所设备噪声主要包括：①空调系统噪声，包括空调室外机组、冷却塔等设备噪声；②通风系统噪声，包括通风机组、排风机组、轴流风机等设备噪声；③锅炉房、水泵房等设备噪声；④高层建筑的电梯及电梯间噪声；⑤其他设备噪声，如餐饮业的冷柜、压缩机等设备噪声。

需要说明的是，不是所有的社会生活噪声都能通过噪声监测解决问题。公园中、广场上由群众自发组织的娱乐、集会活动产生的噪声及邻里之间日常生活产生的噪声应由相关噪声管理办法来进行管理，主要通过调解解决。

二、社会生活噪声测量方法

1. 测量条件

气象条件：测量应在无雨雪、无雷电天气，风速为5m/s以下时进行。不得不在特殊气象条件下测量时，应采取必要措施保证测量准确性，同时注明当时所采取的措施及气象情况。

测量工况：测量应在被测声源正常工作时间进行，同时注明当时工况。

2. 测点位置

（1）测点布设　根据社会生活噪声排放源、周围噪声敏感建筑物的布局以及毗邻的区域类别，在社会生活噪声排放源边界布设多个测点，其中包括距噪声敏感建筑物较近以及受被测声源影响大的位置。

（2）测点位置一般规定　一般情况下，测点应选在社会生活噪声排放源边界外1m、高度1.2m以上、距任一反射面距离不小于1m的位置。

（3）测点位置其他规定

① 当边界有围墙且周围有受影响的噪声敏感建筑物时，测点应选在边界外1m、高于围墙0.5m以上的位置。

② 当边界无法测量到声源的实际排放状况时（如声源位于高空、边界设有声屏障等），应按（2）设置测点，同时在受影响的噪声敏感建筑物户外1m处另设测点。

③ 室内测量时，室内测量点位设在距任一反射面0.5m以上、距地面1.2m高度处，在受噪声影响方向的窗户开启状态下测量。

④ 社会生活噪声排放源的固定设备结构传声至噪声敏感建筑物室内，在噪声敏感建筑物室内测量时，测点应距任一反射面0.5m以上、距地面1.2m、距外窗1m以上，窗户关闭状态下测量。被测房间内的其他可能干扰测量的声源（如电视机、空调机、排气扇以及镇流器较响的日光灯、运转时出声的时钟等）应关闭。

3. 测量时段

（1）分别在昼间、夜间两个时段测量。夜间有频发、偶发噪声影响时同时测量最大声级。

（2）被测声源是稳态噪声，采用1min的等效声级。

(3) 被测声源是非稳态噪声,测量被测声源有代表性时段的等效声级,必要时测量被测声源整个正常工作时段的等效声级。

4. 背景噪声测量

测量环境:不受被测声源影响且其他声环境与测量被测声源时保持一致。

测量时段:与被测声源测量的时间长度相同。

5. 测量结果修正

根据《环境噪声监测技术规范 噪声测量值修正》(HJ 706—2014)原则,最后测量结果修正如下:

(1) 噪声测量值与背景噪声值相差大于10dB(A)时,噪声测量值不做修正。

(2) 噪声测量值与背景噪声值相差在3~10dB(A)时,噪声测量值与背景噪声值的差值取整数后,按表1-13进行修正。

(3) 噪声测量值与背景噪声值相差小于3dB(A)时,应采取措施降低背景噪声后,视情况按(1)或(2)执行;仍无法满足前两款要求的,应按环境噪声监测技术规范有关规定执行。

表1-13 测量结果修正　　　　　　　　　　　　　　　　　　　　单位:dB(A)

差值	3	4~5	6~10
修正值	-3	-2	-1

6. 测量结果评价

(1) 各个测点的测量结果应单独评价。同一测点每天的测量结果按昼间、夜间进行评价。

(2) 最大声级 L_{max} 直接评价。

三、扰民投诉监测案例分析

近年来,噪声扰民问题持续成为社会高度关注的话题,特别是社会生活噪声扰民问题尤为突出。作为一名环境监测专业的人员,面对社会生活噪声扰民,如何开展噪声扰民监测呢?本节将以"某小区内私家菜馆噪声扰民监测"为例,讲述社会生活噪声扰民监测全过程及处理办法。

【案例名称】某小区内私家菜馆噪声扰民监测。

【案例描述】某小区某居民住宅2楼业主投诉其楼下私家菜馆营业时产生的噪声影响了其正常的生活(重点是卧室内)。某环境监测机构对投诉情况进行了现场勘查。被投诉对象所在建筑为典型的下商上居居住楼,私菜馆厨房内使用的固定设备较多,可疑声源为厨房用燃气灶、油烟净化设备等。根据实地调查情况,在投诉人家中进行了噪声监测。

1. 监测方案编制内容

(1) 现场调研及资料收集

① 主要声源分析　经实地考察,该私家菜馆正常营业时,主要噪声源为厨房设备,包括抽油烟风机、鼓风机、通风设备;就餐人员谈话声对2楼住房基本上无影响。

② 执行标准分析　被投诉噪声属于《社会生活环境噪声排放标准》(GB 22337—2008)规定的社会生活噪声。根据声环境功能区划分,该投诉业主生活的小区属于1类声环境功能区。

鉴于本案例中投诉人与被投诉人之间的空间位置属于典型的室内相邻关系（楼上楼下），两者之间只隔了一层天花板。在标准选择上采用"结构传播固定设备室内噪声排放限值（等效A声级、倍频带声压级）"。

(2) 监测依据

① 《社会生活环境噪声排放标准》（GB 22337—2008）；
② 《环境噪声监测技术规范 噪声测量值修正》（HJ 706—2014）；
③ 《环境噪声监测技术规范 结构传播固定设备室内噪声》（HJ 707—2014）。

(3) 监测内容　根据收集的资料分析，确定项目监测内容：

① 在被投诉人私家菜馆正常营业状态下测量排放噪声；
② 在被投诉人私家菜馆声源全部停止使用状态下测量背景噪声。

(4) 监测时间和频次　被投诉人的营业时间是10:00～21:00，在征得投诉人允许的前提下，选择在12:30进行监测。机械设备正常运行时其声音可以被视为稳态噪声，所以在测量时间上选择1min。

(5) 监测仪器　声级计：AWA6228型多功能声级计（1级）；

声校准器：AWA6221A型声校准器（1级）；

监测仪器均在检定有效期内。

(6) 监测点位布设　监测点位布设在投诉人反映的影响最强烈的主卧室中央，测点位置和声源位置关系见图1-11。

(7) 监测条件　监测期间，私家菜馆正常营业且厨房设备全部开启，同时关闭被测房间的门、窗，室内测点应距离任一反射面0.5m以上、距离地面1.2m、距离外窗1m以上。

声级计测量前后进行校正，前后示值偏差小于0.5dB。

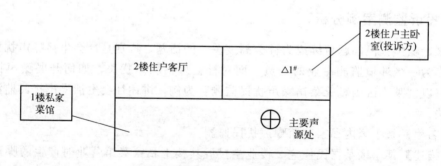

图1-11　投诉监测点示意图
△敏感点处噪声测点

2. 监测结果及原因分析

(1) 监测结果　根据《环境噪声监测技术规范　噪声测量值修正》（HJ 706—2014）中的测量结果修正表进行修正，噪声监测结果见表1-14。

从监测结果来看，其等效A声级及倍频带中心频率为125Hz、250Hz、500Hz时的噪声排放均超出了标准范围。若固定设备运行时，某一频段倍频带声压级的测量范围值超过背景值5dB，表明室内声环境受到结构传播固定设备噪声的影响。由此可见，本案例中投诉者住宅内的低频噪声影响应是由其楼下私家菜馆的厨房设备使用所造成的。

表 1-14 投诉后噪声现场监测结果

测点位置	监测项目分类	噪声主要来源	等效 A 声级/dB(A)	倍频带声压级/dB				
				31.5Hz	63Hz	125Hz	250Hz	500Hz
卧室中央（A 类房间）	测量值	厨房鼓风机、抽油烟风机、通风设备	43.8	56.9	55.4	50.3	48.4	38.7
	背景值		32.3	45.1	47.2	36.8	32.4	30.2
	修正结果		44	57	54	50	48	38
	标准值		40	76	59	48	39	34
结论			超标	达标	达标	超标	超标	超标

(2) 原因分析　本案例中主要噪声源为厨房设备，包括抽油烟风机、鼓风机、通风设备。从物理特性来看，噪声源主要可以分为机械噪声和空气动力噪声。

① 机械噪声　机械噪声即机械设备运行时部件间的摩擦力、撞击力或非平衡力，使机械部件和壳体产生振动而辐射噪声。本案例中，厨房油烟风机时发出的噪声就是典型的机械噪声。机械设备使用时产生的振动也是机械噪声的表现形式之一。

② 空气动力噪声　空气动力噪声即空气介质与固定设备之间相互摩擦而发出的声音，通风机进出口发出的声音即空气动力噪声。案例中厨房鼓风机、油烟机进出口的气流剧烈变化处均会产生空气动力噪声。各类噪声产生环节见图 1-12。

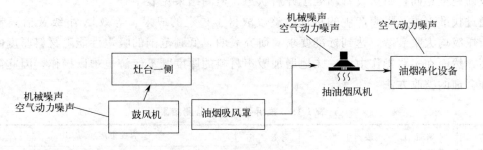

图 1-12　各类噪声产生环节

3. 整改措施与效果

(1) 整改对策

① 噪声源控制　改用转动部件尺寸较小的设备、减少设备出口流量和风压都是源强控制的基本方法。本案例中采用更换设备的方法进行噪声源控制。

除了对声源设备进行更换，也对声源的位置重新进行了调整。原先的抽油烟风机的支架直接与屋顶连接，且未使用弹性元件进行隔振。现在将油烟机通过底座与房间地面相连，连接处采用软连接，减少声源产生的额外声压级。抽油烟风机到屋顶之间的距离相对增加，延长了声波的传播距离，从而达到噪声衰减的目的（图 1-13）。考虑到燃气灶鼓风机的噪声特性与抽油烟风机相同，原则上应采取更换小功率设备的方法。但进一步降低鼓风机功率，则无法提供充足的空气使燃烧效率降低，因此将其中一个燃气灶改为电磁炉。

② 传播途径控制　声学控制措施（如使用吸声材料、设置隔声结构等方法）是抑制噪声传播的有效手段。考虑到机械设备运行时的振动，除了对风机加装隔声罩，还应采用简易的隔振措施降低振动能量的传递。对于居民区等敏感目标，要求传递系数 T 不得大于

0.1。对于给定的机械设备而言,其固有振动频率越低,减振效果越好。要使系统固有振动频率降低最有效的方法就是加大弹性元件的静态压缩量。实际工作中,如果机械设备质量足够大,弹性元件可以直接装在机组底面下方。如果机械设备质量较小,宜将机组固定在厚重的底座上,把弹性元件装置在底面和底面基础之间。

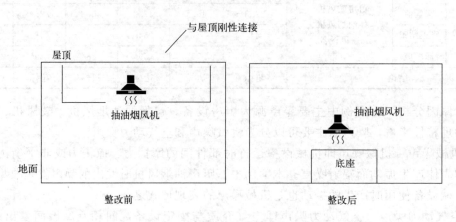

图 1-13 抽油烟设备整改示意图

(2) 整改结果 厨房声源整改完毕后,在投诉者家中进行了复测。监测点位和评价标准与整改前完全相同,厨房设备均处于开启状态。监测结果见表 1-15。

通过找准声源及噪声产生的机理,整改取得了一定的成果,等效 A 声级及倍频带中心频率声压级均大幅衰减,达到标准要求。研究表明,低频范围的吸声性能随材料厚度的增加而提高,然而在实践操作中,一味地增加吸声材料的厚度既不经济也难以操作,因此需要寻求更加合理的整改方法。

表 1-15 投诉整改后的监测结果

测点位置	监测项目分类	噪声主要来源	等效 A 声级/dB(A)	倍频带声压级/dB				
				31.5Hz	63Hz	125Hz	250Hz	500Hz
卧室中央(A类房间)	测量值	厨房鼓风机、抽油烟风机、通风设备	40.4	53.9	53.4	46.3	39.4	34.7
	背景值		32.3	45.1	47.2	36.8	32.4	30.2
	修约结果		39	53	52	45	38	33
	标准值		40	76	59	48	39	34
结论			达标	达标	达标	达标	达标	达标

4. 收获及反思

实际工作中,室内固定设备声源不仅限于厨房设备,还有商店空调、冰柜等制冷设备,居民区水泵房的水泵等都是固定声源。设备安装或使用不当都会产生结构传播固定设备室内噪声。通过此次信访投诉的整改,总结出一些不同设备条件下预防和缓解结构传播固定设备室内噪声的共性点。

(1) 源强控制的优先级最高 无论是机械噪声还是空气动力噪声,源强控制是首先考虑的方法。对于机械设备而言,无论是风机、水泵还是制冷压缩机,优先考虑选用发声小的材料制造机件、具有精密结构的传动方式。在满足使用工况的前提下,建议选择功率较低、尺寸较小的设备。

（2）避免额外声压级的产生　声源设备的摆放应遵循两个原则：一是尽量远离敏感目标；二是避免额外声压级的产生。设备尽量不直接与敏感目标的墙面（包括天花板或地板）进行刚性连接。若无法避免敏感目标的墙面，则必须使用弹性元件进行隔振处理，隔振采取"高要求"等级，传递系数 $T<0.05$。

（3）合理使用声学降噪措施　合理使用声学降噪措施依然是预防和减缓结构传播噪声必不可少的重要步骤。室内结构传播噪声的声学降噪措施包括两个方面：一是充分利用建筑物围护结构的隔声能力；二是对声源进行降噪处理。

对于钢筋混凝土结构的建筑而言，其围护结构的隔声量较大；老式的预制板结构建筑由于围合处可能有缝隙，其隔声量会相对减少。

对于声源的降噪处理，常用的吸声、隔声、减振措施都有较为明显的作用。需要强调的是，在使用隔声罩处理声源时，单层均匀结构的隔声材料在频率很低时（20～65Hz），隔声量会随频率升高而减少。这种情况下只需要保证罩体内阻尼层的厚度不小于罩壁厚度的2～4倍，抑制共振产生的不利影响即可。

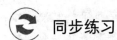

同步练习

一、选择题

1. 下列属于社会生活噪声的是（　　）。
   A. 建筑施工发出的噪声　　　　　　B. 商店用高音喇叭招揽顾客发出的声音
   C. 歌舞厅发出的噪声　　　　　　　D. 火车鸣笛
   E. 飞机起降发出的噪声

2. 根据《社会生活环境噪声排放标准》，在社会生活噪声排放源测点布设时，一般情况下，测点选在社会生活噪声排放源边界外（　　）m、高度（　　）m以上、距任一反射面距离不少于1m的位置。
   A. 1，1.5　　　　B. 1，1.2　　　　C. 1.2，1.5　　　　D. 1，1

二、名称解释

稳态噪声、非稳态噪声、背景噪声、结构传播固定设备室内噪声。

三、填空题

1. 噪声监测的气象条件是＿＿＿＿＿＿＿＿＿＿。
2. 声环境功能区定点监测法每次要进行＿＿＿＿＿h的连续监测。
3. 监测敏感建筑物室内噪声，监测点设在距离墙面和其他反射面至少＿＿＿＿＿m，距离窗户约＿＿＿＿＿m，地面高度约＿＿＿＿＿m。
4. 监测敏感建筑物户外噪声，监测点设在距离敏感建筑物户外距离墙壁或窗户＿＿＿＿＿m处，距地面高度约＿＿＿＿＿m以上。

四、问答题

1. 社会生活噪声监测点布设的一般原则是什么？
2. 根据所学知识，实地踏勘，以"校园周边某KTV夜间结构传播固定设备噪声扰民监测"为例，编写一份噪声扰民投诉监测方案，并根据方案进行现场测定与分析。

 阅读材料

超市制冷室外机噪声超标，判决整改又赔钱

2022年6月17日，北京市大兴区人民法院召开"噪声污染责任纠纷案件审理情况"新闻通报会，就近年来审理的噪声污染责任纠纷案件基本情况、案件特点进行通报。其中一则案例属于典型的社会生活噪声污染案件：某大型商业超市在原告卧室以北方向安装了两台制冷室外机组，原告称前述机组在每日运转过程中产生了严重的噪声污染，此外，超市的专用货运通道每日在运货过程中产生的运输、卸货等噪声也非常严重。原告多次向环保部门进行投诉，并自费聘请了具有专业资质的检测公司对边界噪声进行了检测，检测结果均为严重超标。根据环境监测评价公司、环保监测站的多次测量鉴定，均认定涉案商业超市安装的制冷机组运行中产生的噪声严重超标，结合原告病历中记载的失眠、焦躁等情况，能够认定与噪声超标存在因果关系，故商业超市应停止侵权、排除妨害并根据妨害的实际情况进行赔偿，最终判定超市将制冷机组在运行过程中产生的噪声降低到城市区域环境噪声一类标准，并赔偿原告精神损害抚慰金、检测费等23000余元。

任务三　校园声环境质量现场监测

 任务导入

近期，有师生反应校园内噪声严重影响了师生正常的工作和学习，现委托学院环保专业学生对校园内声环境质量进行监测，并对校园内声环境质量状况进行初步的评价。校园声环境质量监测按功能区开展声环境监测，并严格按照《环境噪声监测技术规范　城市声环境常规监测》（HJ 640—2012）标准执行，在完成校园声环境监测方案基础上，开展校园声环境质量现场监测，并对结果进行初步的评价。

 现场监测

一、实验目的

① 掌握噪声测量仪的工作原理及操作方法；
② 掌握声环境功能区噪声监测方法；
③ 通过监测数据，评价校园声环境功能监测点位昼间和夜间达标情况；
④ 通过监测数据，知晓校园各类功能区监测点位的声环境质量随时间的变化情况。

二、仪器设备

声级计、声级校准器、风向风速仪、三脚架。

三、监测依据

《环境噪声监测技术规范 城市声环境常规监测》（HJ 640—2012）；
《声环境质量标准》（GB 3096—2008）。

四、实验内容

本次实验采用声环境功能区定点监测法。

(1) 监测点布设：选择能反映校园各类功能区声环境质量特征的监测点 1 个至若干个，进行长期定点监测，每次测量的位置、高度应保持不变。

校园声环境功能分区：教学区、住宅区、商业区、运动区、对照区（校园出入口）等，在功能区上布设合适的监测点，并绘制监测点示意图，规范填写功能区声环境监测点位基础信息表（表1-16）。

(2) 监测时间：声环境功能区监测每次至少进行一昼夜 24 小时的连续监测，得出每小时及昼间、夜间的等效声级 L_{eq}、L_d、L_n 和最大声级 L_{max}。用于噪声分析目的，可适当增加监测项目，如累积百分声级 L_{10}、L_{50}、L_{90} 等。监测应避开节假日和非正常工作日。

(3) 监测前应对测量仪器进行校正，测量仪器设置好测量模式（时间、计权、监测依据及监测方法的设定），声级计离地 1.2m 高，距任一建筑物的距离不小于 1m；实时记录现场监测数据，记录表如表 1-17 所示。

(4) 监测工作结束后，记录数据，关闭电源，取出电池，进行保存。

(5) 将监测仪器交还仪器保管员，清理监测现场。

五、结果评价

各监测点位测量结果独立评价，以昼间等效声级 L_d 和夜间等效声级 L_n 作为评价各监测点位声环境质量是否达标的基本依据。

如一个功能区设有多个测点的，应按点次分别统计昼间、夜间的达标率。

六、绘制声环境质量时间分布图

以每 1 小时测得的等效声级为纵坐标，时间序列为横坐标，绘制得出 24 小时的声级变化图形，用于表示功能区监测点位环境噪声的时间分布规律。

同一点位或同一类功能区绘制总体时间分布图时，小时等效声级采用对应小时算术平均的方法计算。

表 1-16 功能区声环境监测点位基础信息表

年度：_____ 城市代码：_____ 监测站名：_____

测点代码	测点名称	测点经度	测点纬度	测点高度/m	测点参照物	功能区代码	备注

负责人：_____ 审核人：_____ 填表人：_____ 填表日期：_____

表 1-17　功能区声环境 24 小时监测记录表

监测站名：_____　测点名称：_____　测点代码：_____　功能区类别：_____
监测仪器（型号、编号）：_____　声校准器（型号、编号）：_____
监测前校准值（dB）：_____　监测后校准值（dB）：_____　气象条件：_____

监测时间			L_{10}	L_{50}	L_{90}	L_{eq}	L_{min}	L_{max}	标准差（SD）	备注
月	日	开始时间								

负责人：_____　审核人：_____　测试人员：_____　填表日期：_____

拓展知识

《中华人民共和国噪声污染防治法》的几个亮点

《中华人民共和国噪声污染防治法》于 2021 年 12 月 24 日的第十三届全国人民代表大会常务委员会议上通过，2022 年 6 月 5 日正式开始施行，同时废止《中华人民共和国环境噪声污染防治法》。该法有几个亮点值得关注。

1. 法律名称的改变

将《中华人民共和国环境噪声污染防治法》修改为《中华人民共和国噪声污染防治法》。新法将原有法中的"环境"二字删除，将法律管控对象明确在人为噪声上。

2. 重新界定噪声污染内涵，扩大了法律适用范围

针对有些领域没有噪声排放标准的情况，在"超标＋扰民"基础上，将"未依法采取防控措施"产生噪声干扰他人正常生活、工作和学习的现象界定为噪声污染。增加对城市轨道交通、机动车"炸街"、乘坐公共交通工具、饲养宠物、餐饮等噪声扰民行为的管控。

将工业噪声的范围从工业固定设备扩大到工业生产活动中产生的干扰周围生活环境的声音。

3. 注重完善政府及其相关部门职责

要求县级以上地方人民政府明确各有关部门的噪声污染防治监督管理职责，根据需要建立协调联动机制。

要求将噪声污染防治工作纳入县级以上国民经济和社会发展规划,将噪声污染防治工作经费纳入本级政府预算,将噪声污染防治目标完成情况纳入考核评价内容。

要求声环境质量未达标的市、县人民政府编制、实施声环境质量改善规划及实施方案,并向社会公开。

4. 注重强化源头防控

规划方面:强化国土空间规划和相关规划噪声污染防治要求;新增工业噪声和交通运输噪声相关规划防控要求。

标准方面:国家推进噪声污染防治标准体系建设,完善产品噪声限值制度,新增环境振动控制标准和措施要求;授权制定地方噪声排放标准。

区域划定方面:要求县级以上地方人民政府划定声环境质量标准适用区域及噪声敏感建筑物集中区域,并向社会公开。

5. 着重完善交通运输噪声的管理

加严新、改、扩建经过噪声敏感建筑物集中区域的交通项目的达标控制要求。

增加交通项目运营、养护机构对车辆、线路等和减振降噪设施的维护要求。

增加划定机场周围噪声敏感建筑物禁止建设区域并禁止在该区域新建与航空无关的噪声敏感建筑物的规定,明确了在噪声敏感建筑物限制建设区域确需建设噪声敏感建筑物的必须符合民用建筑隔声设计相关标准要求。

增加机场管理机构对机场起降航空器的噪声管理和监测要求;增加针对造成严重污染的交通运输噪声制定噪声污染综合治理方案的要求。

6. 加大了惩处力度

明确不同违法行为的罚款额度或者处罚形式,增强基层执法可操作性;增设查封、扣押排放噪声的场所、设施、设备、工具和物品的强制措施。

项目二　交通运输噪声监测

 学习目标

【知识目标】

1. 掌握交通运输噪声的定义及范畴;
2. 掌握道路交通噪声、轨道交通噪声、铁路交通噪声及机场周围飞机噪声等的监测方法;
3. 掌握噪声委托监测报告编制方法;
4. 了解交通噪声污染的特性及防治;
5. 了解交通噪声监测现状及发展趋势。

【能力目标】

1. 能对不同类型的交通噪声,布设合适的监测点,并具备监测点示意图绘制能力;
2. 能在测量现场合理、规范开展交通噪声监测;
3. 能对交通噪声监测数据进行正确处理和评价;
4. 能编制声环境质量委托监测报告。

【素质目标】
1. 培养良好的劳动习惯和诚实守信的优秀品质；
2. 培养科学严谨、精益求精的生态环保工匠精神；
3. 培养绿色、低碳交通运输的理念。

【学习法律、标准及规范】
1. 《机场周围飞机噪声测量方法》（GB 9661—88）；
2. 《机场周围飞机噪声环境标准》（GB 9660—88）；
3. 《铁路边界噪声限值及其测量方法》（GB 12525—90）及修改方案；
4. 《城市轨道交通（地下段）结构噪声监测方法》（HJ 793—2016）。

任务一 交通噪声监测方案制订

任务导入

据《2022年中国环境噪声污染防治报告》，2021年，全国地级及以上城市道路交通昼间等效声级平均值为66.5dB(A)。省辖市、省会城市和计划单列市的城市道路交通昼间等效声级平均值为67.9dB(A)。可见，交通噪声对城市区域环境影响也不容小觑，本任务通过交通运输噪声测量方法的学习，对学院周边道路交通噪声进行现场调查和资料收集，并编写相应的监测方案。

知识学习

交通运输噪声涉及面比较广，主要包括道路交通噪声、轨道交通噪声、铁路交通噪声及机场周围飞机噪声等。下面分别介绍其监测方法。

一、道路交通噪声监测

1. 道路交通噪声现状

道路交通噪声是指在道路行驶过程中机动车辆产生的噪声。随着城市化进程的加快，城市路网密度和小汽车保有量正在逐年增加，不可避免地带来了道路交通噪声污染问题。在整个城市环境噪声污染中，道路交通噪声已成为主要源头，对人们的日常生活、工作、休息带来了严重的不利影响，已经成为近年来居民投诉最多的污染问题之一。对城市道路交通噪声进行监测，有助于评估道路交通噪声的污染情况，帮助居民了解身边的污染状况并提高噪声防治意识，促进交通噪声防治工作的进行。

2. 道路交通噪声分类

（1）排气噪声 排气噪声是汽车的主要噪声源，它通常比其他噪声要高10~15dB(A)。排气噪声主要是由发动机排气阀周期性开闭所产生的压力脉冲激发气流振动而产生的，噪声能量主要分布在200Hz以下的低频区。

（2）发动机噪声 内燃机机壳噪声是由于机械力作用和气缸中气体受压缩并燃烧产生的气体压力作用在活塞与气缸壁上而产生的，两者都能引起发动机外表面振动而辐射噪声。内燃机噪声和它的燃烧方式、发动机结构、转速、排量、负荷等因素有关，其中，燃烧方式是主要的因素。

(3) 轮胎噪声　当车速达到 50km/h 以上时，轮胎噪声就显得很突出了。轮胎噪声是一种高频噪声，主要由轮胎花纹和路面之间互相挤压空气所产生的。其中轮胎花纹形状是影响轮胎噪声的重要因素。横肋状花纹噪声较大，竖肋状花纹噪声较小。轮胎噪声变动范围可以很大。

3. 道路交通噪声监测

对于道路交通噪声，我国尚未出台相关噪声排放标准。监测道路交通噪声时可参照《声环境质量标准》(GB 3096—2008)、《环境噪声监测技术规范　城市声环境常规监测》(HJ 640—2012) 执行。

(1) 监测的目的　主要测量交通噪声源的噪声强度，分析道路交通噪声声级与车流量、路况等的关系及变化规律，研究道路交通噪声的年度变化规律和变化趋势，为合理规划城市道路和建筑区域、设置绿化带和声屏障等降噪措施，提供技术数据和实施依据，从而减少道路交通噪声给广大人民群众带来的影响。

(2) 测量仪器的选择标准　《声环境质量标准》(GB 3096—2008) 规定，测量仪器精度为 2 型及 2 型以上的积分平均声级计或环境噪声自动监测仪器，其性能需符合 GB 3785《声级计的电、声性能及测试方法》的规定，并定期校验。测量前后使用声校准器校准测量仪器的示值偏差不得大于 0.5dB(A)，否则测量无效。声校准器应满足 GB/T 15173《电声学　声校准器》对 1 级或 2 级声校准器的要求。测量时传声器应加防风罩。

(3) 监测的点位设置

① 选点的原则

a. 能反映城市建成区内各类道路（城市快速路、城市主干路、城市次干路、含轨道交通走廊的道路及穿过城市的高速公路等）交通噪声排放特征。

b. 能反映不同道路特点（考虑车辆类型、车流量、车辆速度、路面结构、道路宽度、敏感建筑物分布等）交通噪声排放特征。

c. 道路交通噪声监测点位数量：巨大、特大城市≥100 个；大城市≥80 个；中等城市≥50 个；小城市≥20 个。一个测点可代表一条或多条相近的道路。根据各类道路的路长比例分配点位数量。

② 测点选择　选在路段两路口之间，距任一路口的距离大于 50m，路段不足 100m 的选路段中点，测点位于人行道上距路面（含慢车道）20cm 处，监测点位高度距地面为 1.2～6.0m。测点应避开非道路交通源的干扰，传声器指向被测声源。

③ 监测点位基础信息　见表 2-1。

表 2-1　道路交通声环境监测点位基础信息表

年度：_____　城市代码：_____　监测站名：_____　填表人：_____　填表日期：_____

测点代码	测点名称	测点经度	测点纬度	测点参照物	路段名称	路段起止点	路段长度/m	路段宽度/m	道路等级	路段覆盖人口/万人	备注

注：路段名称、路段起止点、路段长度：指测点代表的所有路段。

道路等级：①城市快速路；②城市主干路；③城市次干路；④城市含路面轨道交通的道路；⑤穿过城市的高速公路；⑥其他道路。

路段覆盖人口：指代表路段两侧对应的 4 类声环境功能区覆盖的人口数量。

(4) 频次、时间与测量量

① 昼间监测每年 1 次，监测工作应在昼间正常工作时段内进行，并应覆盖整个工作时段。

② 夜间监测每五年 1 次，在每个五年规划的第三年监测，监测从为夜间起始时间开始。

③ 监测工作应安排在每年的春季或秋季，每个城市监测日期应相对固定，监测应避开节假日和非正常工作日。

④ 每个测点测量 20min 等效声级 L_{eq}，记录累积百分声级 L_{10}、L_{50}、L_{90}、L_{max}、L_{min} 和标准偏差（SD），分类（大型车、中小型车），记录车流量。

(5) 结果与评价

① 监测数据应按表 2-2 规定的内容记录。

② 将道路交通噪声监测的等效声级采用路段长度加权算术平均法，按式（2-1）计算城市道路交通噪声平均值。

$$\overline{L} = \frac{1}{l}\sum_{i=1}^{n}(l_i L_i) \tag{2-1}$$

式中 $\overline{L}$——道路交通昼间平均等效声级（$\overline{L_d}$）或夜间平均等效声级（$\overline{L_n}$），dB(A)；

l——监测的路段总长，$l = \sum_{i=1}^{n} l_i$，m；

l_i——第 i 测点代表的路段长度，m；

L_i——第 i 测点测得的等效声级，dB(A)。

③ 道路交通噪声平均值的强度级别按表 2-3 进行评价。道路交通噪声强度等级"一级"至"五级"可分别对应评价为"好""较好""一般""较差"和"差"。

表 2-2 道路交通声环境监测记录表

监测站名：_____

监测仪器（型号、编号）_____ 声校准器（型号、编号）：_____ 气象条件：_____

测点代码	测点名称	月	日	时	分	L_{eq}	L_{10}	L_{50}	L_{90}	L_{max}	L_{min}	标准偏差（SD）	车流量(辆/min)		备注
													大型车	中小型车	

监测前校准值（dB）：_____ 监测后校准值（dB）：_____

负责人：_____ 审核人：_____ 测试人员：_____ 监测日期：_____

表 2-3 道路交通噪声强度等级划分　　　　　　　　　　　单位：dB(A)

等级	一级	二级	三级	四级	五级
昼间平均等效声级($\overline{L}_d$)	≤68.0	68.1~70.0	70.1~72.0	72.1~74.0	>74.0
夜间平均等效声级($\overline{L}_n$)	≤58.0	58.1~60.0	60.1~62.0	62.1~64.0	>64.0

二、城市轨道交通噪声测量

城市轨道交通：以电能为主要动力，采用钢轮—钢轨为导向的城市公共客运系统。按照运量及运行方式的不同，城市轨道交通分为地铁、轻轨以及有轨电车。

轨道交通（地面段）噪声、内河轨道噪声监测同样参照《声环境质量标准》(GB 3096—2008)。受轨道交通噪声源的噪声影响，对敏感建筑物户外声环境质量进行监测，昼间、夜间各测量不低于平均运行密度的 1h 等效 A 声级，若城市轨道交通（地面段）的运行车次密集，测量时间可缩短至 20min，同时测量最大声级。城市轨道交通（地面段）结果评价同样可按路段长度加权统计，得出环境噪声平均值。

对于城市轨道交通（地下段）引起的住宅建筑物室内噪声监测，执行《城市轨道交通（地下段）结构噪声监测方法》(HJ 793—2016)，测量应分昼间、夜间在各测量连续测量不低于平均运行密度的 20min 结构噪声，测量期间应包含至少 6 次噪声事件。如监测在夜间进行或列车平均运行密度较低，未能在测量中包含 6 次以上噪声事件，则应适当延长测量时间；若延长测量时长至 1h 后仍不能满足通行车次要求时，则以实际测量车次为准。

三、铁路边界噪声测量

铁路噪声是指机车车辆运行中产生的噪声。铁路边界是指距铁路外侧轨道中心线 30m 处。

对于铁路交通噪声监测，一方面要执行《铁路边界噪声限值及其测量方法》(GB 12525—90)及其修改方案。测点原则上选在铁路边界高于地面 1.2m，距反射物不小于 1m 处。分别在昼间、夜间进行铁路交通噪声排放监测。测量时间选在昼间、夜间各接近机车车辆运行平均密度的某一个小时，必要时，昼间或夜间分别进行全时段测量。另一方面要参照《声环境质量标准》(GB 3096—2008)，对敏感建筑物户外声环境质量进行监测，昼间、夜间各测量不低于平均运行密度的 1h 等效 A 声级。详细的监测过程，可参照本任务中案例学习。

四、机场周围飞机噪声测量

机场飞机噪声是指机场周围由于飞机起飞、降落或低空飞越时所产生的噪声。

现行的机场周围飞机噪声测量及评价标准是《机场周围飞机噪声测量方法》(GB 9661—88)和《机场周围飞机噪声环境标准》(GB 9660—88)。测点原则上选在开阔平坦的地方，高于地面 1.2m，离其他反射壁面 1m 以上，注意避开高压电线和大型变压器，并将一昼夜的计权等效连续感觉噪声级作为评价量，用 L_{WECPN} 表示，单位为 dB。不同划定区域的标准值为：一类区域，即特殊住宅区和居民区、文教区，标准值小于等于 70dB；二类区域是除一类区域以外的生活区，标准值小于等于 75dB。适用的区域地带范围由当地人民政府划定，标准值小于等于75dB。

需要注意的是，要求测量的飞机噪声级最大值至少超过环境背景噪声级20dB，测量结果才被认为可靠。

五、监测方案编制案例分析

前一个项目中介绍了声环境监测方案的编制，本任务以具体的案例阐述交通运输噪声监测方案的编制。

【案例名称】某铁路噪声扰民投诉监测。

【案例描述】某住宅小区居民投诉高铁噪声扰民，依据高铁环评批复中对铁路周边声环境功能区提出的要求，按噪声敏感建筑物监测方法，现委托环境监测机构对该铁路周边区域开展声环境质量监测。在开展监测前，对该项目进行方案的编制，内容如下：

1. 现场调查分析

（1）主要声源分析　该住宅小区周边的铁路噪声主要为高铁通过时产生的脉冲式间断型噪声。铁路周边及小区内无其他明显声源。铁路距离最近的敏感点130m左右。

（2）执行标准分析　根据《铁路边界噪声限值及其测量方法》(GB 12525—90)及其修改单，该铁路边界噪声昼间和夜间限值均为70dB(A)。

根据高铁环评批复，铁路建设管理单位应确保周边指定区域达到《声环境质量标准》(GB 3096—2008) 2类声环境功能区标准，昼间限值为60dB(A)，夜间限值为50dB(A)。产生投诉的住宅小区就在指定区域之内。

2. 监测依据

《铁路边界噪声限值及其测量方法》(GB 12525—90)；

《声环境质量标准》(GB 3096—2008)附录C；

《环境噪声监测技术规范　噪声测量值修正》(HJ 706—2014)；

高铁项目环评批复文件。

3. 监测内容

根据现场调研及资料收集，确定项目监测内容为：

（1）在铁路正常运行时监测铁路边界噪声；

（2）在铁路无机车通过时监测铁路边界测点的背景噪声；

（3）在铁路正常运行时监测投诉小区的环境噪声。

4. 监测时间

（1）监测时间选取高铁正常运行日，投诉人在家休息的时间段，昼间监测时间为12:00~13:00、夜间为22:40~23:40。没有高铁通过时，在铁路噪声监测点位同步进行背景噪声监测。

（2）由于铁路边界噪声监测1h，所以受铁路影响的敏感点声环境监测时长也为1h。

5. 监测仪器及条件

AWA5688型多功能积分声级计、AWA6221B型声校准器、风向风速仪。监测仪器均在检定有效期内。测量时无雨雪、无雷电，风速应低于5m/s。

6. 监测点位

铁路噪声监测：根据《铁路边界噪声限值及其测量方法》(GB 12525—90) 5.1的要求，

测点选在距离铁路外侧轨道中心线 30m 处的铁路边界，高于地面 1.2m，距离反射物不小于 1m 处。背景噪声监测点位与实测点一致，选择在没有机车通过时进行监测。本次布设了两个测点，即 2# 和 3# 测点。

敏感点监测：根据《声环境质量标准》(GB 3096—2008) 附录 C 的要求，测点一般选在离声源最近的敏感建筑物户外。因此，选取小区距离铁轨最近的居民楼，在与铁轨水平高度一致的 16 楼住户窗户外 1m 处布点，即 1# 测点，声级计对准铁轨方向。

具体布点情况见图 2-1。

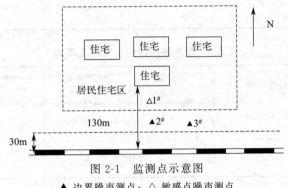

图 2-1　监测点示意图

▲ 边界噪声测点；△ 敏感点噪声测点

7. 质量保证与质量控制

（1）为准确评价铁路边界噪声，应严格按规范扣除背景噪声。由于附近没有其他显著声源，背景噪声相对稳定。背景噪声测点与实测点在同一点位，使用两台设备与铁路噪声同步监测，背景噪声监测用累计方法，高铁通过时停止测量，通过后再启动。测量时间与铁路噪声一致，尽量保证背景噪声结果的准确性。

（2）为客观评价铁路噪声对小区声环境质量的影响，小区业主委员配合监测机构对小区内其他声源进行了管控，将其他声源的影响降到了最低。

8. 监测结果数据记录

（1）监测期间高铁通过信息　监测期间应对列车通过数目进行统计，列车数目统计见表 2-4。

表 2-4　列车数目统计

监测类别	监测时段	通过方向	车辆数量/辆
昼间	12:00～13:00		
夜间	22:40～23:40		

（2）铁路噪声监测结果　根据《铁路边界噪声限值及其测量方法》(GB 12525—90) 和《环境噪声监测技术规范　噪声测量值修正》(HJ 706—2014) 进行背景值修正，铁路边界噪声监测记录表见表 2-5。

表 2-5　铁路边界噪声监测记录表

测点名称	监测时段	测量值/dB(A)	背景值/dB(A)	修正结果/dB(A)	标准限值/dB(A)	评价
铁路边界监测点 2#	昼间 12:00～13:00					
铁路边界监测点 3#						
铁路边界监测点 2#	夜间 22:40～23:40					
铁路边界监测点 3#						

(3) 环境噪声监测结果　根据《声环境质量标准》(GB 3096—2008)附录C的测量方法,居住区敏感建筑物户外声环境质量监测记录表见表2-6和表2-7。

表2-6　有高铁通过时小区环境噪声

测点名称	监测时段	测量值 /dB(A)	修约结果 /dB(A)	标准限值 /dB(A)	评价
1#敏感点(居住区敏感建筑物户外)	昼间 12:00~13:00				
	夜间 22:40~23:40				

表2-7　无高铁通过时小区环境噪声

测点名称	监测时段	测量值 /dB(A)	修约结果 /dB(A)	标准限值 /dB(A)	评价
1#敏感点(居住区敏感建筑物户外)	昼间 12:00~13:00				
	夜间 22:40~23:40				

9. 结果分析

铁路边界噪声测量结果评价:昼间和夜间按《铁路边界噪声限值及其测量方法》(GB 12525—90)中的限值进行评价。

小区声环境监测结果评价:铁路正常运行时,昼间和夜间按铁路项目环评批复中要求《声环境质量标准》(GB 3096—2008)2类声环境功能区限值。在没有铁路噪声影响时,小区的昼间和夜间的声环境质量应符合《声环境质量标准》(GB 3096—2008)2类声环境功能区限值的要求。

同步练习

一、填空题

1. 道路交通噪声监测点应选在两路口的人行道上,距路边_____;距路口应大于_____;传声器距地面_____;传声器指向_____。
2. 现行的机场周围飞机噪声测量方法及评价标准是_____,评价量是_____。
3. 铁路边界是指_____。

二、简答题

1. 简述道路交通噪声监测方法。
2. 简述交通噪声方案编制的内容。

三、计算题

某交通干线长2100m,交通噪声监测结果见表2-8,请对该交通干线两侧区域的噪声监测结果进行评价。

表 2-8 某交通干线交通噪声监测结果

监测点代码	监测结果/dB(A)	监测路段长度/m	20min 车流量/辆
1	昼间 72.5/夜间 63.8	500	昼间：重型车 50、轻型车 112 夜间：重型车 10、轻型车 58
2	昼间 71.0/夜间 62.8	400	昼间：重型车 48、轻型车 108 夜间：重型车 8、轻型车 56
3	昼间 72.5/夜间 61.2	300	昼间：重型车 50、轻型车 114 夜间：重型车 7、轻型车 52
4	昼间 74.5/夜间 65.0	400	昼间：重型车 56、轻型车 121 夜间：重型车 10、轻型车 58
5	昼间 72.3/夜间 63.8	500	昼间：重型车 52、轻型车 118 夜间：重型车 12、轻型车 60

 阅读材料

内蒙古自治区加快构建绿色低碳交通运输体系

"十四五"期间，内蒙古自治区将统筹行业发展和减排目标，聚集推广新能源交通工具、优化运输组织、推进绿色基础设施建设、提升绿色出行服务水平，构建绿色低碳交通运输体系。

在推广新能源交通工具方面，将大力推广新能源汽车，逐步降低传统燃油汽车的占比，推动城市公交、出租汽车、城市物流配送等公共服务车辆应用新能源及清洁能源，到 2025 年全区新能源及清洁能源公交车比例达到 80%。稳步推动电力、氢燃料车辆对燃油货运车辆的替代，开展氢能源汽车和纯电动重卡应用试点示范建设。

在优化运输组织和提高运输效率方面，促进大宗货物"从公路转铁路"，发展以铁路为主的多种方式联运，推进钢铁、煤炭等年货运量 150 万吨以上矿区、工业企业和物流园区铁路专用线规划建设，到 2025 年铁路货运量比 2020 年增长 10%左右，全面推进城市绿色货运配送发展，完善城乡物流网络体系。

在推进绿色基础设施建设和提升绿色出行服务水平方面，将强化资源集约节约利用，全面推行交通工程绿色施工，推进大宗工业固废利用和废旧材料再生利用。全面推进和深入实施"公交优先"战略，引导公众优先选择绿色低碳出行方式。到 2025 年，12 个盟（市）主城区公共交通出行率达到 20%，城市主城区交通绿色出行率达到 65%。

任务二　交通噪声扰民投诉监测

任务导入

本任务通过对某高架桥及环线交通噪声扰民投诉监测案例分析，使学习者学会交通噪声扰民投诉监测流程及高架桥快速路噪声污染的防治对策，并根据案例编写一份噪声委托监测报告。

知识学习

随着改革开放的发展，社会的产业结构有所调整，城市化迅速加快。随着人们经济的逐渐富裕，全国各大城市的机动车辆不断增多，形成了高楼林立、汽车遍地的局面。为了疏通交通，降低车祸的发生，高架桥应运而生。虽然高架桥大大地疏通了城市交通，降低了城市的交通压力，但是另一方面却造成了严重的噪声污染，高架桥附近的居民信访投诉日益增多，人民渴望的安静祥和的城市生活遭到破坏，解决高架桥的噪声污染问题就显得愈加迫切、重要。

本任务是对高架桥（快速路）交通噪声扰民的信访投诉进行处理，以具体的案例分析其监测方法，并根据监测实际影响状况，判定结果。同时针对现状，对高架桥（快速路）噪声防治中存在的突出问题提出相应对策，为相关工作人员提供参考。

一、高架桥交通噪声扰民监测

【案例名称】某城市高架桥（快速路）交通噪声扰民投诉监测。

【案例描述】某环境监测机构受理某高架桥（快速路）交通噪声扰民的信访投诉案件，投诉人反映高架桥交通噪声干扰其正常生活，严重影响休息，投诉人要求对其受到影响的程度进行监测。

通过实地查看，投诉人住宅楼位于被投诉高架桥（快速路）北侧，距离高架桥路肩约200m，被投诉的高架桥为城市快速路。投诉人的居住房间位于住宅楼11层，高架桥下是城市的主干路（地面线），现场示意图见图2-2，根据现场调查，投诉人住宅受到南侧高架桥（快速路）、主干路交通噪声的双重影响。

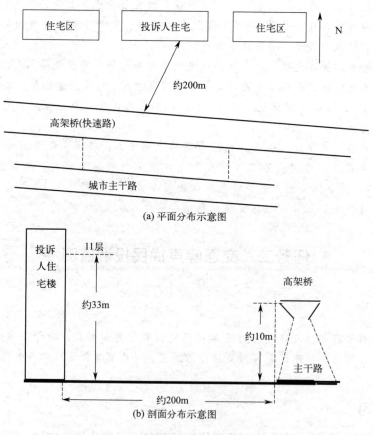

图2-2 平面、剖面分布示意图

1. 监测依据

(1)《声环境质量标准》(GB 3096—2008);

(2)《环境噪声监测技术规范　城市声环境常规监测》(HJ 640—2012)。

2. 监测方法

(1) 执行标准分析　被投诉噪声属于《声环境质量标准》(GB 3096—2008)规定的交通噪声源。根据该市声环境功能区划,该投诉业主生活的小区属于2类声环境功能区,且距离主干线超过40m,投诉人住宅室外执行2类声环境功能区标准,昼间标准限值为60dB(A),夜间标准限值为50dB(A)(表2-9)。

(2) 监测内容

① 正常工作日监测投诉人住房室外声环境状况。

② 记录快速路、主干路的车流量。

(3) 监测时间

① 根据投诉人的时间安排,定于16:00至次日16:00。根据现场调查结果,高架桥(快速路)交通噪声为主要声源,但不能排除主干路的影响,因此,尽量选择主干路车流量较少时段进行监测。

表 2-9　环境噪声限值　　　　　　　　　　　　　　　　　　　单位：dB(A)

声环境功能区类别	昼间	夜间
2类	60	50

② 按照《声环境质量标准》(GB 3096—2008)附录C的要求,昼、夜各测量不低于平均运行密度的20min的等效A声级。本次选择昼间、夜间各监测两次,每次监测1h,夜间监测选择在22:00~1:00、1:00~6:00两个时段各选择1h。

(4) 监测仪器　AWA5688型多功能积分声级计;AWA6221型声校准器。

(5) 监测点位　根据现场调查,选择在对投诉人住房影响较大的南侧室外进行监测,如图2-3。测点的布设征求了投诉人的意见。

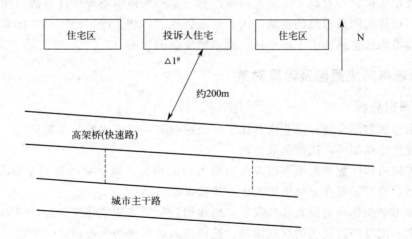

图 2-3　声环境监测点示意图
△ 监测点位置

(6) 监测条件 测试期间的测量条件符合标准要求，无雨雪、无雷电，风速为 3.0m/s。使用延伸电缆、测试杆将传声器设置在距离外墙超过 1m 的位置。

测前对声级计进行校准，校准值为 93.8dB，测后对声级计进行校验，校验值为 93.9dB，校准值与校验值之差小于 0.5dB。

(7) 监测结果及评价

① 监测结果 监测结果见表 2-10。

表 2-10 噪声监测结果

监测开始时间	等效 A 声级 /dB(A)	1h 车流量/辆			
		高速公路		主干路	
		大型	中小型	大型	中小型
11:00	67	910	822	340	1986
17:00	65	860	1380	178	1940
23:00	62	450	780	150	630
4:00	60	238	340	120	240

② 结果评价 投诉人住宅昼间声级超过《声环境质量标准》(GB 3096—2008) 中 2 类声环境功能区昼间限值为 60dB(A) 的要求，两次监测结果分别超标 7dB(A)、5dB(A)；夜间声级超过《声环境质量标准》(GB 3096—2008) 中 2 类声环境功能区夜间限值为 50dB(A) 的要求，两次监测结果分别超标 12dB(A)、10dB(A)。且监测期间，夜间没有突发噪声。

3. 监测后思考

道路交通噪声监测的依据是《声环境质量标准》(GB 3096—2008)，不扣除背景噪声，即使在主干路车流量较少时段进行监测，得到的监测结果也不能排除主干路的影响，因此，本监测结果仅表明投诉人住宅室外交通噪声超过相应《声环境质量标准》(GB 3096—2008)，但不能确定是由高架桥快速路交通噪声引起的。

可尝试使用模拟软件对高架桥快速路噪声和主干路噪声的贡献进行分析和判断，采用模拟软件预测，计算出两条道路的贡献，为有的放矢地进行相关噪声治理提供技术依据。在实际监测中还应考虑快速路和主干路车速、道路宽度等的影响。

二、高架桥噪声污染原因及治理对策

1. 污染原因分析

(1) 城市总规划不合理，商业区和住宅区交通频繁，造成附近的车辆集中，交通变得拥挤，这些路段要建高架桥，以便疏散车辆。

(2) 随着城市移民数量的增多以及人们购买力的增长，城市里的机动车数量越来越多，为了畅通交通，就有必要在交通密集的地方建设高架桥。

(3) 受城市初期建设道路宽度的限制，再建的高架桥离住宅建筑太近，高架桥上交通车辆产生的噪声不能够经过较长的空间消减，造成传入居民楼的噪声较大，严重干扰了市民的正常生活与休息。

(4) 目前，高架桥的开发深度不够，声环境管理力度不大，措施不到位，无降噪装置，这就使高架桥较多的缺点暴露出来，严重影响周围居民的生活。

2. 治理对策

（1）**结构材料降噪**　高架桥上的交通噪声有一部分是车辆行驶在桥体上的伸缩缝产生的，从环保的角度来看，在高架桥建设方面应采用较好的伸缩缝装置。

（2）**声屏障降噪**　声屏障是当车辆行驶过程中产生的噪声遇到障碍物时，通过反射、折射、吸收等方式降低噪声强度的方法。声屏障是噪声治理中应用最广泛的一种措施，在高架桥两侧与噪声敏感点之间设置声屏障，可采用全封闭或半封闭隔声屏障，可以有效降低高、中频噪声的噪声强度。

（3）**绿化带降噪**　用植物绿化高架桥可以达到减噪的效果。应在高架桥的设计中，充分考虑自身的绿化降噪问题，可根据城市情况在楼下种植灌木，桥上两侧的护栏要隔段设置可栽种下垂植物的永久性构筑物。

（4）**改进路面结构**　采用低噪声路面可以有效降低交通噪声的强度，是控制交通噪声的最根本、最有效的措施之一。低噪声路面是相对于传统的普通沥青混凝土路面而言的，由特殊材料铺设而成。如在快速路路面上铺设大空隙率的沥青混合材料，空隙率可以达到15%～25%，甚至可以达到30%及以上。

 同步练习

思考题
1. 关于道路交通噪声污染治理，你有什么更好的建议。
2. 根据本案例，编写一份噪声扰民投诉委托监测报告。

任务三　学院周边道路交通噪声现场监测

 任务导入

　　随着我国城市迅猛发展，城市人口和车辆保有量的急剧增多，不可避免地带来了道路交通噪声污染问题。对城市道路交通噪声进行监测，有助于评估城市道路交通噪声的污染情况，帮助居民了解身边的污染状况并提高噪声防治意识，促进交通噪声防治工作的进行。本任务通过对学院周边道路交通噪声进行现场监测，利用包括等效声级、频谱特性及交通车流量在内的监测数据，分析学院周边道路噪声污染特性。

 现场监测

一、实验目的

　　① 掌握道路交通噪声监测方法；
　　② 掌握非稳态噪声数据处理方法；
　　③ 学会利用道路交通噪声评价指标，分析道路噪声污染特性。

二、实验器材

声级计、声级校准器、风向风速仪、三脚架。

三、监测依据

《环境噪声监测技术规范 城市声环境常规监测》(HJ 640—2012);
《声环境质量标准》(GB 3096—2008)。

四、实验内容

(1) 实验前对所监测的道路进行基本资料收集,并完成表2-11。

(2) 监测点位置:监测点应选在路段两路口之间,距任一路口的距离大于50m,路段不足100m的选择路段中点。监测点应位于人行道上距马路边沿(含慢车道)20cm处,监测点位高度距地面为1.2~6.0m。监测点应避开非道路交通源的干扰,传声器指向被测声源。

(3) 监测时间:原则上选取昼间和夜间道路交通噪声处于峰值时间,每个监测点每次监测时间为20min。

(4) 监测内容:测量监测时间内的等效A声级L_{eq}、累积百分声级L_{10}、L_{50}、L_{90}、L_{max}、L_{min}和标准偏差或频谱特性;车辆按大型车、中小型车分类,记录车流量。

(5) 监测工作结束后,记录数据,关闭电源进行保存。

(6) 根据监测的数据,对学院周边某一道路噪声特性进行分析。

表 2-11 道路交通声环境监测记录表

监测站名:
监测仪器(型号、编号): 声校准器(型号、编号): 监测前校准值(dB):
监测后校准值(dB): 气象条件:

测点编号	测点名称	监测路段名称	监测起止时间	监测结果/dB(A)						车流量(辆/min)		备注
				L_{eq}	L_{10}	L_{50}	L_{90}	L_{max}	L_{min}	标准偏差(SD)	大型车	中小型车	

测点基本情况: 测点示意图:

负责人: 审核人: 测试人员: 监测日期:

拓展知识

环境监测报告的编制要点

一、格式及内容

1. 封面

（1）标题。如：监测报告。

（2）唯一性标识（报告编号）。报告编号应遵循以下规则：监测类别＋年代号＋报告流水号。例如监测类别用 CJ＋（S、Q、Z、X、Y、D、W）表示，其中，C 代表长沙、J 代表监测、S 代表水、Q 代表气、Z 代表执法、X 代表信访、Y 代表验收、D 代表调查、W 代表委托。如：CJQ 2021—0188 即表示为大气监测 2021 年第 0188 号报告。

（3）项目名称。根据监测任务的来源，正确填写监测类别。如"空气环境例行监测""土壤环境委托监测""工业废渣验收监测"等。

（4）被测单位。

（5）报告日期。

（6）承检的监测机构唯一性全称。为了便于受检方或委托方联系，承检监测机构应附上地址、电话、邮政编码及传真。

2. 扉页

扉页应有承检机构对监测报告的中英文说明。

3. 正页

（1）监测报告的唯一性标识（报告编号）。每页及总页数的标识（共　页　第　页）。

（2）受检/委托单位名称。

（3）监测项目。根据下达的监测任务单执行。

（4）监测点位。根据采样点位而定。

（5）计量单位。不允许使用非法定计量单位和作废的计量单位，且其符号应符合规定的要求，名词术语应按标准规定的称谓。

（6）法律依据。信息要经得起溯源，监测报告中要准确提供公证数据，并具有法律效力。若采用非标准方法时，事先应征得委托方的同意签字认可，技术依据中必须注明。

（7）监测结果和评价。监测结果应根据监测原始记录和实验室分析结果等必要信息计算导出。结果评价应表述清晰、准确、客观和完整。评价结论的用语要明确，不用"可能""大概""基本上"等模糊用语。

（8）报告审核。监测报告实行 3 级审核，报告编制人员对编制的报告校对复核，对报告内容确认签字后，交给监测报告审核人。站监测报告审核人对上交的监测报告要逐一审核，不合格报告退回，重新编制或监测，审核无误后的报告方可交签发人（授权签字人）。签发人对监测报告作最后审核，审核无误签字发出，否则退回，重新监测或编制。报告编制、审核人、签发人不得重复，并应在监测报告上签字（不宜加盖姓名章代替），明示其职务。

4. 附页

（1）监测报告的唯一性标识。报告编号、每页及总页数的标识（共　页　第　页）。

（2）技术依据。主要包括参考标准、测试方法、仪器名称型号和出厂编号，环境条件记录主要包括大气压力和环境温度，样品编号即为样品管理员给受检样品的编号。

二、注意事项

1. 监测报告用纸应为 A4 规格，与国际惯例、文件、档案标准相一致。纸的质量应满足在保存期内不易破损。无信息栏目应注"以下空白"标记，不留空格。

2. 每份监测报告的封面、正页和附页必须加盖单位业务专用章，整份报告加盖骑缝章，封面应加盖计量认证（CMA）章和实验室认可（CNAL）章，但非计量认证认可项目在使用计量认证章认可时必须明示。

3. 如有分包监测项目，必须在监测报告中明确注明。

4. 如客户对测量不确定度评定有要求，监测报告中还需提供有关不确定度的数据。

5. 编制环境监测报告应做到内容信息完整、格式栏目统一、检测依据可靠、数据准确翔实、评价及建议表述清晰客观。

项目三　工业企业厂界噪声监测

 学习目标

【知识目标】

1. 掌握工业企业厂界噪声定义及厂界范畴；
2. 掌握工业企业厂界噪声监测方法；
3. 熟悉工业企业厂界环境噪声排放标准；
4. 了解我国工业企业声环境监测发展趋势及污染特性。

【能力目标】

1. 能根据工业企业厂界及周边环境，布设合适的监测点，并能绘制监测点示意图；
2. 能在监测现场，合理规范开展厂界噪声监测；
3. 能对测量数据进行正确处理及测量值修正；
4. 能对测量结果作出正确的评价。

【素质目标】

1. 培养诚实守信、团队协作及严谨的工作作风；
2. 具备良好的沟通能力、文字及口头表达能力；
3. 培养学习者自觉维护社会公共利益的责任感。

【学习法律、标准及规范】

1. 《中华人民共和国环境保护法》；
2. 《工业企业厂界环境噪声排放标准》（GB 12348—2008）。

任务一　厂界噪声监测前准备

 任务导入

随着我国市场经济的迅猛发展，当前我国工业企业发展步伐也在不断地加快。在工业企发展中,常常会遇到诸多的阻碍性问题,尤其是工业企业厂界环境噪声污染问题,这一问题将会给整体性的施工环境造成极大的污染,间接降低工业企业的运作效率。

本任务通过对工业企业厂界环境噪声监测基本知识的学习,并以离学院较近的某企业厂界为监测对象,以小组为单位,开展现场调查和资料收集,分析确定噪声监测的点位、监测方法、监测时间和频次、监测质量控制与质量保证等内容,编制完整的监测方案。

 知识学习

一、厂界噪声及厂界

工业企业厂界噪声是指包括使用固定设备及其他工业生产活动产生的、干扰周围生活环境的、在厂界处进行测量和控制的声音。对于该类噪声一般按照《工业企业厂界环境噪声排放标准》(GB 12348—2008)进行监测和评价,该标准适用于工业企业厂界噪声排放的管理、评价及控制,也适用于对外界环境排放噪声的机关、事业单位、团体等。该标准是使用频率较高的噪声排放标准,主要涉及环保验收、信访投诉及各类委托等不同类型监测。

《工业企业厂界环境噪声排放标准》明确了"工业企业厂界"的概念,把握好工业企业厂界是准确执行该标准的核心,标准规定:工业企业厂界是指由法律文书(如土地使用证、房产证、租赁合同等)中确定的业主所拥有使用权(或所有权)的场所或建筑物边界。各种产生噪声的固定设备的厂界为其实际占地的边界。

二、厂界噪声监测方法

1. 测量条件

气象条件:测量应在无雨雪、无雷电天气,风速为5m/s以下时进行。不得不在特殊气象条件下测量时,应采取必要措施保证测量准确性,同时注明当时所采取的措施及气象情况。

测量工况:测量应在被测声源正常工作时间进行,同时注明当时的工况。

2. 测量仪器

(1)测量仪器为积分平均声级计或环境噪声自动监测仪,其性能应不低于GB 3785和GB/T 17181对2型仪器的要求。测量35dB以下的噪声应使用1型声级计,且测量范围应满足所测量噪声的需要。校准所用仪器应符合GB/T 15173对1级或2级声校准器的要求。当需要进行噪声的频谱分析时,仪器性能应符合GB/T 3241中对滤波器的要求。

(2)测量仪器和校准仪器应定期检定合格,并在有效使用期限内使用;每次测量前、后必须在测量现场进行声学校准,其前、后校准示值偏差不得大于0.5dB,否则测量结果无效。

(3)测量时传声器加防风罩。

(4)测量仪器时间计权特性设为"F"挡,采样时间间隔不大于1s。

3. 测点选择及位置

(1)测点选择 根据工业企业声源、周围噪声敏感建筑物的布局以及毗邻的区域类别,在工业企业厂界布设多个测点,其中包括距噪声敏感建筑物较近以及受被测声源影响大的位置。

（2）测点位置的选择

① 一般情况下，测点选在工业企业厂界外1m、高度1.2m以上、距任一反射面距离不小于1m的位置。

② 当厂界有围墙且周围有受影响的噪声敏感建筑物时，测点应选在厂界外1m，高于围墙0.5m以上的位置。

③ 当厂界无法测量到声源的实际排放状况时（如声源位于高空、厂界设有声屏障等），应按①设置测点，同时在受影响的噪声敏感建筑物户外1m处另设测点。

④ 室内噪声测量时，室内测量点位设在距任一反射面0.5m以上，距地面1.2m高度处，在受噪声影响方向的窗户开启状态下测量。

⑤ 固定设备结构传声至噪声敏感建筑物室内，在噪声敏感建筑物室内测量时，测点应距任一反射面0.5m以上、距地面1.2m、距外窗1m以上，窗户关闭状态下测量。被测房间内的其他可能干扰测量的声源（如电视机、空调机、排气扇以及镇流器较响的日光灯、运转时出声的时钟等）应关闭。

4. 测量时段

（1）分别在昼间、夜间两个时段测量。夜间有频发、偶发噪声影响时同时测量最大声级。

（2）被测声源是稳态噪声，采用1min的等效声级。

（3）被测声源是非稳态噪声，测量被测声源有代表性时段的等效声级，必要时测量被测声源整个正常工作时段的等效声级。

5. 背景噪声测量

（1）测量环境　不受被测声源影响且其他声环境与测量被测声源时保持一致。

（2）测量时段　与被测声源测量的时间长度相同。

6. 测量记录

噪声测量时需做测量记录。记录内容应主要包括被测量单位名称、地址、厂界所处声环境功能区类别、测量时气象条件、测量仪器、校准仪器、测点位置、测量时间、测量时段、仪器校准值（测前、测后）、主要声源、测量工况、示意图（厂界、声源、噪声敏感建筑物、测点等位置）、噪声测量值、背景值、测量人员、校对人、审核人等相关信息。

7. 测量结果修正

（1）噪声测量值与背景噪声值相差大于10dB（A）时，噪声测量值不做修正。

（2）噪声测量值与背景噪声值相差在3～10dB（A）时，噪声测量值与背景噪声值的差值取整数后，按表3-1进行修正。

（3）噪声测量值与背景噪声值相差小于3dB（A）时，应采取措施降低背景噪声后，视情况按（1）或（2）执行；仍无法满足前两款要求的，应按环境噪声监测技术规范有关规定执行。

表 3-1　测量结果修正表　　　　　　　　　　　　　　　单位：dB（A）

差值	3	4～5	6～10
修正值	−3	−2	−1

8. 厂界环境噪声排放限值

《工业企业厂界环境噪声排放标准》（GB 12348—2008）规定了厂界环境噪声排放限值和结构传播固定设备室内噪声排放限值。

（1）厂界环境噪声排放限值 见表 3-2。

表 3-2 工业企业厂界环境噪声排放限值 单位：dB(A)

厂界区声环境功能区类别	昼间	夜间
0	50	40
1	55	45
2	60	50
3	65	55
4	70	55

注：1. 夜间频发噪声的最大声级超过限值的幅度不得高于 10dB(A)。
2. 夜间偶发噪声的最大声级超过限值的幅度不得高于 15dB(A)。
3. 当厂界与噪声敏感建筑物距离小于 1m 时，厂界环境噪声应在噪声敏感建筑物的室内测量，并将表 3-2 中相应的限值减 10dB(A) 作为评价依据。

（2）结构传播固定设备室内噪声排放限值 当固定设备排放的噪声通过建筑物结构传播至噪声敏感建筑物室内时，噪声敏感建筑物室内等效声级不得超过表 3-3 和表 3-4 规定的限值。

表 3-3 结构传播固定设备室内噪声排放限值（等效声级） 单位：dB(A)

噪声敏感建筑物所处声环境功能区类别	A 类房间		B 类房间	
	昼间	夜间	昼间	夜间
0	40	30	40	30
1	40	30	45	35
2、3、4	45	35	50	40

注：A 类房间是指以睡眠为主要目的，需要保证夜间安静的房间，包括住宅卧室、医院病房、宾馆客房等。B 类房间是指主要在昼间使用，需要保证思考与精神集中、正常讲话不被干扰的房间，包括学校教室、会议室、办公室、住宅中卧室以外的其他房间等。

表 3-4 结构传播固定设备室内噪声排放限值（倍频带声压级） 单位：dB(A)

噪声敏感建筑物所处声环境功能区类别	时段	房间类型	室内噪声倍频带声压级限值				
			31.5Hz	63Hz	125Hz	250Hz	500Hz
0	昼间	A、B 类房间	76	59	48	39	34
	夜间	A、B 类房间	69	51	39	30	24
1	昼间	A 类房间	76	59	48	39	34
		B 类房间	79	63	52	44	38
	夜间	A 类房间	69	51	39	30	24
		B 类房间	72	55	43	35	29
2、3、4	昼间	A 类房间	79	63	52	44	38
		B 类房间	82	67	56	49	43
	夜间	A 类房间	72	55	43	35	29
		B 类房间	76	59	48	39	34

9. 测量结果评价

各个测点的测量结果应单独评价。同一测点每天的测量结果按昼间、夜间进行评价。

最大声级 $L_{\max}$ 直接评价。

三、厂界噪声监测方案编制

在进行工业企业厂界噪声监测前，也应进行噪声监测方案编写。本节以案例形式阐述其编写方法。

【案例名称】某工业企业厂界噪声监测。

【案例描述】某市环境监测机构受理某工业企业委托，要求对其厂界夜间噪声排放进行监测。根据现场调查，企业东侧有围墙，距离厂界50m处为高层住宅楼，厂界与住宅楼之间隔一条马路。比较明显的声源主要为厂房的机器设备运行的噪声（主要为排风机组噪声、空压机噪声及焚烧炉噪声）以及厂房楼顶冷却塔噪声。这是一例典型的厂界处有高层建筑物噪声监测情况。声源及周边位置关系示意图见图3-1。

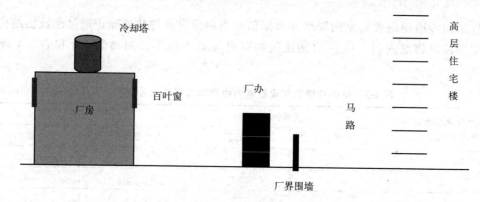

图3-1 声源及周边位置关系示意图

1. 现场调查及资料收集

（1）主要声源分析　根据现场调查，比较明显的声源主要为厂房的排风机组的噪声、空压机噪声、焚烧炉系统噪声及厂房楼顶冷却塔噪声。通过初步测量，排风机组旁1m处的噪声测量值为70.5dB(A)、空压机旁1m处的噪声测量值为80.4dB(A)、焚烧炉系统旁1m处的噪声测量值为80.2dB(A)、冷却塔旁1m处的噪声测量值为78dB(A)、厂区其他位置处噪声测量值为60.0dB(A)左右，因此确定四处为主要声源。

初步判定周边背景噪声主要来源于东南面马路车辆噪声和周边其他企业厂房。

（2）执行标准分析　根据企业提供的环评批复文件及某市人民政府颁布的文件《某市城市区域环境噪声标准适用区域划分》的规定，该企业属于2类声环境功能区。边界执行2类声环境功能区标准，昼间限值为60dB(A)，夜间限值为50dB(A)，详见表3-5。

表3-5　工业企业厂界环境噪声排放限值　　　　　　　　　　单位：dB(A)

声环境功能区类别	昼间	夜间
2类	60	50

2. 监测依据

《工业企业厂界环境噪声排放标准》（GB 12348—2008）；

《环境噪声监测技术规范　噪声测量值修正》（HJ 706—2014）。

3. 监测内容

（1）厂界噪声监测 监测企业正常生产时（企业生产负荷达到 85% 以上）产生的噪声对边界的影响。

（2）背景噪声监测 为准确分析企业噪声源对周边的影响，需要扣除企业噪声源之外的其他一切噪声。企业 24h 生产，被测噪声源在短时间内不能停止排放，考虑设备停机检修时测量背景噪声或者选择声环境状况相近的区域监测背景噪声。

① 设备停机检修时测量背景噪声。该方法不容易引起对监测结果的争议，是最为稳妥的做法，但需要企业的配合，否则需要很长时间的等待。

② 选择参照点监测背景噪声。这种情况可能存在背景噪声与测量值太相近，对测量结果会有影响。

最后通过与企业的反复沟通，双方确定选择待设备停机检修时测量背景噪声。企业调整了生产计划，提前进行年度检修，利用年度检修设备停机的机会进行背景噪声的监测。在具体测量过程中，测量背景噪声与测量噪声源时的声环境基本保持一致。

4. 监测时间

按企业的委托仅对夜间噪声进行监测。选择在 22：30～23：50 进行监测。

5. 监测仪器

测量仪器和校准仪器检定合格并在有效期间内使用，测量仪器为 AWA5688 型多功能积分声级计和 AWA6221A 型声校准器。监测前后仪器校准示值偏差小于 0.5dB，监测结果有效。另外，本次监测中，还应配三脚架、延长线和延伸杆。

6. 监测点位布设

根据工业企业现场情况，在距离厂界 1m 之外，高于围墙 0.5m 处，布设一个厂界噪声测点，即 1# 测点；受影响的高层住宅楼合理选取三个监测点，本方案设计中，分别选择高层住宅楼 1 楼、3 楼、5 楼，距离建筑物 1m 处布设，即 2# 测点、3# 测点和 4# 测点。详见图 3-2。

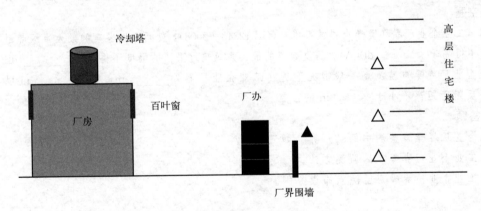

图 3-2 监测点位示意图

▲ 厂界噪声测点；△ 敏感建筑物测点

7. 监测条件

监测期间的测量条件符合标准要求，无雨雪、无雷电，风速小于 5.0m/s。测量时声级计固定在三脚架上，固定在三脚架上的传声器距离地面高度 1.2m 以上、距离任一反射面不小于 1m 的位置，测量时传声器加防风罩。

8. 监测结果及评价

根据《工业企业厂界环境噪声排放标准》(GB 12348—2008)和《环境噪声监测技术规范 噪声测量值修正》(HJ 706—2014)中相关规定对测量结果进行修正，夜间噪声监测结果原始数据记录表见表3-6。

表 3-6　夜间噪声监测结果数据记录表　　　　　　单位：dB(A)

测点号	等效声级			标准	超标值	备注
	实测值	背景值	修约结果			
1#						
2#						
3#						
4#						

注：实测值为正常生产工况下的测量值，背景值为年度检修工况下的测量值。

每个测点测量值经过修约后，应按照《工业企业厂界环境噪声排放标准》(GB 12348—2008)厂界外2类声环境功能区的夜间排放限值进行评价。

 同步练习

一、选择题

1. 下列噪声属于工业企业噪声的是（　　　）。
   A. 纺织机器声　　　B. 汽车喇叭声　　　C. 车床声
   D. 混凝土搅拌机声　　E. 商贩叫卖声

2. 当厂界与噪声敏感建筑物距离小于1m时，将相应限值减（　　　）作为评价依据。
   A. 1dB　　　B. 10dB　　　C. 15dB　　　D. 20dB

二、填空题

1. 根据《工业企业厂界环境噪声排放标准》(GB 12348—2008)，夜间频发噪声的最大声级超过限值的幅度不得高于_____dB(A)。偶发噪声的最大声级超过限值的幅度不得高于_____dB(A)。

2. 工业企业厂界噪声监测点一般情况下选在工业企业厂界外_____m，高度_____m以上，距任一反射面距离不小于_____m的位置。

三、简答题

1. 工业企业厂界噪声监测中的"厂界"如何界定？
2. 简述工业企业厂界噪声的监测方法。
3. 简述工业企业厂界噪声监测点布设原则。

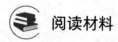 阅读材料

伪造监测数据，后果严重

2018年12月1日13时40分，四川省攀枝花市某县生态环境局接到某镇人民政府工作人员反映，称"攀枝花某公司外排的废水发黄，泡沫多，且气味难闻"。该县环境监察执法大队和该

县环境监测站立即赶赴现场对该公司总排口的废水进行采样,随后到公司内检查,发现该公司将COD、总磷在线监测设备的采样管与实际生产废水的采样管断开,并插入在线监测设备后方塑料瓶中,利用塑料瓶中稀释过的生产废水作为在线监测设备的监测水样。根据该县环境监测站监测报告显示,该公司总排口废水多项监测因子超标,其中氨氮超标381倍,对生态环境造成严重影响。

任务二　厂界环境噪声监测

任务导入

某环境监测机构受企业委托开展工业企业厂界环境噪声监测,以评价该企业正常生产时噪声排放是否达标。该企业周边环境较为复杂,既有厂与厂之间的噪声相互影响,又有马路上来往的车辆噪声对于被测企业的影响,本任务基于这样的环境下,学习如何开展厂界环境噪声监测,并根据案例编写厂界环境噪声委托监测报告。

知识学习

随着工业化的发展,工业企业厂界噪声问题也随之而来,而工业企业周边往往比较复杂,既有厂与厂之间噪声相互影响,又有马路上来往的车辆噪声对于被测企业的影响,而噪声源存在形式也是多样的。本任务以案例形式分析厂与厂之间噪声监测情况。

【案例名称】某工业企业厂界环境噪声监测。

一、项目概况

某环境监测机构受A企业的委托,要求对其厂界排放的环境噪声进行监测。通过实地勘察,企业靠北面一侧是河流,靠东面和西面分别为生产型企业C和B,且均与A厂共用厂界围墙。东面的C企业为化工厂,24小时不间断工作,靠近A企业的这一面有明显的噪声源;B企业生产比较简单基本没有噪声源,夜间不生产;靠南面一侧是马路,马路上有很多来往的运输车和人群,马路对面是企业D。声源及周边位置关系示意图见图3-3。

二、监测依据

《工业企业厂界环境噪声排放标准》(GB 12348—2008);
《环境噪声监测技术规范　噪声测量值修正》(HJ 706—2014)。

三、执行标准分析

根据《工业企业厂界环境噪声排放标准》(GB 12348—2008),A厂声环境功能区类别属于3类功能区,执行白天65dB(A),夜间55dB(A)的标准。

四、监测内容

根据现场调研及资料收集,确定项目监测内容:

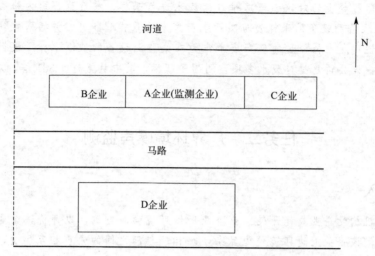

图 3-3 声源及周边位置关系示意图

① 在企业正常生产状态下测量厂界噪声。
② 在企业停产时测量厂界背景噪声。

五、监测方法

1. 监测点位及监测位置

根据现场情况，考虑 A 企业周边情况较为复杂，周边的企业以及马路上的车辆都会对本次监测产生影响，因此厂界噪声监测点和背景噪声监测点各布设 8 个。见图 3-4。

根据现场情况 A 企业的东面和西面共用厂界围墙，北面是河道的实际情况下，采用升降杆将噪声仪升至高于围墙 0.5m 位置进行测量，并对每个测量位置在地面或墙面标注记号，使厂界噪声和背景噪声能够在同一位置进行测量。

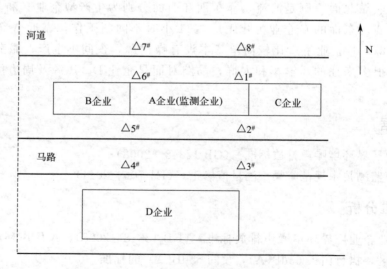

图 3-4 监测点布设示意图
△ 噪声监测点

2. 监测时间

本次测量昼间时间为 10：00～12：00，夜间时间为 22：00～24：00。在进行现场监测前，调查了解该企业及周边企业厂界噪声及背景噪声的排放状况，对厂界噪声和背景噪声测量时间进行优化，由于厂界噪声和背景噪声要在同一地点，不同的环境状态下进行监测，因此不能同时测量厂界噪声和背景噪声，故在该企业开启主要噪声源设备的情况下对该企业进行厂界噪声的监测，为了使背景噪声和厂界噪声尽可能地接近真实值，在监测完厂界噪声后应立即关停企业内主要噪声源，直接测量背景噪声。

3. 监测仪器

AWA6288 型多功能声级计（1级）、AWA6221A 型声校准器（1级）。

测量前校准值为 93.8dB，测量后校验值为 93.8dB，测量前后示值偏差小于 0.5dB。监测仪器均在检定有效期内。

4. 监测条件

测量时无雨雪、无雷电，风速为 1.0m/s。

六、监测结果及评价

（1）监测结果　噪声监测结果见表 3-7。

表 3-7　噪声监测结果　　　　　　　　　　单位：dB(A)

监测点位编号	昼间				夜间				说明
	测量值	背景值	ΔL_1	ΔL_2	测量值	背景值	ΔL_1	ΔL_2	
1#	69.7	68.0	1.7	4.7	68.7	67.8	0.9	13.7	与C厂相邻
2#	71.3	70.5	0.8	6.3	69.4	67.7	1.7	14.4	
3#	64.1	64.4	−0.3	−0.9	54.0	51.7	2.3	−1.0	与道路相邻
4#	63.8	63.3	0.5	−1.2	53.9	52.1	1.8	−1.1	
5#	59.7	54.9	4.8	−5.3	54.6	51.5	3.1	−0.4	与B厂相邻
6#	60.3	55.7	4.6	−4.7	54.8	51.0	3.8	−0.2	
7#	54.2	53.0	1.2	−10.8	52.1	49.3	2.8	−2.9	与河道相邻
8#	54.6	52.2	2.4	−10.4	51.3	48.8	2.5	−3.7	

注：ΔL_1＝测量值－背景值；ΔL_2＝测量值－排放限值。

A厂属于3类功能区，执行的标准限值：白天 65dB(A)，夜间 55dB(A)。

（2）测量值修正及评价　根据《工业企业厂界环境噪声排放标准》（GB 12348—2008）及《环境噪声监测技术规范　噪声测量值修正》（HJ 706—2014）进行背景修正。当测量值与背景值之差大于 10dB(A) 以上，测量值不需要修正，其他情况如表 3-8、表 3-9 所示。

表 3-8　$3dB(A) \leqslant (\Delta L_1) \leqslant 10dB(A)$ 时噪声测量值修订表　　单位：dB(A)

测量值与背景值差值（ΔL_1）	3	4～5	6～10
修正值	−3	−2	−1

表 3-9　$(\Delta L_1) < 3dB(A)$ 时噪声测量值修订表　　单位：dB(A)

测量值与排放限值差值（ΔL_2）	修正结果	评价
≤4	<排放限值	达标
≥5	无法评价	

根据表3-8、表3-9对测量结果进行修正，有以下几种情况：

① 昼间测量值修正及评价结果　根据表3-7，$1^\#$、$2^\#$、$3^\#$、$4^\#$、$7^\#$、$8^\#$监测点，ΔL_1小于3dB(A)，故按表3-9对测量值进行修正。根据表3-7中ΔL_2值，$3^\#$、$4^\#$、$7^\#$、$8^\#$监测点，ΔL_2值小于4dB(A)，且测量值小于排放限值，故评价为达标；$1^\#$、$2^\#$测点修正后，$\Delta L_2 \geqslant 5$dB(A)，故无法评价。

$5^\#$、$6^\#$测点ΔL_1大于3dB(A)，按表3-8进行修正，$5^\#$测点，测量值修正值为58dB(A)；$6^\#$测点，测量值修正值为58dB(A)。其修正后的值均小于昼间排放限值65dB(A)的要求，评价为达标。

② 夜间测量值修正及评价结果　根据表3-7，$1^\#$、$2^\#$、$3^\#$、$4^\#$、$7^\#$、$8^\#$监测点，ΔL_1小于3dB(A)，故按表3-9对测量值进行修正。根据表3-7中ΔL_2值，$3^\#$、$4^\#$、$7^\#$、$8^\#$测点，ΔL_2值小于4dB(A)，且测量值小于排放限值，故评价为达标；$1^\#$、$2^\#$测点，ΔL_2值大于5dB(A)，故无法评价。

$5^\#$、$6^\#$测点ΔL_1大于3dB(A)，按表3-8进行修正，$5^\#$测点，测量值修正值为52dB(A)；$6^\#$测点，测量值修正值为53dB(A)。其修正后的值均小于夜间排放限值55dB(A)的要求，评价为达标。

七、案例点评

工业企业周边的环境往往比较复杂，在噪声监测的过程中会受到很多因素的干扰，本案例中，提到的隔壁企业或马路在监测过程中对于最终数据的影响是非常大的，因此如何在噪声监测过程中避免外界的影响就显得至关重要。

本案例中，由于企业东面的C企业噪声排放较大，导致该面的噪声超标与否不能评判，且该企业24小时不间断生产，关停或限产带来的经济损失无人承担，因此不具备消除周边背景噪声再监测的条件。

当厂界噪声测量中，遇到背景噪声要高于被测企业噪声时，而且由于各种原因不能消除周边背景噪声的情况下，可以考虑先监测被测企业的噪声源，然后引入噪声声级相减公式，解决遇到此类情况下无法判断噪声超标与否的难题。

 同步练习

一、简答题

在同一测点，执行《声环境质量标准》(GB 3096—2008)和《工业企业厂界环境噪声排放标准》(GB 12348—2008)有什么不同？

二、分析题

如图3-5所示，某企业厂区面积为800m×300m，厂区内主声源位于高度80m处，西厂界200m外A小区为20层建筑，西厂界边有小型冷却风机，厂界四周围墙高度为3m，东厂界围墙装有声屏障高度为15m，东厂界50m外B小区为30层建筑，假设所有设备均正常工作，请问如何布设监测点位（绘制示意图）？

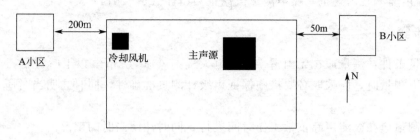

图 3-5 某企业厂区声源布设图

三、作答题

1. 假设某企业厂界噪声监测结果见表 3-10,所测区域属于 2 类功能区,请对测量值进行修正,并对监测结果进行评价。

表 3-10 某企业厂界昼间噪声监测结果

测点号	测点位置	等效 A 声级/dB(A)			标准限值/dB(A)
		实测值	背景值	修正结果	
1#	南厂界外 1m 处	57.0	52.1		
2#	南厂界外 1m 处	57.8	52.3		
3#	南面敏感点	65.1	52.0		

2. 根据案例,编写一份工业企业厂界环境噪声委托监测报告。

任务三 某厂界噪声现场监测

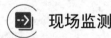 任务导入

根据本项目任务一制订的某工业企业厂界噪声监测方案,严格按照标准要求,完成监测点位的噪声现场监测,对测量结果进行修正,作出质量评价,编制监测报告。

现场监测

一、实验目的

① 掌握工业企业厂界噪声监测方法;
② 掌握噪声测量值修正方法;
③ 掌握背景噪声监测方法;
④ 学会对监测结果进行评价与分析。

二、实验器材

声级计、声级校准器、风向风速仪、三脚架、延长线、伸缩杆。

三、监测依据

《工业企业厂界环境噪声排放标准》(GB 12348—2008)

《环境噪声监测技术规范 噪声测量值修正》(HJ 706—2014)

四、实验步骤

(1) 测量条件：测量应在无雨雪、无雷电天气，风速为5m/s以下时进行。不得不在特殊气象条件下测量时，应采取必要措施保证声级计测量准确性，同时注明当时所采取的措施及气象情况。

声级计测量应在被测声源正常工作时间进行，同时注明当时的工况。

(2) 实验地点：某工业企业厂界。

(3) 监测点位置：根据项目现场声源特点分析及工业企业厂界周边噪声敏感点分布，布设合适的监测点位，并绘制好监测点示意图。

(4) 监测内容：

① 在企业正常生产状态下测量厂界和敏感点噪声；

② 在企业停产时测量厂界和敏感点背景噪声。

(5) 监测工作结束后，记录数据，并对测量结果进行修正。关闭电源进行保存。

(6) 测量结果评价。

监测数据记录表见表3-11。

表3-11 厂界噪声监测数据记录表

监测站名：

监测依据：

项目地址：   气象条件：

测量仪器（型号、编号）：   声校准器（型号、编号）：

监测前校准值：   dB(A)   监测后校准值：   dB(A)

测点编号	等效声级/dB(A)			标准/dB(A)	评价
	实测值	背景值	修约结果		
监测时企业生产工况描述					

负责人：   审核人：   测试人员：   监测日期：

注：实测值为正常生产工况下的测量值，背景值为企业停产时工况下的测量值。

拓展知识

噪声自动在线监测系统

随着环境管理需求和监测技术的不断发展，自动监测已进入声环境质量监测领域，发挥了在时间和空间上连续监测的优势，弥补了手工监测的不足，在监测声环境质量变化及变化趋势，实时掌握声环境质量状况等方面发挥了重要作用。噪声自动在线监测已成为我国声环境质量监测中的一个重要组成部分。

目前国内各大城市区域已基本实现了环境噪声的在线监测，高速公路交通噪声在线监测工作也开始逐步实施。噪声自动监测系统就是能自动且连续采集噪声数据的系统。它的组成部分主要包括数据采集系统、前端供电系统、数据传输系统和数据中心四部分。

一、数据采集系统

数据采集系统的工作就是现场测量采集噪声，通常情况下利用传声器来采集，处理信号的工作则由分析模块承担。现在电容传声器对噪声监测系统的工作范围和工作环境适应性较好，用得比较多。传声器模块和 AD 转换模块组成数据采集系统的一种转换模块方式，另一种是转换模块方式的组成部分则是传声器模块、AD 转换模块和信号分析模块。现在越来越多的在线系统都用软件来分析处理信号，优化前端硬件设计，提高系统的经济性。

二、前端供电系统

放在户外的噪声在线自动监测系统的供电有两种方式，一种是利用蓄电池，另一种是蓄电池和市电的结合。选择前者，可以在任意符合条件的地方安装系统，比较适应时间段的监测；如果是长时间的噪声监测的话，选择后者就比较合适了，主要用城市供电，蓄电池作为后备，预防停电事故的发生。另外，噪声在线自动监测也要有防风雨等功能，在非常规条件下亦能收集稳定的信号。

三、数据传输系统

不少环境噪声监测系统采用有线的通信方式，或者是有线加调制解调器或光纤的通信方式。利用电话线有两种传输的方式可以选择，一种是传送和接收的双方对等，利用调制解调器将监测仪器和数据中心接入电话线网，这样就可以随时通过拨号访问到对方。另一种方式的数据中心是接入到计算机互联网来接收数据，利用调制解调器将监测仪器接入电话线网。

四、数据中心

噪声监测系统的最后一环是数据中心，其主要的工作就是分析噪声数据，并对其进行计算和统计。数据采集系统传送信号的性质决定着数据中心的具体工作内容。现有数据中心规模的发展要求数据中心的基础设施能够支持扩容，但由于这些数据中心大都是以前规划与设计的，在环境指标方面往往难以满足这种扩张性的需求，相应带来诸多问题。将信号分析模块集成到数据采集系统中，使之直接承担统计分析工作，可以节约成本，提高效率，改善数据的管理工作。

噪声在线自动监测系统使得监测工作方便、快捷和精确，其工作性能优越，可以为噪声污染的治理提供准确翔实的资料，也有利于相关部门监督管理工作的顺利进行，从而改善环境的质量。噪声在线自动监测系统是今后噪声监测工作的发展趋势。

项目四　建筑施工场界噪声监测

 学习目标

【知识目标】

1. 掌握建筑施工噪声及建筑施工场界的定义；

2. 掌握建筑施工场界环境噪声监测方法；

3. 熟悉建筑施工场界环境噪声排放标准；

4. 了解建筑施工噪声污染扰民投诉监测及防治。

【能力目标】

1. 能依据建筑施工扰民投诉，开展噪声污染源现场调查；

2. 能根据收集的资料，制订合理、科学的建筑施工扰民投诉监测方案；

3. 能正确开展建筑施工场界环境噪声现场监测及分析；

4. 能在整个监测过程中实施质量保证与质量控制。

【素质目标】

1. 培养良好的人际沟通能力、无私奉献的职业素养；

2. 培养法治意识、安全意识及绿色施工的理念。

【学习标准】

《建筑施工场界环境噪声排放标准》（GB 12523—2011）

● 任务一 施工噪声监测前准备 ●

 任务导入

随着我国经济建设的高速发展，各项建筑工程也在不断地开展，建筑施工噪声扰民投诉也在日益增加。本任务通过对建筑施工场界环境噪声监测知识的学习，针对某市某施工现场噪声扰民投诉问题，以小组为单位，开展噪声污染源现场调查和周边受影响的敏感区域调研，分析确定场界噪声及受扰位置监测点布设、监测方法、监测时间和频次、监测质量控制与质量保证等内容，编制完整的监测方案。

 知识学习

一、建筑施工噪声及场界

随着经济的迅速发展，城市化进程的加快，我国城市中各类建筑施工规模不断增长，相对于工业企业厂界噪声、社会生活噪声、交通运输噪声，建筑施工噪声具有临时性、局部性、高强度等特点，特别是夏季夜间施工经常引起周围居民的投诉，对于该类噪声的管理重点是夜间施工审批严格把关，解决周围居民的投诉问题。

根据《建筑施工场界环境噪声排放标准》（GB 12523—2011）规定：建筑施工噪声是指在建筑施工过程中产生干扰周围生活环境的声音，建筑施工是指工程建设实施阶段的生产活动，是各类建筑物的建造过程，包括基础工程施工、主体结构施工、屋面工程施工、装饰工程施工（已竣工交付使用的住宅楼进行室内装修活动除外）等。建筑施工场界是指由有关主管部门批准的建筑施工场地边界或建筑施工过程中实际使用的施工场地边界。

二、建筑施工噪声监测方法

1. 测量气象条件
测量应在无雨雪、无雷电天气，风速为5m/s以下时进行。

2. 测点位置
① 测点布设　根据施工场地周围噪声敏感建筑物和声源位置的布局，测点应设在对噪声敏感建筑物影响较大、距离较近的位置。

② 测点位置一般规定　一般情况测点设在施工场界外1m、高度1.2m以上的位置。

③ 测点位置其他规定　当场界有围墙且周围有噪声敏感建筑物时，测点应设在场界外1m、高于围墙0.5m以上的位置，且位于施工噪声影响的声照射区域。当场界无法测量到声源的实际排放时，如声源位于高空、场界有声屏障、噪声敏感建筑物高于场界围墙等情况，测点设在室内中央、距室内任一反射面0.5m以上、距地面1.2m高度以上，在受噪声影响方向的窗户开启状态下测量。

3. 测量时段
施工期间，测量连续20min的等效声级，夜间同时测量最大声级。

4. 背景噪声测量
测量环境：不受被测声源影响且其他声环境与测量被测声源时保持一致。

测量时段：稳态噪声测量1min的等效声级，非稳态噪声测量20min的等效声级。

5. 测量结果修正
（1）背景噪声值与噪声测量值相比低于10dB(A)时，噪声测量值不做修正。

（2）噪声测量值与背景噪声值相差在3～10dB(A)时，噪声测量值与背景噪声值的差值修约后，按表4-1进行修正。

（3）噪声测量值与背景噪声值相差小于3dB(A)时，应采取措施降低背景噪声后，视情况按（1）或（2）执行；仍无法满足前两款要求的，应按环境噪声监测技术规范的有关规定执行。

表4-1　测量结果修正值　　　　　　　　　　　　　　　　　单位：dB(A)

差值	3	4～5	6～10
修正值	−3	−2	−1

6. 建筑施工噪声排放限值
建筑施工过程中场界环境噪声不得超过表4-2规定的排放限值。

表4-2　建筑施工噪声排放限值　　　　　　　　　　　　　　单位：dB(A)

昼间	夜间
70	55

注：1. 夜间噪声最大声级超过限值的幅度不得高于15dB(A)。

2. 当场界距噪声敏感建筑物较近，其室外不满足测量条件时，可在噪声敏感建筑物室内测量，并将表4-2中相应的限值减10dB(A)作为评价依据。

7. 测量结果评价
建筑施工噪声的排放一律遵循《建筑施工场界环境噪声排放标准》（GB 12523—2011），即使居民离施工场地较远，如果有居民反映建筑施工噪声对其带来了干扰，就要依照建筑施工噪声排放标准进行评判。

一般,各个测点的测量结果应单独评价。最大声级 L_{max} 直接评价。

三、监测方案编制案例分析

在进行建筑施工场界环境噪声监测前,同样需要制订一份合理、科学的监测方案。本节通过具体案例分析监测方案编制内容。

【案例名称】 某建筑工地昼间噪声扰民监测。

【案例描述】 某环境监测机构受理某小区业主代表委托,对小区居民楼受附近建筑工地噪声干扰进行监测。经实地调查,该建筑工地昼夜施工,严重影响附近居民的生活。该建筑工地位于居民楼东侧,且只有一墙之隔,直线距离仅有9m左右,居民楼东墙与居民楼院墙之间距离为3.5m,居民楼院墙与建筑工地西墙只有5m左右。其位置关系见图4-1。

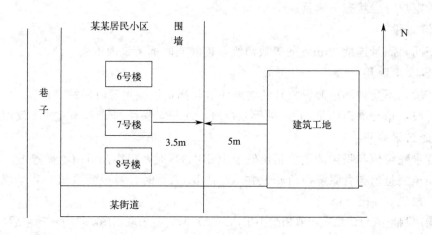

图 4-1 监测现场示意图

1. 现场调研及分析

(1) 主要声源分析 该工地声源为施工工地场界内的设施及工艺,主要有混凝土设备、提升设备(升降机、塔吊)、钢筋设备(钢筋弯曲机、钢筋调直机等)及试验设备(钢筋拉伸机、混凝土试块压力机等),其中产生噪声较大的设备主要是水泥振动棒,产生噪声较大的行为主要有装卸货物。

(2) 执行标准分析 建筑施工噪声执行《建筑施工场界环境噪声排放标准》(GB 12523—2011),昼间环境噪声排放限值按70dB(A)评价;居民房屋环境噪声执行《声环境质量标准》(GB 3096—2008),按照声环境功能区划该区域执行1类标准,昼间环境噪声限值按55dB(A)评价。

(3) 其他 本建筑工地施工对居民楼的噪声影响投诉监测,重点在对监测时间的选择,强调了在施工噪声监测时应按照实际工况进行测量,在测点的选择上主要以信访对象为目标进行布点。在排除目标声源以外的噪声后进行测量,以确保监测数据的真实可靠。建筑施工工地在其现有施工设备及工艺条件下,无法有效避免其噪声的产生,还应通过沟通及行政管理手段降低施工噪声污染对周边居民区的影响。

2. 监测依据

《建筑施工场界环境噪声排放标准》(GB 12523—2011)；

《环境噪声监测技术规范 噪声测量值修正》(HJ 706—2014)。

3. 监测方法

(1) 监测内容 依据现场调研及收集资料分析，确定项目监测内容：

实测值：测量其场界内正常施工状态下各类施工工艺产生的噪声。

背景值：测量其场界内无施工状态下的环境噪声背景值。

(2) 监测点位 经现场踏勘，结合信访投诉方诉求，进行以下测点布设（图4-2）。分别在受影响的居民楼住户窗外1m处、建筑工地院墙外1m处布设多个测点。居民楼住户窗外为敏感点，布设10个测点位，即$2^\#\sim11^\#$，其中7号楼1单元正对着建筑工地，测点从1楼到6楼分别布设8个点位，6号楼、8号楼各布设1个点；建筑工地院墙外为场界点，布设1个点，即$1^\#$。监测人员可分3组对6、7、8号楼投诉的居民楼住户反复监测，争取能够监测到影响最大时的噪声值。

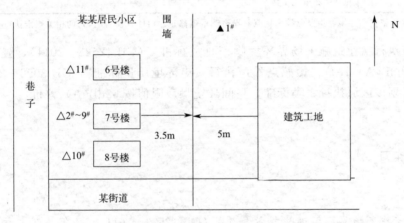

图4-2 测点示意图

▲ 场界监测点；△ 敏感建筑物测点

(3) 监测时间 居民投诉为昼间建筑施工噪声污染，因此选择在昼间监测。

实测值测量时间：在使用混凝土振动棒时，测量20min的等效连续A声级。

背景值测量时间：背景噪声设在不施工的时间段监测，同样监测20min。

(4) 监测仪器 声级计：AWA6218型噪声统计分析仪（2级）。

校准器：AWA6221型声校准器。

监测仪器均应在检定有效期内。

(5) 监测条件 经现场征询信访投诉方，施工阶段，产生噪声较大的设备主要是水泥振动棒，产生噪声较大的行为主要有装卸货物。

实测时，选择在产生噪声较大设备运行期和产生噪声较大行为时进行噪声测量。

背景测量时则停止施工场界内所有相关作业。

测试期间的测量条件符合标准要求，无雨雪、无雷电，风速应小于5m/s。

4. 监测结果及评价

现场环境噪声监测原始数据记录表，见表4-3。

表 4-3　现场噪声监测记录表

测点编号	监测项目	监测地点		实测值/dB(A)	背景值/dB(A)	修约结果/dB(A)	参考标准/dB(A)	评价结果
1#	场界噪声	西侧场界						
2#	敏感点噪声	7号楼	2单元102					
3#			1单元501					
4#			1单元601					
5#			1单元401					
6#			1单元202					
7#			1单元402					
8#			1单元101					
9#			1单元502					
10#		8号楼2单元102						
11#		6号楼2单元1楼东						

注：背景值修正依据《环境噪声监测技术规范　噪声测量值修正》(HJ 706—2014) 的相关规定执行。

场界噪声执行《建筑施工场界环境噪声排放标准》(GB 12523—2011)，昼间环境噪声排放限值按70dB(A) 评价；敏感点噪声执行《声环境质量标准》(GB 3096—2008)，按照声环境功能区划该区域执行1类标准，昼间环境噪声限值按55dB(A) 评价。

 同步练习

一、填空题

根据《建筑施工场界环境噪声排放标准》(GB 12523—2011)，建筑施工昼间的排放限值_____，夜间的排放限值_____。夜间噪声最大声级超过限值的幅度不得高于_____dB(A)。

二、简答题

1. 什么是建筑施工噪声？建筑施工"场界"如何界定？
2. 简述建筑施工场界噪声的一般监测方法。
3. 简述建筑施工场界噪声监测点布设原则。

三、问答题

对学校周边某建筑工地噪声扰民进行现场调研，根据收集的资料制订一份建筑施工扰民监测方案。

 阅读材料

整治夜间施工噪声，践行绿色发展理念

2022年6月5日夜间22时后，福州市永泰生态环境局根据"静夜守护"专项行动及中、高考噪声管控要求，组织执法人员对辖区在建工地进行巡查。巡查至樟城镇某地产安置房项目

时，发现该工地未办理任何夜间施工证明手续，却正进行混凝土浇筑作业，作业过程中有明显的机械噪声产生。该工地距离永泰县高考考点及备用考点不足1公里，周边为学校和生活区域，属于噪声敏感建筑物集中区域，且施工时间已超过《中华人民共和国噪声污染防治法》规定的夜间22时。永泰生态环境局执法人员立即使用无人机远程视距航拍，固定证据，启动立案调查。

任务二　建筑施工噪声扰民监测

任务导入

某市环保局辖区分局受理一起某小区居民投诉毗邻某建筑工地夜间施工噪声扰民的案件，反映该建筑工地夜间施工噪声干扰居民正常休息，现委托某监测机构开展现场监测，根据监测结果作出正确的评价并提出解决办法。本任务通过对该投诉案例的学习，要求学习者熟悉建筑施工噪声扰民投诉处理办法及监测流程，并能根据案例编写一份委托监测报告。

知识学习

近年来，随着城市化的快速推进，城市基础设施建设、房地产开发、旧城改造力度不断加大，建筑施工噪声问题也日益突出，伴随着这类噪声扰民投诉也日益增多。如何解决这类噪声投诉问题，也成了亟待解决的问题。

本任务通过案例对建筑施工扰民投诉处理办法及如何开展现场监测进行分析。

【案例名称】某建筑工地夜间噪声扰民投诉监测。

一、案例描述

某环境监测机构受理一起某小区居民投诉毗邻某建筑工地夜间施工噪声扰民事件，反映该建筑工地夜间施工噪声干扰居民正常休息。监测机构现场勘查人员发现，投诉居民所在的居民楼东侧与该建筑工地毗邻，两者相距10m左右，南侧是某交通干线的一个支路，现场平面布置图见图4-3。

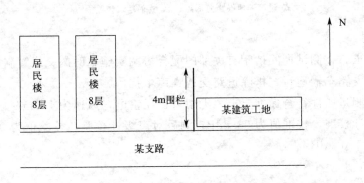

图4-3　现场平面布置示意图

二、现场调研及分析

1. 主要声源分析

该建筑工地施工场地位于投诉居民所在的居民楼东侧,与之毗邻,建筑工地场界设立围挡,施工期间使用的水泥罐车、振捣车等大型设备作业产生噪声,属于非稳态噪声,对该小区居民楼居民生活环境产生影响,尤其是夜间影响显著。本次监测的主要声源是该建筑工地使用大型设备作业时产生的噪声。

2. 执行标准分析

建筑场界排放噪声执行《建筑施工场界环境噪声排放标准》(GB 12523—2011),建筑施工场界环境噪声排放限值见表 4-2;敏感建筑物前按《声环境质量标准》(GB 3096—2008)第 1 类功能区。

3. 确定监测内容

根据现场踏勘及资料分析,确定监测内容如下:

在建筑施工正常作业状态下测量排放噪声,同时监测最大 A 声级;

在建筑工地停止施工作业时测量背景噪声。

三、监测方法

1. 监测点位

根据现场调查,在该建筑工地场界外 1m,高于围墙 0.5m 处设两个监测点位 1#、2#,第一排敏感建筑物前布设一个点 3#,测点见图 4-4。

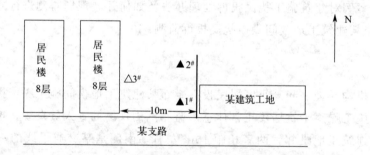

图 4-4 噪声监测点示意图

▲ 建筑工地噪声监测点;△ 敏感建筑物监测点

2. 监测条件

根据监测要求,在测试期间请示有关部门配合协调实施临时的交通管制措施,限制建筑工地南侧城市某支路车辆通行,排除道路交通噪声干扰。

测试期间的测量条件符合标准要求,无雨雪、无雷电,风速为 1.0m/s。

测前对声级计校准,校准值为 93.8dB,测后对声级计校验,校验值为 93.7dB,校准值与校验值之差小于 0.5dB。

3. 监测时间

依据相关法律及监测标准规定,监测时间安排在夜间 22:00 后。

噪声源为非稳态噪声,根据监测标准,监测时长为 20min。

4. 监测仪器

AWA6228 型 1 级多功能噪声分析仪。

AWA6221A 型 1 级声校准器。

监测设备及校准设备均通过省级计量部门的检定,并在有效期内。

四、监测结果及评价

噪声监测数据及最后修约结果见表 4-4。

表 4-4 噪声监测数据表

测点编号	监测开始时间	等效 A 声级/dB(A)			最大 A 声级/dB(A)	
		实测值	背景值	修正/修约结果	实测值	修约结果
1#	夜间 22:55	64.3	44.7	64	77.8	78
2#	夜 23:37	63.2	45.0	63	79.2	79
3#	夜间 22:20	57.2	43.0	57	70.2	70

【评价】1#测点超过《建筑施工场界环境噪声排放标准》(GB 12523—2011) 中夜间建筑施工场界环境噪声排放限值为 55dB(A) 的要求,超标 9dB(A);最大 A 声级高于排放限值 23dB(A),不符合夜间噪声最大 A 声级超过限值的幅度不得高于 15dB(A) 的规定。

2#测点超过《建筑施工场界环境噪声排放标准》(GB 12523—2011) 中夜间建筑施工场界环境噪声排放限值为 55dB(A) 的要求,超标 8dB(A);最大 A 声级高于排放限值 24dB(A),不符合夜间噪声最大 A 声级超过限值的幅度不得高于 15dB(A) 的规定。

3#测点超过《声环境质量标准》(GB 3096—2008) 第 1 类功能区夜间噪声排放限值 45dB(A) 的要求,超标 12dB;最大 A 声级高于排放限值 25dB(A),不符合夜间噪声最大 A 声级超过限值的幅度不得高于 15dB(A) 的规定。

五、跟踪调查及案例点评

某环境监测机构在第一时间出具了监测报告,移交给环境管理部门。通过跟踪调查,某市环保局对该建筑工地的施工企业下达行政处罚令,同时责令该企业禁止在夜间进行产生环境噪声污染的建筑施工作业。

该案例通过对某建筑工地夜间施工噪声进行监测,采用交通管制措施,解决了对测点周边其他噪声干扰测量的问题,保障了监测数据的科学、准确。

该案例在监测期间对工况的描述略显不足,同时也是施工噪声监测的难点。

 同步练习

问答题

1. 作为环保专业人员,遇到建筑施工噪声扰民投诉,该如何处理?
2. 根据案例,编写一份建筑施工噪声扰民委托监测报告。

任务三　某建筑工地噪声现场监测

任务导入

根据本项目任务一制订的某建筑工地现场噪声扰民投诉监测方案，以小组为单位，严格按照标准要求，完成监测点位的噪声现场监测，按照声环境质量监测程序完成整个监测过程，根据监测结果作出科学的评价及对扰民提出解决办法，编制委托监测报告。

现场监测

一、实验目的

① 掌握建筑工地扰民投诉噪声监测流程；
② 掌握背景值测量方法及测量数据修正方法；
③ 能根据监测结果作出正确的评价；
④ 能合理规范编制声环境委托监测报告。

二、实验器材

声级计、声级校准器、风向风速仪、三脚架、伸缩杆。

三、监测依据

《建筑施工场界环境噪声排放标准》（GB 12523—2011）；
《环境噪声监测技术规范　噪声测量值修正》（HJ 706—2014）。

四、实验步骤

（1）测量条件　测量应在无雨雪、无雷电天气，风速为 5m/s 以下时进行。不得不在特殊气象条件下测量时，应采取必要措施保证声级计测量准确性，同时注明当时所采取的措施及气象情况。

测量应在被测声源正常工作时间进行，同时注明当时的工况。
（2）监测点位置　根据项目现场声源特点分析、周边受扰敏感建筑物影响及建筑场界噪声监测点布设原则，布设合适的监测点位，并绘制好监测点示意图。
（3）监测内容
① 实测值：测量其场界内正常施工状态下各类施工工艺产生的噪声。
② 背景值：测量其场界内无施工状态下的环境噪声背景值。
（4）监测时间　根据居民投诉情况，正确选择监测时间。
实测值测量时间：建筑工地施工期间测量连续 20min 的等效 A 声级。
背景值测量时间：因为社区环境偶尔会受到远处交通噪声及社会生活噪声的影响，因此，很难认定其为稳态环境噪声，为使背景值测量与实测值测量的声源尽量保持一致，背景值测量时间选择 20min。

(5) 监测工作结束后,记录数据,并对测量结果进行修正,原始数据记录表见表 4-5。关闭电源进行保存。

(6) 将监测仪器交还仪器保管员,清理监测现场。

(7) 结果评价及分析。

表 4-5 建筑施工场界噪声现场监测数据记录表

监测站名:
监测依据:
项目地址: 气象条件:
测量仪器(型号、编号): 声校准器(型号、编号):
监测前校准值: dB(A) 监测后校准值: dB(A)

测点	测点位置	主要噪声源	监测时段	实测值/dB(A)	背景值/dB(A)	修正结果/dB(A)
现场监测时,施工期间工况描述						

负责人: 审核人: 测试人员: 监测日期:

注:实测值为正常生产工况下的测量值,背景值为企业停产时工况下的测量值。

 拓展知识

环境噪声预测评估工具——SoundPLAN

环境噪声预测是环评领域非常重要的组成部分,特别是随着中国近几年来建设项目的不断实施与运行,由此导致的交通噪声、建筑施工噪声、工业噪声、社会生活噪声等噪声影响问题不断突出,噪声投诉也日益增多,为了能在项目设计阶段就对噪声影响问题有充分的了解以便采取必要的防治措施,如何科学、合理地进行噪声影响预测就变得非常重要。随着环评要求的不断提高,噪声预测已从简单的噪声类比、经验估算、模式计算转变成依靠软件预测噪声影响问题。

一、SoundPLAN 软件介绍

SoundPLAN 软件是一个强大的噪声预测评估软件,1986 年由 Braunstein+Berndt GmbH 软件设计师和咨询专家颁布,用于噪声预测、制图及评估。

SoundPLAN 对预测对象的尺寸没有限制,可以直接使用 AutoCAD 图形作为模型基础,软件通过模型建立能够设置所有声源参数以及预测范围内每一个实体对预测点的隔声影响,通过计算得出关注点的噪声预测值、评价范围内噪声分布二维和三维图形,并可根据需要进行隔声屏障的优化设计以及降噪方案的优化选择等。

SoundPLAN 软件基本模块由工程类型模块、噪声类型模块、编辑器模块、计算模块、输出模块等组成。

二、SoundPLAN 软件建模和计算原理

SoundPLAN 的建模、计算及评估遵循 ISO 9000 标准，将实际的声环境转化成抽象的数学模型，自动进行计算，其缺省的计算标准为 ISO 9613《声学 户外声传播衰减》，计算的类型根据用户需要选择，包括特定点噪声计算、噪声分布图、建筑物表面声压级分布等。

三、SoundPLAN 软件模拟流程

SoundPLAN 模拟流程为定义项目基础数据，确定模型结构，输入模型数据进行计算，结果分析与评价，其框图详见图 4-5。

图 4-5　SoundPLAN 模拟流程框图

模块二

电磁辐射水平监测

随着社会经济和科学技术的不断发展，伴有电磁辐射的设备和活动日益增多，包括电视台、广播站、雷达站、卫星通信站、微波中继站等在内的发射或接收电磁波的装置数量不断增加。从传递和接受信息来说，这些设备发出的电磁波是有用的信号，但这些辐射同时也增加了环境中的电磁辐射水平，且影响范围较为广泛。同时，数量更多、分布更为分散的工业、科学和医疗设备运行过程中也存在电磁辐射，产生局部环境的电磁辐射污染。为此，有人将电磁辐射污染称作继大气污染、水污染和噪声污染之后，威胁人类健康的第四大污染。为了既能支持与电磁辐射相关设施及产业的健康发展，又能保护好环境，实现可持续发展的战略目标，对电磁辐射进行测试、评价、管理，采取各种有效的防护措施，将电磁波辐射的危害降到最低限度，这是一项全社会都关注的事业。

电磁辐射的特性与人们认识上存在的盲目性使电磁辐射环境管理呈现一定的复杂性和艰巨性。输变电项目、手机移动基站、广播电视发射塔等项目建设中因电磁辐射问题引发的群众投诉、纠纷不断，造成工程施工受阻的事件也屡见不鲜。本模块按行业分类对环境中电磁辐射进行监测，以项目化的形式组织教材内容。

项目五　电力系统电磁辐射监测

 学习目标

【知识目标】

1. 掌握电磁辐射监测基本知识：环境电磁场及电磁辐射的定义、环境电磁场的基本原理、环境电磁评价量理解及电磁测量仪的工作原理；
2. 掌握电磁辐射监测方案的编制方法；
3. 熟悉电磁辐射相关监测标准及技术规范的查询方法；
4. 掌握电力系统电磁辐射监测方法；
5. 了解电磁辐射污染的来源、危害及防治；
6. 了解电磁辐射污染的现状、发展趋势及管理现状。

【能力目标】

1. 学会电磁场基本物理量的计算；

2. 学会电磁辐射评价量的计算及运用；
3. 能开展电磁环境污染源调查；
4. 能依据具体项目，制订合理、科学的电磁辐射监测方案；
5. 能正确开展电力系统电磁辐射现场监测及分析；
6. 能在整个监测过程中实施质量保证与质量控制。

【素质目标】
1. 培养爱岗敬业、团队协作的电磁辐射监测的职业素养；
2. 培养电磁辐射防护意识、标准意识及规范意识；
3. 培养创新意识及大数据思维。

【学习标准及规范】
1.《电磁环境控制限值》(GB 8702—2014)；
2.《辐射环境保护管理导则　电磁辐射监测仪器和方法》(HJ/T 10.2—1996)；
3.《辐射环境保护管理导则　电磁辐射环境影响评价方法与标准》(HJ/T 10.3—1996)；
4.《环境影响评价技术导则　输变电》(HJ 24—2020)。

任务一　制订电磁辐射监测方案

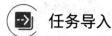

任务导入

本任务通过学习电磁辐射监测基本知识，以学院周边小区配电房为监测对象，以小组为单位，开展现场调查和资料收集，分析确定电磁辐射监测点布设、分析方法及数据处理等。出具包括项目概况、监测依据、监测点位及示意图、监测时间及频次、监测分析方法、监测质量控制与质量保证等内容的完整监测方案。

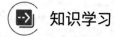

知识学习

一、电磁辐射概述

1. 电磁辐射的来源

电磁辐射按其来源可分为天然和人工的两种，分别对应自然电磁环境和人为电磁环境。天然产生的电磁辐射又分为地球产生的和来自外层空间的两种情况。地球上的电磁辐射形成的天然途径主要是雷电及地球表面的热辐射，外层空间产生的电磁辐射主要是太阳及其他星球产生的。在地球上，由太阳和地球复合黑体产生的射频电磁辐射，较人工产生的要小几个数量级，因此，目前环境中的实际射频本底只是人工产生的。环境中的射频电磁辐射，一类是人们为传递信息而发射的射频电磁辐射，另一类是在工业、科研、医疗中利用电磁辐射能时泄漏出的辐射。一切电气设备（设施）在运行时都会产生电磁辐射，这些设备（设施）主要有：

（1）有用信号发射类：如广播、电视、通信设施等。
（2）漏能辐射类：如热合机、热疗机、高频冶炼炉等。

(3) 高压电线附近感生类：如高压输电、高压变压等。
(4) 电火花类：汽车电打火、电气化机车、电车等。

2. 电磁辐射的危害

电磁辐射对人类来说是非常有用的资源，但电磁辐射本身也是一种污染要素，即它对人体存在有害的一面。电磁辐射的危害主要包括对人体健康和对电气设备的影响。见图5-1。

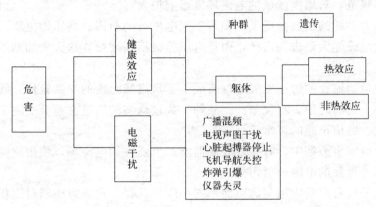

图 5-1　电磁辐射危害

（1）对人体健康的影响　人们已经发现人体暴露在强电磁场中会出现一些有害效应，如白内障、影响体温调节、热损伤、行为形式的改变、痉挛和耐久力下降等。电磁辐射引起的危害按机理分为热效应和非热效应两类。

① 热效应　如果电磁辐射能量吸收速率很慢，人体经过自身的热调节系统把吸收的热量散发出去，就不会引起机体升温而产生相伴的热效应。反之，若能量吸收过快，人体自我热调节机制不能及时把吸收的热量散发出去，就会引起体温升高，继而出现热效应。电磁辐射功率密度大于 $10mW/cm^2$ 时人体会出现热效应，这一点业界已没有争议。

② 非热效应　在许多情况下，人体吸收的电磁辐射能不足以引起体温升高，但仍会出现许多症状。这类效应大致可以解释为：电磁辐射作用于人体神经系统，影响新陈代谢及脑电流，使人的行为及相关器官发生变化，进而影响人体的循环系统、免疫及生殖和代谢功能，严重的甚至会诱发癌症。

（2）对电气设备的影响

① 干扰通信　为保证通信的畅通无阻，无线电管理部门对电磁频率进行分配，对电磁功率进行限制，以保证相互兼容，互不干扰。如不遵守有关规定，擅自改动频率或增加发射功率，就可能出现干扰现象。另外，环境电磁噪声水平不断提高，这些噪声也会对通信质量产生影响。

② 影响精密仪器　精密仪器一般都很灵敏，环境中的电磁噪声，如汽车打火等都可能引起仪器的假计数，甚至误动作，有时还可以引起飞机不能正常起飞或降落。

③ 影响家用电器　最常见的是影响收音机和电视机，使之在某些频道不能正常收听、收看。

④ 影响心脏起搏器　科学家们已经发现，手机可以使1米以内的心脏起搏器停机，导致非常严重的后果。

3. 电磁辐射污染的现状和发展趋势

随着社会的发展，人类进入信息社会，伴有电磁辐射的设备和活动日益增多，因此，人们所处的电磁环境状况不容乐观，主要表现在以下几个方面：

(1) 通信技术的发展使居民处在基站天线的包围之下，首先造成的是电磁干扰；另外，一部分天线的不合理架设使高层居民受到严重的电磁辐射污染。由于城乡的快速发展，人烟稀少的郊区同样不能避免电磁辐射污染，大功率的电磁波发射系统正逐步地被民房包围。

(2) 广播电视发射系统的不断增加，方便了文化、信息交流等各项事业的发展。但目前很多发射系统不规范，对周围区域的电磁环境影响很大。

(3) 高压电力系统的发展拉近了人们与工频电磁场的距离。高压输电线、高压电缆、送变电站等高压输电设施大量进入市区，而且电压等级不断增加，这大大加剧了整个城市或地区的电磁污染。

(4) 城市交通运输业的快速发展不仅造成上下班高峰时段的交通繁忙，其产生的电磁辐射强度也存在一个高峰时段。不仅如此，品种、数量众多的轨道交通等交通工具还会在一定程度上干扰广电、通信设施的正常信号。

(5) 在战争或军事演练中，有些新式武器能产生强大的电磁场，使用它们的结果是产生规模更大、破坏性更强的电磁辐射污染。

(6) 室内电子设备广泛应用与居室面积狭小问题共存，造成电磁辐射累积效应显著。

4. 电磁辐射环境管理现状

2000年，我国首次完成了全国电磁辐射污染源调查，该调查经国家统计局批准，是一项国情资料调查。经过这次调查，不但摸清了电磁辐射污染源的现状，开展了许多相关的研究，同时也是一次电磁辐射环境管理的广泛宣传过程，使各界了解了电磁辐射环境管理的重要性，为电磁辐射环境管理和决策提供了有力的技术支持。

(1) 辐射及其环境管理的特点　与其他环境要素相比，电磁辐射具有以下显著特点：

① 电磁辐射污染是一种能量流污染。

② 电磁辐射污染具有较强的隐蔽性和潜伏性。

③ 电磁辐射危害具有长期性和不确定性。

④ 电磁辐射兼有用资源和污染要素双重性，作为资源来说应用越来越广，因而环境中的污染水平也越来越高。

⑤ 电磁辐射面大量广。

正因为电磁辐射污染与其他环境污染相比，有其自身的特点，因此对电磁辐射的环境管理离不开专门的仪器和专业的人员。

(2) 电磁辐射环境管理尚存在的问题

① 相关法律法规以及控制标准不完善。在电磁辐射环境管理方面，我国目前还没有一部完善的法律法规。虽然国家环保总局在1997年颁布了《电磁辐射环境保护管理办法》(2019年8月已废止)，对电磁辐射环境管理工作起到了一定作用，但是由于没有及时进行修订，其中的许多条例都只适用于当时的情况，无法满足现代电磁辐射环境管理的需求，缺陷日益明显。

② 规划不合理。规划阶段是电磁辐射环境管理的重要阶段，规划的合理程度对电磁辐射环境管理质量有较大的影响。目前，由于我国缺乏相关的科学依据，在对电磁设施设备进行规划时考虑不全面，经常发生电磁设备之间相互干扰、交叉影响的问题。按照原有规划，为了防止电磁辐射影响市民的正常生活，电磁设施设备一般是设置在郊区的。但由于近年来用地紧张，所以市区也开始实施建设，许多电磁设施出现在居民区周围，从而使得电磁辐射

对居民的不利影响扩大化。

(3) 电磁辐射环境管理体制　根据我国的具体情况,为保证伴有电磁辐射正常事业的发展,同时又使公众健康及其生活环境得到有效的保护,实行如下的管理体制:

① 分级审批　对总功率大于 200 千瓦的大型电视发射塔,1000 千瓦以上的广播台、站,跨省级行政区电磁辐射建设项目,由生态环境部直接进行环境影响报告书审批和竣工验收。

② 双轨监督　从事电磁辐射的单位主管部门有义务督促其下属单位遵守环境保护部门的法规和标准,执行行业内部监督。

各级环境保护部门有权对辖区内的电磁辐射设施、项目进行监督,包括监督性监测。

③ 执行他审和自审　一切电子仪器、设备都存在电磁辐射,不可能全都直接由环境保护管理部门加以管理。根据《电磁环境控制限值》(GB 8702—2014),只对豁免值以上的电磁辐射项目进行前述的分级审批和监督,实行他审。对于大量的辐射水平低的、功率小的则实行自审,即要求生产、使用部门按照电磁环境控制限制有关规定自行检查。对违反电磁辐射防护有关规定的要自行改正。对于自审这一类伴有电磁辐射的设施,环保部门偶尔进行抽查。

④ 强制和劝告　对于豁免水平以上的电磁辐射设施、项目实行强制性管理。按《电磁环境控制限值》(GB 8702—2014)、《辐射环境保护管理导则　电磁辐射环境影响评价方法与标准》(HJ/T 10.3—1996) 和《辐射环境保护管理导则　电磁辐射监测仪器和方法》(HJ/T 10.2—1996) 等规定和标准严格要求。

对豁免水平以下伴有电磁辐射的设施、项目的劝告方式是:要求自行管理。

对于使用手机、微波炉、电热毯等的广大消费者(使用者),主要是宣传有关常识,并劝告合理使用,减少一切不必要的辐射,学会自我保护。

5. 国内外电磁环境监测技术发展现状

为减少电磁辐射对周围环境和人体的危害,世界各国尤其是发达国家都在研究电磁环境,并采取相应的法规和措施,保护人类赖以生存的环境。电磁环境监测是防止电磁辐射损害人类健康的重要措施之一。20 世纪 50 年代,由于大功率无线电装置及导弹等含电爆装置的武器装备投入越来越多,电磁环境问题逐渐得到重视。60 年代后,美国等科技先进国家开展了电磁环境兼容性及其测试仪表、测试技术等方面的研究,并制定了一系列军用、民用标准及规范。80 年代以来,电磁环境方面的研究已成为十分活跃的学科领域,美、德、法、日等国家在电磁环境兼容性标准与规范、分析预测、设计、测量及管理、电磁环境监测等方面的研究均达到了很高水平,并取得了一系列成果。目前美国已经使用计算机控制的全自动环境电磁辐射监测系统进行环境监测,测量的频段上限可达 26GHz。

我国对电磁环境方面的研究起步较晚。进入 20 世纪 90 年代,随着国民经济和高科技产业的迅速发展,对电磁环境监测方面的要求越来越高,因此,国家投入大量的人力、物力建立了一批电磁环境实验测试中心。但是,我国目前对电磁环境方面的研究多停留在某一实际干扰问题的防护研究水平上,还没有成熟的电磁环境分析、预测软件。我国电磁环境近场测量设备的研制工作也开展较晚,目前国产的近场测量仪器及设备存在屏蔽性能差、频带范围窄、灵敏度低、测量费工费时、精度差、型号少等问题。我国生产远场测量设备的厂家比较少,并且同近场测量设备一样存在着诸多问题。

二、环境电磁场及基本原理

与人类日常生活密切相关的环境电磁场主要有工频电磁场和射频电磁场。根据环境中电磁场随时间变化情况,可将其分为静电场、静磁场(含稳恒电磁/磁场)和时变电磁场。开展环境电磁的监测与评价,必须熟悉各种电磁现象,掌握电磁场产生和传播过程中遵从的基本原理和规律,特别是不同类型电磁场的源量(电荷、电流等)和场量(电场强度、磁场强度等)的关系,以及电磁能量由"源"传送到外环境过程的"耦合"情况。

1. 静电场、恒定电流场

(1) 真空中的静电场

① 电荷

a. 电荷及其量子性 自然界的电荷分为正电荷和负电荷两种类型。根据现代物理学关于物质结构的理论,构成物质的原子是由原子核和电子构成的。将电子束缚在原子核周围的力是电磁相互作用力。因此,我们规定电子是带负电荷的粒子,而原子核中的质子是带正电荷的粒子。宏观物体失去电子会带正电(即正电荷),物体获得额外的电子将带负电(即负电荷)。

物体带电的多少叫电荷的电量,电量的单位是库仑(C)。一库仑的电量规定为一安培的电流在一秒钟的时间内流过导线横截面的电量。

实验证明,在自然界中,电荷的电量总是以一个基本单元的整数倍出现,电荷的这个特性叫作电荷的量子性。电荷的基本单元就是一个电子所带电量的绝对值。

$$1e = 1.602 \times 10^{-19} \text{ C}$$

任何物体所带电量一定是基本单元的正负整数倍。微观粒子所带的基本电荷的数目(正整数或负整数)叫作它们各自的电荷数。

b. 电荷守恒定律 对于一个系统,如果没有净电荷出入其边界,则该系统的正、负电荷的电量的代数和将保持不变,这一自然规律就叫电荷守恒定律。例如,一个高能光子受到一个外电场的影响时,该光子可以转化为一个正电子和一个负电子,其转化前后的电荷电量的代数和都为零。

② 库仑定律 法国物理学家库仑利用扭秤实验直接测定了两个带电球体之间相互作用的电力(或库仑力)。在实验基础上,库仑确定了两个点电荷之间相互作用的规律,即库仑定律。它可以表述为:在真空中,两个静止的点电荷之间的相互作用力的大小与它们电荷电量的乘积成正比,与它们之间距离的平方成反比;作用力的方向沿着两点电荷的连线,同号电荷相斥,异号电荷相互吸引。即:

$$\boldsymbol{F} = \frac{1}{4\pi\varepsilon_0} \frac{q_1 q_2}{r^2} \tag{5-1}$$

其中,ε_0 为真空介电常量,它是电磁学的一个基本物理常数。

$$\varepsilon_0 \approx 8.9 \times 10^{-12} \text{C}^2/(\text{N} \cdot \text{m}^2)$$

③ 静电场 如果电荷是静止的,则空间就只有电荷产生的电场,称为静电场。静电场是由电荷产生或激发的一种物质,静电场对处于其中的其他电荷有作用力。

根据静电场的观点,我们所观察到的两个电荷之间的相互作用力实质上是电场的作用力,库仑力不再是一个恰当反映实际的概念,因此,用电场力来称呼电荷在电场中所受的力。

④ 电场强度　电场强度的物理意义是：单位正电荷所受到的电场力。即

$$E = \frac{F}{q_0} \tag{5-2}$$

在国际单位制中，电场强度的单位是伏特每米，即 V/m，也可以用牛顿每库仑（N/C）表示。

电场力的方向就是该点处场强的方向，电场强度既有大小又有方向，是一个矢量。

（2）有导体存在的静电场

① 静电感应与静电平衡　导体就是能够导电的物体，在形态上可以是固体、液体或气体，从微观上分析，导体区别于绝缘体是因为它内部有大量可以自由移动的电荷，这些电荷称为载流子。在不带电的时候，导体中的每一个区域内，自由的负电荷都与正电荷精确地中和，导体不显电性，即处于电中性状态。如果把导体放入静电场中，电场将驱动自由电荷定向移动，形成电流，使导体上的电荷重新分布，在电场的作用下导体上的电荷重新分布的过程叫静电感应，感应所产生的电荷分布称为感应电荷，按电荷守恒定律，感应电荷的总电量是零。

感应电荷会产生一个附加电场，在导体内部这个电场的方向与原电场相反，其作用是削弱原电场。随着静电感应的进行，感应电荷不断增加，附加电场增强，当导体中总电场的场强为零时，自由电荷的再分布过程停止，静电感应结束，导体达到静电平衡。通常在我们处理静电场中的导体问题时，若非特别说明，总是把它当作已达到静电平衡的状态来讨论。

② 导体静电平衡条件　导体达到静电平衡后，导体的电场及电荷分布满足一定的条件，称为导体静电平衡条件，即：静电平衡导体内部电场强度处处为零，即导体是一个等势体；导体表面外附近的场强与表面垂直，即导体表面是一个等势面。

还有两个推论：静电平衡导体内各处的净电荷为零，导体自身带电或其感应电荷都只能分布于导体表面；静电平衡导体表面外附近的电场强度的大小（E）与该处表面上的电荷密度（σ）的关系为：

$$E = \frac{\sigma}{\varepsilon_0} \tag{5-3}$$

即表面附近的电场可看作是匀强电场且场强与电荷面密度成正比。

③ 尖端放电现象　若导体表面有尖锐的凸出部分，由于排斥作用，尖端的电荷面密度可以达到很大的值，尖端附近的电场也可以达到很强甚至击穿空气形成尖端放电，若导体表面有凹面存在，则凹面内的电荷密度和场强可以很小。

阴雨潮湿天气常常在高压输电线周围会看到淡蓝色辉光，这是由于输电线附近的带电粒子与空气分子碰撞，使分子处于激发状态而产生光辐射，这种平稳无声的放电称为电晕现象。如果某处高压输电线附近的场强很强，放电就会以爆裂的火花形式出现。高压输电线附近的放电会浪费许多电能，所以要求高压输电线的表面极为光滑和均匀，具有高电压的零部件尽可能做成光滑的球面。

有导体的静电学问题比真空中的静电学问题要实际一些，也要复杂一些。这主要表现在真空中所研究的往往是一个确定的电荷分布，而在导体问题中电荷分布却恰好是待分析的问题，分析电荷分布需要正确地理解静电平衡条件，还要用到高斯定理以及电荷守恒定律等基本知识。电荷分布问题解决了，余下的问题与真空中所处理过的问题没有多大的区别。

④ 静电屏蔽　若导体内有空隙，称之为导体空腔。一个达到静电平衡的导体空腔能隔

断空腔内和空腔外电荷的相互影响,这称为静电屏蔽。如图 5-2 所示,图中的导体空腔是一个导体球壳,空腔内部没有电荷而空腔外部有一个点电荷。此时导体中的场强为零,空腔内的场强也为零。表明导体空腔确实屏蔽了空腔外部的电荷对空腔内部的影响。静电屏蔽是把导体的静电平衡条件应用于空腔时所得到的一个必然结论,无论腔外的电荷有多大,无论电荷距离空腔有多近,甚至电荷可以与空腔外表面接触而直接使空腔外表面带上净电荷,空腔内表面都不会有电荷分布,空腔内也都不会有电场分布。

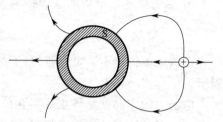

图 5-2 空腔外电荷对空腔内无影响

静电屏蔽在工程技术中有很多的应用,为了避免外场对某些精密元件的影响,可以把元件用一个金属壳或金属网罩起来。高压作业时,操作人员要穿上用金属丝网做成的屏蔽服也是为了防止电场对人体的伤害。屏蔽服也会带电,电势也可能会很高,但屏蔽服内的场强却为零,这就保证了操作者的安全。

另一种情况,见图 5-3,一个导体球壳本身不带电,而在空腔内部有一个点电荷,空腔外表面要出现感应电荷,并在空腔外产生一个电场。这时可采用把导体球壳接地,使外表面的感应电荷被中和,导体电势为零。同于空腔外没有电荷分布,所以也没有电场,可见一个接地的导体空腔能屏蔽空腔内电荷对外部的影响。

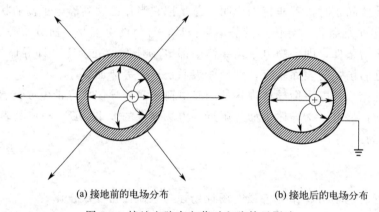

(a) 接地前的电场分布　　　　　(b) 接地后的电场分布

图 5-3 接地空腔内电荷对空腔外无影响

图 5-4 表示空腔内、外均有电荷的情况,它相当于前面两个图的两个电荷分布的叠加。可以理解为,这时空腔内(包括内表面)的电荷在空腔外产生的场强仍然为零,而空腔外(包括外表面)在空腔内产生的场强也还是零。这意味着导体空腔屏蔽了空腔内、外电荷的相互影响,这才是静电屏蔽的完整结论。

(3) 有介质存在的静电场

① 电介质的极化及其机制　电介质中几乎没有自由电荷,分子中的电荷由于很强的相互作用而被束缚在一个很小的尺度之内。在外电场的作

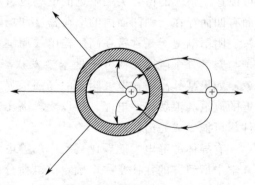

图 5-4 导体空腔屏蔽了内、外电荷的相互影响

用下，这些电荷也会在束缚的条件下重新分布，用新的电荷分布来削弱介质中的电场，但却不能像导体那样把场强减弱为零。

② 极化电荷与介质中的电场　如果介质是均匀的，极化的介质内部仍然没有净电荷，但介质的表面会出现面电荷，称为极化电荷。极化电荷不是自由电荷，不能自由流动，但极化电荷仍能产生一个附加电场使介质中的电场减少。

介质中的电场是自由电荷电场与极化电荷电场叠加的结果。

(4) 恒定电流场　电荷在导电媒质（导体）或不导电的空间中作有规则的运动形成电流，二者分别称为传导电流和运流电流。有传导电流的地方必存在电场（超导体除外）。不随时间变化的电流称恒定电流（即直流电），维持恒定电流的电场是恒定电场。

① 电流强度、电流密度　电流就是带电粒子（载流子）的定向运动。正电荷的运动方向规定为电流的方向。描述电流的物理量主要有两个：电流强度和电流密度。电流强度描述在一个截面上电流的强弱。电流强度定义为单位时间内通过导体中某一截面的电量。即：

$$I = \frac{dq}{dt} \tag{5-4}$$

在国际单位制中，电流强度的单位是安培（A）。

在实际问题中，常常会遇到电流在粗细不均的导线中流动或在大块导体中流动的情形，这时导体中不同部分电流的大小和方向都不一样，从而形成一定的电流分布。在这种比较复杂的情况下，为了能对电流进行更为精确的描述，引入了能细致描述电流分布的物理量——电流密度矢量 j。

电流密度矢量 j 的大小等于通过该点垂直于电流方向的单位面积的电流强度，方向为该点电流的流向。

$$j = \frac{dI}{dS} \tag{5-5}$$

在导体中各点的 j 可以有不同的量值和方向，这就构成了一个矢量场，叫作电流场。

② 稳恒电流和恒定电场　一般来说，电流密度 j 是随时间而变的，它既是空间坐标的函数也是时间的函数。在特殊的情况下，j 也可以不随时间而变化，各点的 j 都不随时间而变的电流叫作稳恒电流（恒定电流），相应的电流场称为稳恒电流场（恒定电场）。

③ 欧姆定律　实验发现：一段导线上的电流强度大小与导线两端的电压成正比。即：

$$I = \frac{U}{R} \tag{5-6}$$

2. 恒定磁场

电流或运动电荷在空间产生磁场。不随时间变化的磁场称恒定磁场。它是恒定电流周围空间存在的一种特殊形态的物质。磁场的基本特征是对置于其中的电流有力的作用。

(1) 磁现象、磁场

① 磁现象：1820年丹麦物理学家奥斯特在实验中发现，通电直导线附近的小磁针会发生偏转，这便是历史上著名的奥斯特实验，它表明电流可以对磁铁施加作用力。而有些现象则表明，磁铁也会对电流施加作用力，电流与电流之间也会有相互作用力。例如，悬挂在蹄形磁铁两极间的载流直导线会发生平动；两根平行直导线通有同向电流时相互吸引，通有反向电流时相互排斥。此外，两载流线圈之间也会发生类似的相互作用。无论是电流与电流之间，还是电流与磁铁之间的相互作用都是运动电荷之间的相互作用，即运动电荷产生磁

现象。

② 磁场：运动电荷在自己周围空间除产生电场外还要产生另一种场，称为磁场。运动电荷之间的相互作用是通过磁场来传递的。

磁场就是运动电荷激发或产生的一种物质，对其他运动电荷或电流有作用力。

（2）磁感应强度 磁感应强度是描述磁场强弱和方向的基本物理量，是矢量，常用符号"**B**"表示。磁感应强度也被称为"磁通量密度"或"磁通密度"。在国际单位制中，磁感应强度 **B** 的单位是特斯拉（T）。

（3）磁场强度 为计算方便，在计算磁介质中磁场时，引入一个辅助矢量 **H**，称为磁场强度矢量，定义为：

$$H = \frac{B}{\mu} \tag{5-7}$$

式中，μ 称为磁介质的磁导率。在国际单位制中，**H** 的单位为安/米（A/m）。

3. 时变电磁场

场量随时间变化的电磁场称为时变电磁场。随时间变化的磁场会激发电场，即磁生电；随时间变化的电场又会激发磁场，即电生磁。二者相互影响构成统一的电磁场。变化的电磁场在空间的传播形成了电磁波。

（1）电磁波的产生和实验验证 麦克斯韦建立了关于电磁场的方程组，首次从理论上预言了电磁波的存在。变化的电磁场在空间以一定的速度传播就形成电磁波。实践表明，电磁波的运行规律可由麦克斯韦方程组描述。

赫兹首先用实验方法证实了电磁波的存在。赫兹用电感和电容充放电的高频振荡，成功地产生了电磁波。赫兹的实验不仅证实了电磁波的存在，而且从实验方面显示了光和电磁波的同一性。赫兹实验以后，实验上又陆续证明了红外线、紫外线、X射线、γ射线等也都是电磁波，只是频率（或波长）上有较大区别。

不同频率（或波长）范围的电磁波，具有不同的物理特性。电磁波的整个频率（或波长）范围称为电磁波谱或频谱（见图5-5 电磁波谱）。

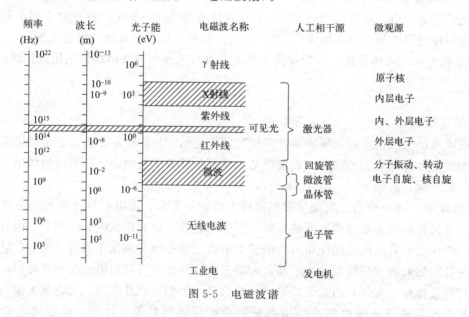

图 5-5 电磁波谱

就相对频宽来说，可见光是一个很窄的频段。微波和X射线都比可见光的相对频带宽。如果用对数坐标来表示电磁谱，并且用10^{-2}m和10^{-10}m分别代表微波和X射线的波长量级，那么可见光（波长约短于$1\mu m$）就恰好落在微波和X射线的正中，从微波到可见光和从可见光到X射线，波长或频率都大致差4个量级。自然界中的电磁辐射覆盖从无线电波到γ射线的整个电磁波谱。

（2）电磁波的基本性质　因为变化的电场和变化的磁场相互紧密地联系在一起形成电磁波，所以它的传播不需要媒质，既可以在介质中也可以在真空中传播。而且，即使电磁振源停止振动（不再提供能量），电磁波也可以存在。

远离波源传播的电磁波在小范围内可被看成平面波，如果电场和磁场又都是简谐变化，则称为平面简谐电磁波。现以平面简谐电磁波为例，说明电磁波具有的一般性质。

a. 在均匀无界媒质中，电磁波是一种横波，即电场和磁场位于传播方向的横截面内，而且电场和磁场又互相垂直。

b. 电磁波的传播速度为

$$u=\frac{1}{\sqrt{\varepsilon\mu}} \tag{5-8}$$

c. 同一点$\boldsymbol{E}$和$\boldsymbol{H}$成正比，它们在量值上有下列关系

$$\sqrt{\varepsilon}\boldsymbol{E}=\sqrt{\mu}\boldsymbol{H} \tag{5-9}$$

d. 电磁波的传播伴随着能量的传播。用$\boldsymbol{S}$表示单位时间内通过每单位面积的能量，称为能流密度矢量，从麦克斯韦方程组并利用能量守恒定律可以导出：

$$\boldsymbol{S}=\boldsymbol{E}\times\boldsymbol{H} \tag{5-10}$$

式(5-10)既表明了能流与电场强度和磁场强度的数量关系，同时也表明了三者互相垂直的方向关系。

4. 工频、射频电磁场

人为电磁辐射主要有ELF电磁辐射（极低频电磁辐射）和射频电磁辐射两大类。在ELF电磁辐射中，又以50Hz的工频电磁场最重要，它主要是由各种电压等级的输电线及各种用电器所产生的。高压电力线对地面的电位差可使附近未接地的金属物体产生很大电荷，如在高压输电线下公路上奔驰的卡车，其与地面之间的短路电流可达1～5mA，人意外触及时会产生刺痛感。在射频电磁辐射中，以广播、电视、通信设备所产生的电磁辐射为常见。

（1）工频电磁场

① 电力系统　电力是现代工业的主要动力，在各行各业中都得到广泛的应用。电力系统是发电厂、输电线、变电所及用电设备的总称。一般使用正弦交变电流来传输和使用电能。

交变电流（简称交流）比稳恒电流（直流电）复杂很多，电流随时间的变化引起空间电场和磁场的变化，因此存在电磁波。就其本质而言，属于极低频率的时变电磁场。

在我国和其他大多数国家都采用50Hz作为电力标准频率，有些国家（如美国、日本）采用60Hz。这种频率在工业上应用广泛，称为工业标准频率，习惯上也简称为工频。电力系统周围有工频电磁场。

② 工频电磁场分析　当交流电的频率f满足$f\ll\frac{c}{l}$或$l\ll\lambda$，式中c为真空中的光速，l为电路的线长，即电路的线长远小于电磁波的波长，这种情况叫作准稳，这种电路叫作准稳

电路。对于工频交流电（50Hz），电磁波在真空中的波长 $\lambda=\dfrac{c}{f}=6000$km，电路的线长远小于电磁波的波长。

准稳态性质允许把电场和磁场分别讨论，它们不会相互影响，准静态电场的基本物理现象相当于静电场的情况。因此工频电磁场不是发射场，而是一种感应场，它对外界的影响主要是静电感应。它的一些效应可以用静电场的一般概念来分析。同样，对于工频磁场，也可以按照静磁场来进行分析。

（2）射频电磁场　常见的射频电磁源有广播电视发射设备、通信、雷达及导航发射设备，工业、科研、医疗射频设备等。

① 各种电磁波　电磁辐射说明电磁波的发射和传播，是透过空间或介质传递其能量。射频电磁场是由相互关联的交变电场和磁场所组成，就其本质而言，属于频率较高的时变电磁场。

电磁辐射依频率一般区分为无线电波、微波、红外光、可见光、紫外光、X射线和γ射线等几种形式。依据各个波段具有的能量特征，可得知在非常低温下（接近绝对零度时），物质内的原子仅能辐射出无线电波和微波；当在零摄氏度左右（水的冰点）时原子可辐射红外光；在表面温度五六千摄氏度的物质（如太阳表面），才会有可见光的辐射；在温度达百万摄氏度的物体表面，就会有X射线；到了表面温度达百亿摄氏度的物体表面，也会有γ射线呈现。各波段的电磁波有各自的特征和用途。

② 射频电磁场分析　变化的电磁场在空间以一定的速度传播就形成电磁波，射频电磁场属于频率较高的时变电磁场，通常指100kHz以上的无线电波。对于频率较高的电磁场，如各种超短波等，必须用麦克斯韦方程组来分析电磁场。

射频电磁场根据离场源的距离不同，可分为近区场和远区场。

近区场（一个波长之内）主要以感应为主，也称为感应场，有如下几个特点：

a. 在近区场，电场强度和磁场强度大小没有确定的比例关系。

b. 近区场电磁场强度比远区场电磁场强度大很多，而且其衰减速度也要比远区场快很多。

c. 近区场不能脱离场源而独立存在。

远区场（一个波长以外）以辐射状态出现，所以也称辐射场。远区场已脱离了场源而按自己的规律运动。

远区场的特点：

a. 远区场以辐射形式存在，电场强度与磁场强度之间具有固定关系，即

$$\boldsymbol{E}=\sqrt{\mu_0/\varepsilon_0}\,\boldsymbol{H}=120\pi\boldsymbol{H}\approx 377\boldsymbol{H} \tag{5-11}$$

b. $\boldsymbol{E}$ 与 $\boldsymbol{H}$ 互相垂直，而且又都与传播方向垂直。

c. 电磁波在真空中的传播速度为

$$C=1/\sqrt{\varepsilon_0\mu_0}\approx 3\times 10^8\text{m/s} \tag{5-12}$$

5. 电磁耦合

在空气环境和水环境中，污染物由污染源传送到外环境的过程叫作迁移或扩散；在声环境问题上，噪声由污染源（声源）传送到外环境的过程叫声音的传播；在环境电磁研究中，可把电磁能量由"源"传送到外环境的过程叫作"耦合"。除减少电磁污染源外，研究搞清电磁耦合途径并抑制电磁场的传播是解决电磁污染问题的重要措施。电磁耦合途径可分为三

类：辐射耦合、传导耦合和感应耦合。其中感应耦合又可分电感应和磁感应两种。

（1）辐射耦合　射频设备所形成的电磁场，在半径为一个波长范围之外是以空间辐射的方式将能量传播出去的，而在半径为一个波长的范围内则主要是以感应的方式将能量施加于附近的设备和人体上的，前者为辐射耦合。射频设备可视为发射天线，如图 5-6 所示。辐射电场强度是衡量辐射耦合强弱的主要指标。

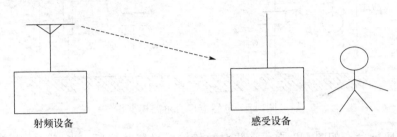

图 5-6　辐射耦合途径

（2）传导耦合　传导耦合是指通过电路回路间公共阻抗或互阻抗形成的耦合。借助电路理论可以直接计算传导耦合的影响。若回路 1 和 2 各自独立，互不影响，如图 5-7（a）所示，回路 1 中有电流，回路 2 中无电流。若回路 1 和 2 有公共阻抗，如图 5-7（b）所示，回路 1 有电流则回路 2 也有电流，形成传导耦合。

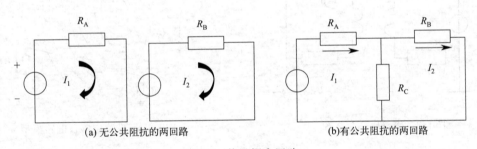

图 5-7　传导耦合回路

在图 5-7(b) 中可得：

$$I_2 = \frac{R_C}{R_B + R_C} I_1 \tag{5-13}$$

这里 R_C 是公共阻抗，或耦合阻抗。显然，R_C 越小，则耦合越弱。

典型的共阻抗耦合发生于接同一地网的两回路之间。如回路 1 为工频电力线路，接地网阻抗可视为电阻，则共阻抗耦合成为电阻性耦合。这在研究电力线路对通信线路的影响时将经常使用。

降低耦合的两种思路："短路"和"断路"。

（3）电感应耦合　以平行接近的架空电力线路与通信线路为例。高压架空线路对地电压 U_1 很高，其导线上充有电荷，并在周围建立有强电场，处于该电场中的通信线路导线上将感应有对地电压 U_2，通信线路导线表面靠近电力线路一侧感应有异号电荷，另一侧感应出同号电荷，通过库仑电场产生耦合，称为电感应耦合。若站在地上的人接触通信线路，则将有电流流过人体，电流过大，可能产生危险。电感应耦合电路模型见图 5-8。

对邻近通信线路的影响通过两线路间的电容 C_{12} 来耦合的，故又称为电容性耦合。两线

路间的电容 C_{12} 称为耦合电容。耦合的强弱与耦合电容量的大小相关；如耦合电容为零，将无电容性耦合。

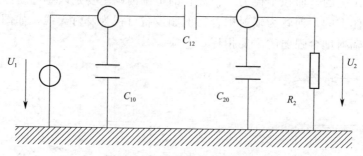

图 5-8　电感应耦合电路模型

（4）磁感应耦合　如图 5-9 所示，两对短传输线平行并接近。当回路 1 中有交流电流 I_1 时，由于两回路间互磁链的存在，在回路 2 中将产生互感电压。若回路 2 是通路，将产生电流。这就是电磁感应耦合，简称磁感应耦合，其等效电路见图 5-10 所示。通过互感产生耦合，又称电感性耦合。耦合的强弱与互感量的大小相关；如果互感量为零，将无电感性耦合。

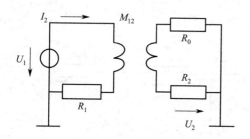

图 5-9　磁感应耦合途径

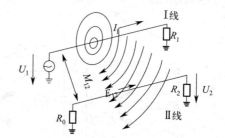

图 5-10　磁感应耦合电路模型

三、环境电磁评价量

1. 基本概念

（1）电磁辐射　任何交流电在其周围都会形成交变的电场，交变的电场产生交变的磁场，交变的磁场又产生交变的电场，这种交变的电场与交变的磁场相互垂直，以源为中心向周围空间交替产生并以一定速度传播，同时在传播的过程向外输送电磁能量的现象称为电磁辐射。

一般来说，雷达系统、电视和广播发射系统，射频感应及介质加热设备，射频及微波医疗设备，各种电加工设备，移动通信发射基站，卫星地球通信站等都可以产生各种形式、不同频率、不同强度的电磁辐射。

（2）电磁辐射暴露　电磁辐射暴露是指人体在电磁场中被动吸收电磁波能量的过程。根据人们对电磁辐射接触意识及承受能力的差别，将电磁辐射暴露区分为职业暴露和公众暴露；而根据人体接受电磁辐射暴露面积的不同，将电磁辐射暴露分为全身暴露和局部暴露。

职业暴露即对处于控制条件下的成人和受过训练能意识到潜在危险并采取相应措施的人的暴露。职业暴露的持续时间限定为工作时间（8h/d），并延续至整个工作阶段。公众暴露即对处于非控制条件下的各种年龄阶段及不同健康状况,并且不会意识到暴露的发生和对其身体造成的危害,不能有效地采取防护措施的个人的暴露。公众暴露的持续时间为全天 24h。

全身暴露指人体整体暴露于电磁场的暴露。人体表面局部(手或脚)暴露于电磁场的暴露称为局部暴露(肢体局部暴露)。

(3)阈值及安全因子 电磁辐射评价中的阈值定义为最低暴露水平,低于该水平的电磁辐射暴露没有发现健康危害。阈值的确定必须在掌握电磁辐射生物危害的基础上,对电磁辐射效应的科学资料进行健康风险评估。然而,定量电磁辐射暴露对健康的各种有害影响因子存在相当大的困难,因此阈值水平存在许多不确定性。

安全因子是电磁辐射暴露危害阈值与暴露限值之间的关系因子,其目的是尽量消除阈值水平的不确定性,导出安全可靠的暴露限值。

(4)合成场强 直流带电导体上电荷产生的场和导体电晕引起的空间电荷产生的场合成后的电场强度称为合成场强,单位为 kV/m,其在大地表面的值为地面合成场强。

(5)离子流密度 直流导体电晕时,电离形成的离子在电场力的作用下,向空间运动形成离子流。地面单位面积截获的离子流称为离子流密度,单位为 nA/m^2。

(6)电磁干扰及电磁兼容性

① 电磁干扰(EMI):由电磁干扰引起的装置、设备或系统性能的降低。此定义中的电磁干扰是指任何可能引起装置、设备或系统性能降低或者对有生命或无生命物质产生损害作用的电磁现象;性能降低是指装置、设备或系统的工作性能与正常性能非期望的偏离。

② 电磁兼容性(EMC):设备或系统在其电磁环境中能正常工作且不对该环境中任何事物构成不能承受的电磁干扰的能力。"能正常工作"是指装置(设备或系统)"能容忍其他事物的影响",即装置对在它的环境中出现的干扰是不敏感的;而"不会构成不能承受的干扰"是指装置"不对其他事物产生侵害",即装置正常工作时不会导致电磁干扰。

(7)电磁环境 电磁环境存在于给定场所的所有电磁现象的总和。一般来说,这个总和与时间有关,对它的描述需要用统计的方法。

设备的电磁兼容性是相对于一定电磁环境而言的,也就是说一个设备或装置在某一特殊环境中具有电磁兼容性,但在另一环境中不一定是电磁兼容的。

(8)等效辐射功率 在 1000MHz 以下,等效辐射功率等于机器标称功率与对半波天线而言的天线增益的乘积;在 1000MHz 以上,等效辐射功率等于机器标称功率与全向天线增益的乘积。

(9)信噪比 信噪比,英文名称叫 SNR 或 S/N,是指一个设备或者电子系统中信号与噪声的比例。这里面的信号指的是来自设备外部需要通过这台设备进行处理的电子信号,噪声是指经过该设备后产生的原信号中并不存在的无规则的额外信号(或信息),并且该种信号不随原信号的变化而变化。

信噪比的计量单位是 dB,其计算公式如下:

$$\mathrm{SNR}=10\lg\frac{P_s}{P_n}=20\lg\frac{V_s}{V_n} \qquad (5-14)$$

式中,P_s 和 P_n 分别代表信号和噪声的有效功率;V_s 和 V_n 分别代表信号和噪声电压的有效值。

2. 基本限值

基本限值指直接根据已确定的健康效应而制定的暴露于时变电场、磁场和电磁场的限值。根据场的频率不同,用来表示此类限值的物理量有电流密度(J)、比吸收率(SAR)和辐射功率密度(S)。基本限值物理量通常难于直接测量,只有暴露者在空气中的功率密度可以迅速测量。

国际导则中使用的基本限值物理量反映了不同频率下影响健康的最低阈值。在低频范围(1Hz~10MHz),基本限值是电流密度(J,A/m^2),它是为了防止对易激励组织(如神经和肌肉组织)的影响;在高频范围(100kHz~10GHz),基本限值是比吸收率(SAR,W/kg),它是为了防止全身热应力和局部加热。在中频范围(100kHz~10MHz),其限值是电流密度和SAR两者。而在很高的频率范围(10GHz~300GHz)下,基本限值是辐射功率密度(S,W/m^2),它是为了防止邻近或表皮上的组织过热。只要不超出这些基本限值,就可确认不会发生已知的急性有害健康效应。

(1) 电流密度 电流密度矢量 j 是描述导体中某点电流强弱和流动方向的物理量,电流密度与导体的微观导电特性有关。人体在电磁场中接触导电物体时产生的通过人体到地的电流称为接触(感觉)电流。

(2) 比吸收率 比吸收率 SAR 是生物体单位时间、单位质量吸收的电磁辐射能量,单位为 W/kg。SAR 值越低,表明被生物体吸收的电磁辐射能量越少。

(3) 功率密度 功率密度 S 指在单位时间内穿过垂直于传播方向的单位面积的能量。单位:W/m^2。

3. 导出限值

导出限值用以评估实际暴露条件下基本限值是否被超出。导出限值是便于直接测量的物理量,或根据基本限值用测量和计算直接导出,或依据电磁场(EMF)暴露下的感觉及不利影响间接导出。导出限值的物理量包括电场强度(E)、磁感应强度(B)、磁场强度(H)、功率密度(S)和流过肢体的电流(I_L)。导出限值在 ICNIRP 导则中可理解成"参照水平",而在 IEEE 标准中对应为"最大许可暴露水平"。

在特定 EMF 暴露下,将各物理量的测量值或计算值与相应的导出限值进行比较,遵守导出限值则必然遵守对应的基本限值,但超出导出限值,并不意味着一定超出基本限值。因此,一旦导出限值被超出,则必须检验相应基本限值的符合性,并决定是否有必要采取额外保护措施。

(1) 电场强度 电场强度 E 是用来表示电场的强弱和方向的基本物理量,简称场强。电场强度遵从场强叠加原理,即空间总的场强等于各电场单独存在时场强的矢量和,它表明各个电场独立作用,并不受其他电场影响。

(2) 磁感应强度 磁感应强度 B 是描述磁场强弱和方向的基本物理量。

(3) 磁场强度 磁场强度 H 是表征磁场强弱和方向的辅助物理量。磁场强度 H 定义为在任意介质中,磁场中某点磁感应强度与该点磁导率的比值

$$H=\frac{B}{\mu} \tag{5-15}$$

式中 μ 为磁导率,与磁介质特性相关。磁场强度 H 与磁感应强度 B 的区别在于磁感应强度 B 考虑了磁介质在磁场中的磁化对磁场本身产生的影响。因此,在均匀磁介质的情况下,包括介质因磁化而产生的磁场则用磁感应强度 B 表示,单纯电流或运动电荷所引起的

磁场则用磁场强度 H 表示。在同样磁场的情况下，如果放入不同的介质就有不同的磁感应强度 B，但是磁场强度 H 无变化。

出于防护目的而描述磁场特性时，只需要考察 B 或 H 中的一个物理量。

（4）接触电流 接触电流 I_C 表示人体在电磁场中接触导电物体时产生的通过人体到地的电流，单位为安培（A）。

四、电磁环境控制限值

《电磁环境控制限值》（GB 8702—2014）是生态环境部门对环境电磁辐射进行验收的依据，也是目前进行辐射控制的主要标准。

1. 适用范围

本标准规定了电磁环境中控制公众暴露的电场、磁场、电磁场（1Hz～300GHz）的场量限值、评价方法和相关设施（设备）的豁免范围。

本标准适用于电磁环境中控制公众暴露的评价和管理。

本标准不适用于控制以治疗或诊断为目的所致病人或陪护人员暴露的评价与管理；不适用于控制无线通信终端、家用电器等对使用者暴露的评价与管理；也不能作为对产生电场、磁场、电磁场设施（设备）的产品质量要求。

2. 限值和评价方法

（1）公众暴露控制限值 为控制电场、磁场、电磁场所致公众暴露，环境中电场、磁场、电磁场场量参数的方均根值应满足表 5-1 要求。

表 5-1 公众暴露控制限值

频率范围	电场强度 $E/(V/m)$	磁场强度 $H/(A/m)$	磁感应强度 $B/\mu T$	等效平面波功率密度 $S_{eq}/(W/m^2)$
1Hz～8Hz	8000	$32000/f^2$	$40000/f^2$	—
8Hz～25Hz	8000	$4000/f$	$5000/f$	—
0.025kHz～1.2kHz	$200/f$	$4/f$	$5/f$	—
1.2kHz～2.9kHz	$200/f$	3.3	4.1	—
2.9kHz～57kHz	70	$10/f$	$12/f$	—
57kHz～100kHz	$4000/f$	$10/f$	$12/f$	—
0.1MHz～3MHz	40	0.1	0.12	4
3MHz～30MHz	$67/f^{1/2}$	$0.17/f^{1/2}$	$0.21/f^{1/2}$	$12/f$
30MHz～3000MHz	12	0.032	0.04	0.4
3000MHz～15000MHz	$0.22f^{1/2}$	$0.00059f^{1/2}$	$0.00074f^{1/2}$	$f/7500$
15GHz～300GHz	27	0.073	0.092	2

注：1. 0.1MHz～300GHz 频率，场量参数是任意连续 6 分钟内的方均根值。

2. 100kHz 以下频率，需同时限制电场强度和磁感应强度；100kHz 以上频率，在远区场，可以只限制电场强度或磁场强度，或等效平面波功率密度，在近区场，需同时限制电场强度和磁场强度。

3. 架空输电线路线下的耕地、园地、牧草地、畜禽饲养地、养殖水面、道路等场所，其频率 50Hz 的电场强度控制限值为 10kV/m，且应给出警示和防护指示标志。

对于脉冲电磁波，除满足上述要求外，其功率密度的瞬时峰值不得超过表 5-1 中所列限值的 1000 倍，或场强的瞬时峰值不得超过表 5-1 中所列限值的 32 倍。

（2）评价方法 当公众暴露在多个频率的电场、磁场、电磁场中时，应综合考虑多个频率的电场、磁场、电磁场所致暴露，以满足以下要求。

在 1Hz～100kHz 之间，应满足以下关系式：

$$\sum_{i=1\mathrm{Hz}}^{100\mathrm{kHz}} \frac{E_i}{E_{\mathrm{L},i}} \leqslant 1 \qquad (5\text{-}16)$$

和

$$\sum_{i=1\mathrm{Hz}}^{100\mathrm{kHz}} \frac{B_i}{B_{\mathrm{L},i}} \leqslant 1 \qquad (5\text{-}17)$$

式中 E_i——频率 i 的电场强度；

$E_{\mathrm{L},i}$——表 5-1 中频率 i 的电场强度限值；

B_i——频率 i 的磁感应强度；

$B_{\mathrm{L},i}$——表 5-1 中频率 i 的磁感应强度限值。

在 0.1MHz～300GHz 之间，应满足以下关系式：

$$\sum_{j=0.1\mathrm{MHz}}^{300\mathrm{GHz}} \frac{E_j^2}{E_{\mathrm{L},j}^2} \leqslant 1 \qquad (5\text{-}18)$$

和

$$\sum_{j=0.1\mathrm{MHz}}^{300\mathrm{GHz}} \frac{B_j^2}{B_{\mathrm{L},j}^2} \leqslant 1 \qquad (5\text{-}19)$$

式中 E_j——频率 j 的电场强度；

$E_{\mathrm{L},j}$——表 5-1 中频率 j 的电场强度限值；

B_j——频率 j 的磁感应强度；

$B_{\mathrm{L},j}$——表 5-1 中频率 j 的磁感应强度限值。

3. 豁免范围

从电磁环境保护管理角度，下列产生电场、磁场、电磁场的设施（设备）可免于管理：100kV 以下电压等级的交流输变设施。

向没有屏蔽空间发射 0.1MHz～300GHz 电磁场的，其等效辐射功率小于表 5-2 所列数值的设施（设备）。

表 5-2 可豁免设施（设备）的等效辐射功率

频率范围/MHz	等效辐射功率/W
0.1～3	300
>3～300000	100

4. 监测方法

电磁环境监测工作应按照《环境监测管理办法》和 HJ/T 10.2、HJ 681 等国家环境监测规范进行。

五、测量仪器及工作原理

电磁辐射的测量按测量场所分为作业环境、特定公众暴露环境、一般公众暴露环境测量。按测量参数分为电场强度、磁场强度和电磁场功率密度等的测量。对于不同的测量应选用不同类型的仪器，以期获取最佳的测量结果。测量仪器根据测量目的分为非选频式宽带辐射测量仪和选频式辐射测量仪。无论是非选频式宽带辐射测量仪还是选频式辐射测量仪，基本构造都是由天线（传感器）及主机系统两部分组成。

1. 电磁辐射测量基础

电磁辐射的测量方法通常与测量点位和辐射源的距离有关，即远场测量和近场测量存在差异。由于远场和近场电磁场的性质有所不同，因此有必要对远场和近场测量进行区分。

（1）近场区测量　近区场（感应场区）内，电场强度 E 与磁场强度 H 的大小没有确定的比例关系，需要分别测量电场强度 E 与磁场强度 H 的大小。一般对于电压高而电流小的场源（如发射天线、馈线等），在感应场区内以电场为主，对于电压低而电流大的场源（如感应线圈、感应加热设备等），以磁场为主。例如，对于没有接上电器的墙上电源插座，电流基本为零，电压不为零，插座在其附近产生一定强度的工频电场，但产生的工频磁场基本为零。上述两种情况下，近区场的电磁场强度都比远场区大得多，且近区场的电磁场强度随距离的变化比较快，在此空间内的不均匀度较大。从这个角度上说，电磁防护的重点应该在近区场。

近区场场强很大，场强随距离的增大衰减得很快，即场强变化梯度很大，是一种非常复杂的非均匀场。因此，近区场强仪的量程应当足够大，而测量探头应当足够小，测量结果才能代表测试点场强。近区场场强测量不采用选频式仪器，可用综合场强仪测量。近区场监测主要属于工作场所监测。

（2）远区场测量　在远区场（辐射场区）中，所有的电磁能量基本上均以电磁波形式辐射传播，这种场辐射强度的衰减要比感应场慢得多。远区场为弱场，其电磁场强度均较小。

在远区场，可引入功率密度矢量。电场矢量、磁场矢量、功率密度矢量三者方向互相垂直，功率密度矢量的方向为电磁波传播方向。在数值上，$E=377H$，$S=EH$。其中电场强度 E 的单位是 V/m，磁场强度 H 的单位是 A/m，功率密度 S 的单位是 W/m^2，电场与磁场的运行方向互相垂直，并都垂直于电磁波的传播方向。

在远区场，电场与磁场不是独立的，可以只测电场强度、磁场强度及功率密度中的一个量，其他两个量均可由此换算出来。

一般情况下，关于远场和近场的测量问题可以简化。国际规定，当电磁辐射体的工作频率低于 300MHz 时，应对工作场所的电场强度和磁场强度分别测量。当电磁辐射体的工作频率大于 300MHz 时，可以只测电场强度。1GHz 以上远区辐射场的测量，可用远区场强仪，也可用干扰场强仪。一般电磁辐射环境是指在较大范围内由各种电磁辐射源，通过各种传播途径造成的电磁辐射背景值，因而属于远区场，辐射的频谱非常宽，电磁场强度均较小。

2. 电磁辐射测量仪器

电磁辐射监测仪器可参考《辐射环境保护管理导则　电磁辐射监测仪器和方法》(HJ/T 10.2—1996)。电磁辐射测量仪器根据测量目的分为非选频式宽带辐射测量仪和选频式辐射测量仪。

（1）非选频式宽带辐射测量仪　具有各向同性响应或有方向性探头的宽带辐射测量仪属于非选频式辐射测量仪。

① 工作原理

a. 偶极子和检波二极管组成探头　这类仪器由三个正交的 2~10cm 长的偶极子天线，端接肖特基检波二极管，RC 滤波器组成。检波后的直流电流经高阻传输线或光缆送入数据处理和显示电路。当 $D \ll h$ 时（D 为偶极子直径，h 为偶极子长度）偶极子互耦可忽略不计，由于偶极子相互正交，将不依赖场的极化方向。探头尺寸很小，对场的扰动也小，能分辨场的细微变化。

b. 热电偶型探头　采取三条相互垂直的热电偶结点阵作电场测量探头，提供了和热电偶元件切线方向场强平方成正比的直流输出，待测场强与极化无关。沿热电偶元件直流方向分布的热电偶结点阵，保证了探头有极宽的频带，沿 x、y、z 三个方向分布的热电偶元件的最大尺寸应小于最高工作频率波长的 1/4，以避免产生谐振。整个探头像一组串联的低阻抗偶极子或像一个低 Q 值的谐振电路。

c. 磁场探头　由三个相互正交环天线和二极管、RC 滤波元件、高阻线组成，从而保证其全向性和频率响应。

② 对电性能的要求　使用非选频式宽带辐射测量仪实施环境监测时，为了确保环境监测的质量，应对这类仪器电性能提出基本要求：

各向同性误差≤±1dB；

系统频率响应不均匀度≤±3dB；

灵敏度：0.5V/m；

校准精度：±0.5dB。

③ 常用非选频式辐射测量仪　常用的非选频式辐射测量仪有电磁辐射监测仪、全向宽带近区场强仪、宽带电磁场强计、全向宽带场强仪等。

(2) 选频式辐射测量仪　这类仪器用于环境中低电平电场强度、电磁兼容、电磁干扰测量。除场强仪（或称干扰场强仪）外，可用接收天线和频谱仪或测试接收机组成的测量系统，经校准后，用于环境电磁辐射测量。

所谓选频是指只选择某些频率进行测量，只让很小频率范围的信号进来，滤除其余频率的信号。选频式测量仪器的灵敏度较非选频式的高很多。

根据所测量信号频谱的不同，选频式射频辐射测量仪器也按检波方式分为两大类，一类采用峰值检波，测量广播电视及通信等较窄的辐射源；另一类采用准峰值检波，测量火花放电等频谱范围很宽的电磁脉冲源。

电视场强仪、远区场强仪，采用峰值检波方式。干扰场强仪、测量接收机，采用准峰值检波方式。频谱分析仪峰值检波及准峰值检波二者均有。

① 工作原理

a. 场强仪（干扰场强仪）　待测场强值：

$$E = K + V_r + L \tag{5-20}$$

式中 K 是天线校正系数（dB），它是频率的函数，可由场强仪的附表中查得。场强仪的读数 V_r（dBμV）必须加上对应 K 值和电缆损耗 L(dB) 才能得出场强值。但近期生产的场强仪所附天线校正系数曲线所示 K 值已包括测量天线的电缆损耗 L 值。

当被测场是脉冲信号时，不同带宽 V_r 值不同。此时需要归一化于 1MHz；带宽的场强值，即

$$E(\text{dB}\mu\text{V/m}) = K(\text{dB}) + V_r(\text{dB}\mu\text{V}) + 20\lg\frac{1}{BW} + L(\text{dB}) \tag{5-21}$$

BW 为选用带宽，单位为 MHz。

b. 频谱仪测量系统　这种测量系统工作原理和场强仪一致，只是用频谱仪作接收机，此外频谱仪的 dBm 读数须换算成 dBμV。对 50Ω 系统，场强值为：

$$E = K + A + 107 + L \tag{5-22}$$

式中，A 为数字幅度计读数（dBm）。频谱仪的类型不受限制，频谱仪天线系统必须校准。

c. 微波测试接收机　用微波接收机、接收天线也可以组成环境监测系统。扣除电缆损耗，功率密度按下式计算：

$$P_d = \frac{4\pi}{G\lambda^2} \cdot 10^{\frac{A+B}{10}} \tag{5-23}$$

式中　G——天线增益，倍数；

λ——工作波长，cm；

B——0dB 输入功率，dBm；

A——数字幅度计读数，dBm。

由上述测试接收机组成的监测装置的灵敏度取决于接收机灵敏度，天线系统应校准。

d. 用于环境电磁辐射测量的仪器种类较多，凡是用于 EMC（电磁兼容）、EMI（电磁干扰）目的的测试接收机都可用于环境电磁辐射监测。专用的环境电磁辐射监测仪器，也可用上面介绍的方法组成测量装置实施环境监测。

② 常用选频式辐射测量仪　常用选频式辐射测量仪有干扰场强测量仪、场强仪、EMI 测试接收机等。

六、电磁辐射监测方案编制

根据环境电磁辐射监测，电磁辐射监测方案制订主要包括电磁辐射污染源监测方案制订和一般环境电磁辐射监测方案制订。

1. 基本原则

（1）必须遵循相关法规、标准　必须依据环境保护法规和环境质量标准、污染物排放标准中国家、行业和地方的相关规定。

（2）必须遵循科学性、实用性的原则　监测不是目的，是为了保证环保措施的实施；监测数据不是越多越好，而是越有用越好；监测手段不是越现代化越好，而是越准确、可靠、实用越好，所以在制订监测方案时，应做到监测数据满足使用要求即可。

（3）全面规划、合理布局　环境问题的复杂性决定了环境监测的多样性，要对监测布点、采样、分析测试及数据处理做出合理安排。现今环境监测技术发展的特点是监测布点设计最优化、自动监测技术普及化、遥感遥测技术实用化、实验室分析和数据管理计算机化，以及综合观测体系网络化。应视不同情况，采取不同的技术路线，发挥各技术路线的长处。

2. 基本内容

环境电磁监测不涉及试样采集、保存与运输，主要应考虑监测点位的优化布设，其监测方案应包括以下基本内容。

（1）现场调查与资料收集　应掌握监测项目所在区域环境、污染物执行标准等。

（2）监测项目　根据电磁环境相关标准，结合建设项目工程分析，确定监测项目。

（3）监测范围、点位布设和监测频次　充分考虑项目所在区域的自然环境状况和电磁污染分布现状，按照相应的监测技术规范要求确定监测范围。优化点位布设和监测频次是在充分考虑电磁场时间、空间分布特征的基础上，取得有代表性监测数据的重要程序。

(4) 分析测定 可参照根据相应的电磁辐射监测方法及技术规范执行。

(5) 全程序质量控制和质量保证 监测数据是环境监测的产品，只有达到"代表性、准确性、精密性、完整性、可比性"五性要求的数据才符合要求。由于环境电磁污染时间和空间分布的不均匀性和不稳定性，为了如实反映环境质量现状，预测分析电磁环境影响，除了采取优化布点和采样监测频次外，还必须强调全程序质量控制和质量保证。因为时空不可能倒转，必须保证每次采样都能得出相应的监测结果。

(6) 监测方案的实施和承担者的资质要求 必须对实施监测方案的单位即承担监测单位的资质做出相应的规定。

根据我国计量法规定，凡是对社会提供公正性数据的单位必须通过计量认证审查，也只有达到计量认证要求，加盖 CMA 印章的监测数据才有法律作用。

实验室认可单位也是为社会提供公正性数据的委托单位。

3. 质量保证

环境电磁监测是科学性很强的工作，其直接产品就是监测数据，因此，监测质量的好坏集中地反映在数据上。准确可靠的监测数据是环境电磁科学研究、评价和综合治理的依据。

环境电磁监测质量保证是整个监测过程的全面质量管理，包括保证环境电磁监测数据正确可靠的全部活动和措施。其主要内容是制订良好的监测计划；根据需要和可能、经济成本和效益，确定对监测数据的质量要求；规定相应的分析测试系统等。

环境电磁监测质量保证的主要内容包括监测人员、监测方案、监测仪器与设备、工况核查、监测采样、测量数据及分析、监测报告等方面的质量保证。

(1) 监测人员 环境电磁监测人员实行合格证制度，应经培训。并按照《生态环境监测技术人员持证上岗考核规定》要求持证上岗。

持有合格证的人员（以下简称持证人员），方能从事相应的监测工作；未取得合格证者，只能在持证人员的指导下开展工作，监测质量由持证人员负责。

现场监测工作须有 2 名以上监测人员才能进行。在日常工作中要求监测人员：热爱本职工作，明确工作责任，刻苦钻研技术，坚持实事求是的科学态度和一丝不苟的工作作风，严格按规定的技术规程进行工作；爱护仪器仪表等公用设备，对此做经常性检查、检验和维修，发现故障及时排除；对所得到分析数据应及时整理归档，认真填写各种报表，字迹工整，统计正确，按时上报。严禁弄虚作假，伪造数据资料；注意安全，防止事故，经常性地保持实验室整齐清洁；建立健全技术档案，严守国家机密。

(2) 工况核查 污染源监测时，企业生产运行负荷、生产工况对监测结果影响十分明显。而现场工况核查过程又比较复杂，需要核查项目较多，在一般现场监测过程中容易被遗漏和忽视。因此实行严格的现场工况核查可以避免由现场采样操作错误、生产负荷不准确、记录信息量不足对监测结果准确性产生的影响。

工况核查内容主要针对电磁污染源现场监测应重点核查、且易出现偏差的环节而提出的。

① 运行状况核查

a. 要调查现有送电线路、变电所电压等级、电流、设备容量、架线型式、走向以及电磁辐射（包括电场、磁场和无线电干扰场）现状水平和分布情况的实际测量。

b. 工业、科学和医学中应用的电磁辐射设备，出厂时应定期检查这些设备的漏能水平，不得在高漏能水平下使用，并避免对居民日常生活的干扰。

当工作场所的电磁辐射水平超过限值时，必须对电磁辐射体的工作状态和防护措施进行检查，查明原因并采取有效治理措施。

c. 现状调查时，应说明项目的名称、性质、辐射频率、功率及性质、运行状态等。调查内容包括现有及计划建设的电磁辐射发射设备，也包括实际测量出的电磁辐射水平分布情况。

② 电磁辐射设施竣工验收管理规定　环境监测站必须按经审定的竣工验收监测实施方案进行工作。建设单位应配合环境监测站，提供必要的技术资料，保证监测时的正常工况、所需电源或其他必要条件，并承担竣工验收监测经费。

竣工验收监测应在正常生产工况和达到设计规模75%以上运行情况下进行，并记录监测时的生产工况、生产规模和其他有关参数。

电磁辐射设施应能正常运转，符合交付使用的要求，并具备正常运行的条件，包括经培训的环境保护设施岗位操作人员的到位，管理制度的建立，原材料、动力的落实等。

监测布点与监测频次应能反映真实电磁辐射情况和设施运转效果，并应使工作量最小化，监测布点还应符合有关监测布点的标准与规定。

(3) 监测采样　环境电磁监测时要设法避免或尽量减少干扰，并对不可避免的干扰估计其对测量结果可能产生的最大误差。监测时必须获得足够的数据量，以便保证测量结果的统计学精度。

① 电磁辐射污染源监测采样方法

a. 环境条件：应符合行业标准和仪器标准中规定的使用条件。测量记录表应注明环境温度、相对湿度。

b. 测量仪器：可使用各向同性响应或有方向性电场探头或磁场探头的宽带辐射测量仪。采用有方向性探头时，应在测量点调整探头方向以测出测量点最大辐射电平。测量仪器工作频带应满足待测场要求，仪器应经计量标准部门定期鉴定。

c. 测量时间：在辐射体正常工作时间内进行测量，每个测点连续测5次，每次测量时间不应小于15秒，并读取稳定状态的最大值。若测量读数起伏较大时，应适当延长测量时间。具体如下。

d. 测量位置：监测点位置的选取应考虑使监测结果具有代表性。具体如下。

(a) 测量位置取作业人员操作位置，距地面0.5、1、1.7m三个部分。

(b) 辐射体各辅助设施（计算机房、供电室等）作业人员经常操作的位置，测量部位距地面0.5、1、1.7m。

(c) 辐射体附近的固定哨位、值班位置等。

② 一般环境电磁辐射测量方法

a. 测量条件

(a) 气候条件：应符合行业标准和仪器标准中规定的使用条件。测量记录表应注明环境温度、相对湿度。

(b) 测量高度：取离地面1.7~2m高度。也可根据不同目的，选择测量高度。

(c) 测量频率：取电场强度测量值>50dBμV/m的频率作为测量频率。

(d) 测量时间：基本测量时间为5:00~9:00，11:00~14:00，18:00~23:00城市环境电磁辐射的高峰期。若24小时昼夜测量，昼夜测量点不应少于10点。测量间隔时间为 1h，每次测量观察时间不应小于 15s，若指针摆动过大，应适当延长观察时间。

b. 布点方法

（a）典型辐射体环境测量布点：对典型辐射体，比如某个电视发射塔周围环境实施监测时，则以辐射体为中心，按间隔 45 度的八个方向为测量线，每条测量线上选取距场源分别 30、50、100m 等不同距离定点测量，测量范围根据实际情况确定。

（b）一般环境测量布点：对整个城市电磁辐射测量时，根据城市测绘地图，将全区划分为 $(1\times 1)km^2$ 或 $(2\times 2)km^2$ 小方格，取方格中心为测量位置。

按上述方法在地图上布点后，应对实际测点进行考察。考虑地形地物影响，实际测点应避开高层建筑物、树木、高压线以及金属结构等，尽量选择空旷地方测试。允许对规定测点调整，测点调整最大为方格边长的 1/4，允许对特殊地区方格不进行测量。需要对高层建筑测量时，应在各层阳台或室内选点测量。

c. 测量仪器

（a）非选频式辐射测量仪：具有各向同性响应或者有方向性探头的宽带辐射测量仪属于非选频式辐射测量仪。用有方向性探头时，应调整探头方向以测出最大辐射电平。

（b）选频式辐射测量仪：各种专门用于 EMI 测量的场强仪，干扰测试接收机，以及用频谱仪、接收机、天线自行组成测量系统经标准场校准后可用于此目的。测量误差应小于±3dB，频率误差应小于被测频率的 10^{-3} 数量级。

自动测试系统中，测量仪可设置于平均值或准峰值检波方式。每次测试时间为 8～10min，数据采集取样率为 2 次/s，进行连续取样。

(4) 环境电磁监测的数据处理　如果测量仪器读出的场强瞬时值的单位为分贝（dBμV/m），则先按下列公式换算成以 V/m 为单位的场强：

$$E_i = 10^{(\frac{X}{20}-6)} \tag{5-24}$$

式中，X 为测量仪器的读数，dBμV/m；E_i 为在某测量点位、某频段中被测频率 i 的测量场强瞬时值，V/m。

测量数据参照下列公式处理：

$$\overline{E_i} = \frac{1}{n}\sum_{j=1}^{n} E_{ij} \tag{5-25}$$

$$E_s = \sqrt{\sum_{i=1}^{m}\overline{E_i^2}} \tag{5-26}$$

$$E_G = \frac{1}{k}\sum_{S=1}^{n} E_s \tag{5-27}$$

式中　E_{ij}——测量点位某频段中频率 i 的第 j 次场强测量值，V/m；

　　　$\overline{E_i}$——测量点位某频段中频率 i 的场强测量值的平均值，V/m；

　　　n——测量点位某频段中频率 i 的场强测量次数；

　　　E_s——测量点位某频段中的综合场强，V/m；

　　　m——测量点位某频段中被测频段中被测频率点的个数；

　　　E_G——测量点位 24h（或一定时间内）内测量的某频段的总的综合场强的平均值，V/m；

　　　k——24h（或一定时间内）内测量某频段电磁辐射的测量频次。

测量的标准误差仍用环境监测数据一般处理方法的通用公式计算。

如果测量仪器的是非选频式宽带辐射测量仪，可由式(5-25)和式(5-27)直接计算，公式中的代入量作相应的变动即可。

对于自动测量系统的实测数据，可编制数据处理软件，分别统计每次测量中测值的最大值 E_{max}、最小值 E_{min}、中值、95%和80%的时间概率的不超过场强值 $E_{(95\%)}$、$E_{(80\%)}$，上述统计值均以（dBμV/m）表示，并给出标准差值 σ（以 dB 表示）。

根据需要可绘制电磁辐射场分布图，如时间-场强、距离-场强、频率-场强等对应曲线。

（5）监测报告　监测报告应执行三级审核制度。审核范围应包括监测采样、实验室分析原始记录、数据报表等。原始记录中应包括质控措施的记录，如质控样品测试结果合格，时空核查结果无误，监测报告方可通过审核。

环境电磁监测报告必须准确、清晰、有针对性地记录每一个与监测结果有关的信息。

① 基本信息　记录环境温度、相对湿度、天气状况；记录监测开始及结束时间、监测人员、测量仪器；绘制监测点位平面示意图。

② 监测结果　监测结果以功率密度（W/m^2 或 $\mu W/cm^2$）或电场强度（V/m）表示。选频监测时，建议给出频谱分布图。

③ 结论　根据不同的监测目的，可按照《电磁环境控制限值》(GB 8702—2014)对监测结果进行分析并给出结论。

同步练习

一、名词解释
热效应、静电感应、电磁耦合、电磁辐射、电磁兼容性。

二、填空题
1. 人为电磁辐射主要有_____和_____两大类。
2. 电磁辐射依频率一般区分为无线电波、____、____、____、____、____和 γ 射线等几种形式。
3. 电磁耦合途径可分为三类：_____、_____和_____。
4. 测量仪器根据测量目的分为_____和_____，其基本构造都是由_____及_____两部分组成。
5. 直流输电线路地面合成电场测量应在风速_____，相对湿度为_____的条件下进行，并记录测量时的环境温度、相对湿度、海拔高度和风速。

三、简答题
1. 电磁辐射的危害有哪些？
2. 电磁辐射的特点是什么？
3. 射频电磁场根据离场源的距离不同，可分为近区场和远区场，二者各自有什么特点？

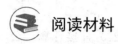 阅读材料

电磁波对人体的危害

1986年科学家做了一个试验，将老鼠暴露于电磁场21天后，测定老鼠的松果体激素夜间分泌量，结果发现其夜间分泌的松果体激素水平只有平时的一半；暴露在电磁场中28天后，只有1/3；撤离电磁场后，慢慢恢复正常。电磁波对人体的危害是一种长期逐渐积累的过程，电磁场的强度有随距离增大而明显减弱的特点。因此，只要我们了解产生电磁场的设备及电器的性能和特点，尽早采取防护措施，就可以避免电磁波对人体的危害，或将电磁波的危害减小到最低限度。

任务二　电力系统电磁辐射监测

 任务导入

电能是最方便和最清洁的二次能源，是现代社会利用能源的主要方式。其生产和利用需要经过发电、输电、配电和用电四个环节。为了控制供电平衡，提高供电可靠性，全国范围内建立了连接发电厂到用户的输配电网，即电力系统。但是电力的发展也带来了现代社会所特有的电磁污染。为防止电力系统产生的电磁场对人体健康产生影响、对通信和电子设备产生干扰，以及对易燃易爆设施的正常运行产生环境风险，需要从环境保护角度对电力系统产生的电磁场进行监测、评价和管理。本任务通过学习电力系统设备电磁辐射监测方法，对学院周边小区配电房环境电磁辐射进行监测，并对其产生的电磁环境影响作出正确的评价。

 知识学习

一、设备工作原理

电力系统的主体结构分电源、电网和负荷中心三个部分。电源指水力、火力等各类发电厂、站，它将一次能源转换成电能。电网由变电站、输电线路、配电线路构成，它将电能升压到一定电压等级后输送到负荷中心，再降压至一定等级后，经配电线路与用户相连。负荷中心即电能的消费场所，由各种电气设备把电能再转换成动力、热、光等不同形式的能量加以运用。

发电厂内的电气设备有发电机、升压变压器、开关设备、厂用电动机等；变电站内的电气设备则包括降压变压器、高低压开关设备等。这些设备加上架空线、电缆等输电线以及附属的各种电压电流测量仪器、保护设备和控制系统，组成了整个电力系统。

1. 输电线路

输电是将发电站发出的电能通过高压输电线路输送到消费电能的地区（负荷中心），或进行相邻电网之间的电力互送，使其形成互联电网或统一电网，以保持发电机和用电或两个电网之间的供需平衡。

现代社会，由于长距离大容量的输电需要高电压，电力输送目前以较容易实现的交流方

式为主。我国的交流输电线路按电压等级一般可分为高压（110~220kV）、超高压（330~750kV）和特高压（1000kV）三种，输电频率为50Hz。

相对于交流输电，直流输电压没有正负交替，无充电电流，且不存在稳定性、同期等问题，加之输电线建设成本低，所以可以用在长距离大容量输电、海底电缆等系统中。我国的直流输电线路按电压等级一般可分为超高压（±500kV）、特高压（±800kV）两种。

输电线路按结构可分为架空线路和电缆线路两类。架空线路是将裸导线架设在杆塔上，电缆线路一般是将电缆敷设在地下（埋在土中或沟道、管道中）或水底。

架空线路一般由导线、杆塔、绝缘子、架空地线和基础设施等主要元件组成。

电缆线路：现代化大都市中已经很少能看到电线杆了，那么，高负荷的电能一定是由埋在地下的电缆供给了。高电压、大容量电力电缆作为电力通道日渐普及，在发电厂、变电站、工矿企业的动力引出线、横跨江河、铁路站场、城市地区等的输电线路都采用电力电缆输电。与架空裸线相比，电缆线路不易受外界气候干扰，既隐蔽又安全可靠，适合在各种场合敷设。但其结构与生产工艺复杂，因此成本较高。

2. 变电站

变电站是电力系统中变换电压、接受和分配电能、控制电力流向和调整电压的电力设施。变电站中除了有变换电压的变压器外，还有为保证安全供电和实际操作的断路器、隔离开关、避雷器、继电保护系统、调相装置等设备。

变电站配电装置按照电气设备安装地点的不同，分为户内和户外两种类型。户内式配电装置的全部电气设备均布置在室内，以前多用于35kV及以下的电压等级，现在已逐步应用于高压甚至超高压电压等级；户外式配电装置的全部电气设备均布置在室外，母线与设备之间利用架在构架上的导线连接，它是110kV及以上电压等级常用的配电装置型式。

3. 换流站

直流输电与交流输电电力系统组合时，需要通过交直流换流站（简称换流站）连接，换流站主要由换流器用变压器、三相桥式换流器、直流电抗器、高次谐波滤波器、调相设备以及直流送电线路组成。

换流器的转换元件采用高电压、大电流的晶闸管。通过晶闸管元件的触发相位控制，线路两端的换流器能够把交流正向转换为直流，或将直流逆向转换为交流。此时，交流侧的电流相位相对其电压是滞后的，因此必须通过调相设备供给换流器无功功率。

二、电磁辐射特性

1. 交流输电线路

我国电力系统的电源工作频率（简称工频）为50Hz，属于极低频（ELF）范围，其波长为6000m。当一个电磁系统的尺度与其工作波长相当时，该系统才能向空间有效发射电磁能量。但是输变电设施的尺寸远小于其工作波长，构不成有效的电磁能量发射，其周围的电场和磁场没有相互依存、相互转化的关系。因此，工频电场和工频磁场是可以分开讨论的。

（1）工频电场　电气设备接通电源时，在其周围空间就形成了工频电场。电场的大小用电场强度来度量（单位为V/m或kV/m）。高压输电线路导线的直径很小，因此临近导线处电场高度集中，线路导线与大地间的空间电场分布是不均匀的，以单相带电高压导线为例，在无建筑物、树木等影响的情况下，沿导线到地面高度的空间范围内，电位呈指数衰减分布。越接近地面，电场强度（E）越小。以 500kV 输电线路为例，地面最大电场强度一般不超过 10kV/m。

当任一导体处于工频电场中时，其内会感生出交变的感应电动势。此感应电动势的大小仅与导体的形状及外施电场的强弱有关，而在很大范围内与导体的电阻率无关，也就是与导体本身的性质无关。这个感应电动势也会产生电场，并叠加在原有的电场之上，改变导体附近的电场分布。这时导体周围的场称为"畸变场"。建筑物、树木等都可以使空间电场畸变，并削弱其遮蔽空间或邻近范围内的电场。由于建筑物墙体的有效屏蔽作用，室内的电场强度一般很小，且与户外输电线路产生的电场几乎没有相关性。在变电站围墙外，除架空进出线下方以外，电场强度通常很小。

（2）工频磁场　输变电工程的载流体（如带有负载的母线、导线，变压器、电抗器等）均在其周围产生磁场。架空线路可在地面产生电磁场；地下电缆则因对电场具有良好的屏蔽作用而不在地面产生电场，但仍可在地面上产生磁场。

工频磁场的大小与载流体中负荷电流的大小成正比。能描述磁场基本特征的物理量为磁感应强度和磁场强度。对于工频磁场而言，一般采用磁感应强度进行描述。随着与输电线路距离的增加，工频磁场强度快速下降。实际上，与工频电场相比，工频磁场强度随距离的增加下降得更快。

与工频电场不同的是，只要不是磁性物质，工频磁场通常不会由于该物体的存在而发生畸变。

（3）工频电磁场的影响因素　工频电磁场影响因素有：输电线路对地高度、输电线路导线布置方式、相间距离、同塔多回线路之间相序排列及输电线路分裂导线数等。

2. 特高压直流输电线路

±800kV 特高压直流输电线路具有大容量、远距离输电的优势，可有效地节约土地资源，节省建设投资和运行费用，我国已陆续开始建设。特高压直流输电线路运行时的电磁环境参数主要包括合成电场、磁场和无线电干扰。

（1）合成电场　直流输电线路正常工作时，允许有一定程度的电晕放电。导线电晕产生的离子（或电荷）向空间扩散，导线上的电荷和空间离子（或电荷）将在空间产生合成电场。标称电场与线路结构和电压有关，在直流输电线路结构确定的情况下，标称电场大小取决于线路电压，而离子流场和合成电场大小还取决于电晕放电程度。最大合成电场有可能为标称电场的 3~3.5 倍。增加导线分裂数，对减小合成电场的效果非常明显。

人在直流输电线路下会受到离子电流和电场的作用。与交流输电线路不同，在正常运行的直流输电线路下，基本没有电场变化产生位移电流的现象。人在电场中的直接感受和暂态电击是制订直流输电线路电场限值需考虑的主要问题。研究表明，要得到同样的感受，流过人体的直流电流要比交流电流大 5 倍以上。为避免人在直流输电线路下对电场有明显的感觉，在线下可能有人活动的地方，大部分情况下合成电场控制在不超过 30kV/m 较合适。将民房所在地面的合成电场控制在不超过 15kV/m，大多数情况下不会使人产生可感觉的暂态电击。

（2）磁感应强度　直流输电线路运行时，线路上的电流会在空间产生磁场，直流输电线路的磁场主要与线路结构和电流有关。±800kV 特高压直流输电线路的最大磁场与地磁水平相当，远小于 ICNIRP 建议的公众暴露限值（约为 1/900），磁场限值对特高压直流输电线路的设计不会起制约作用。

(3) 无线电干扰 直流输电线路发生电晕放电时，可能会对无线电接收产生一定的影响。无线电干扰场强在低频段较高，随着频率增大，干扰场强衰减很快。当频率大于10MHz，干扰强度已很小，可忽略不计。通常，输电线路电晕放电产生的无限干扰场强频率考虑到30MHz已足够。

无线电干扰主要源于正极性导线，随距离增加衰减很快。国际无线电干扰特别委员会18号出版物指出：无线电干扰的横向分布图应在高出地面2m的某处确定，该处与边导线投影的距离不得超过200m，超过这一距离，无线电干扰可以忽略不计。

另外，导线分裂数每增加1，无线电干扰场强减小3~4dB（μV/m）效果非常明显。增加子导线截面，也能在一定程度上减小导线的无线电干扰。

三、监测方法

1. 监测依据

《高压交流架空送电线路、变电站工频电场和磁场测量方法》（DL/T 988—2005）和《环境影响评价技术导则 输变电》（HJ 24—2020）。

2. 测量一般位置

测量正常运行高压架空送电线路工频电场和磁场时，测量地点应选在地势平坦、远离树木、没有其他电力线路、通信线路及广播线路的空地上。测量仪表架设在地面上1~2m的位置，一般情况下选1.5m，也可根据需要在其他高度测量，测量报告中应清楚地标明。

3. 几种测量特殊位置

（1）工频电场的监测 测量工频电场时，测试人员应离测量仪表的探头足够远，一般情况下至少要2.5m，避免在仪表处产生较大的电场畸变。

图5-11比较了测量人员与测量仪表探头的距离对测量结果的影响。横坐标表示测量人员与测量仪表探头的距离，纵坐标表示仪表读数的变化，图中显示出的是仪表对地高度分别为1.0m、1.4m、1.6m时的测量结果。很明显，测量人员与测量仪表探头的距离大于2.5m后，读数变化趋于0；而小于2.5m时，读数有很大的变化。当测量仪表安置在较低位置（如1.4m以下）时，测量人员靠得过近，会使仪表受人体屏蔽，测得电场值偏低；而当测量仪表在较高位置（甚至由测量人员手持）时，则由于人体导致仪表所在空间电场的集中，往往使测试结果偏高。测量人员手持仪表进行测量是不对的，在极端情况下可能使测得的电场值成倍地偏高。

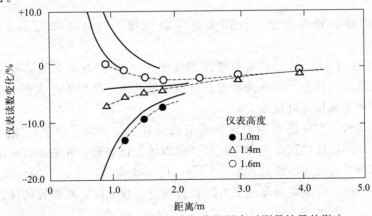

图5-11 测量人员与测量仪表探头的距离对测量结果的影响

当仪表进入到电场中测量时，测量仪表的尺寸应使产生电场的边界面（带电或接地表面）上的电荷分布没有明显畸变；测量探头放入区域的电场应均匀或近似均匀。因此，在监测送电线路工频电场时，应选择在导线档距中央弧垂最低位置的横截面方向上；单回送电线路应以弧垂最低位置中相导线对地投影点为起点，同塔多回送电线路应以弧垂最低位置档距对应两铁塔中央连线对地投影点为起点，测量点应均匀分布在边相导线两侧的横截面方向上。对于以铁塔对称排列的送电线路，测量点只需在铁塔一侧的横截面方向上布置，送电线路下工频电场一般测至距离边导线对地投影外 50m 处即可。送电线路最大电场强度一般出现在边相外，除此之外，在线下其他感兴趣的位置进行测量，要详细记录测量点及周围的环境情况。

场强仪和邻近固定物体的距离应该不小于 1m，使固定物体对测量值的影响限制到可以接受的水平之内。因此，在民房内部、阳台及楼顶平台上测量时，应在距离墙壁和其他固定物体 1.5m 外的区域进行，并测出最大值，作为评价依据。如不能满足上述距离要求，则取房屋空间平面中心作为测量点，但测量点与周围固定物体（如墙壁）间的距离至少 1m；或在阳台、楼顶平台中央位置进行测量。

变电站内工频电场的测量应选择在变电站巡视走道、控制楼以及其他电场敏感位置，测量探头距离设备外壳边界 2.5m，测量高压设备附近场强的最大值。变电站围墙外的工频电场测量应在无进出或远离进出线的围墙外，在距离围墙 5m 的地方布置，测量工频电场强度的最大值。变电站围墙外工频电场一般测至 500m 处即可。

(2) 工频磁场的监测　相对于电场而言，通常引起磁场畸变或测量误差的可能性要小一些，电介质和弱、非磁性导体的邻近效应可以忽略，测量探头可以用一个小的电介质手柄支撑，并可由测量人员手持。

工频磁场的监测方法与工频电场相同。但工频磁场是由导线中流过的电流产生的，随着输电线路负荷的变化而变化，所以即使在同一天进行测量，所得输电线路周围的磁场强度也不一样。

(3) 直流输电线路地面合成电场的监测　地面合成电场的大小和分布易受风的影响。较高的湿度不仅影响电场还可能对测量仪器的精度产生影响。因此，测量应在风速不大于 2m/s，相对湿度为 30%～80%的条件下进行，并记录测量时的环境温度、相对湿度、海拔高度和风速。

测量时可采用以下任何一种方式安放测量探头，应注意测量与校准时探头的安放必须一致：

① 将探头直接放置在地面，且探头外壳良好接地。两相邻探头之间的距离不小于 0.5m。

② 在不高于地面 300mm 的位置放置面积大于 $1m^2$ 的正方形金属平板，金属板中间有直径略大于探头外径的圆孔，将探头放置在金属板圆孔内，使探头上表面与金属板上表面同高度。探头外壳和金属板良好接地。

测量合成电场时，在线路档距中央导线最低位置下方地面，沿垂直线路方向布置测量点。相邻测量点之间距离的选择应考虑地面合成电场变化趋势。在地面合成电场正负最大值位置附近，相邻测量点之间的距离可取 1～2m；在其他位置，可取 3～10m。若仅需获得地面合成电场的最大值，可仅在极导线下方附近合成电场较大的区域布置场强仪探头。

4. 工频电场和磁场的监测仪器

工频电场和磁场的测量必须使用专用的探头或工频电场和磁场测量仪器。工频电场测量仪器和工频磁场测量仪器可以是单独的探头，也可以是将两者合成的仪器。但无论是哪种形式的仪器，必须经计量部门检定，且在检定有效期内。

(1) 工频电场监测仪器　工频电场监测仪器由传感器（探头）和检测器（包括信号处理回路及表头）两部分组成。探头的几何尺寸应比较小，不能因其介入而使被测电场中各电极表面的电荷分布有明显的改变。

探头一般采用悬浮体型探头，它是利用上、下两极板之间的电容和取样电阻形成的回路，测量极板之间的电压，通过校准获得电压和场强的对应关系。目前所使用的工频电场测量仪器有独立式、参照式和光电式三种。

目前环境工频电场监测中使用较多的有意大利 PMM 公司的 8053A 型电磁测量仪、德国 Narda 公司的 EFA-300 电磁场分析仪和美国公司的 HI-3604 型工频场强仪。

(2) 工频磁场监测仪器　测量工频磁场强度的仪器较少，主要有磁感应效应仪表和磁光效应仪表两种。磁感应效应仪表利用法拉第电感应定律来测量工频磁场，磁光效应仪利用磁场对光和光磁的相互作用而产生的磁光效应来测量工频磁场。

(3) 直流输电线路地面合成电场监测仪器　直流输电线路地面合成电场采用直流场强仪测量。直流场强仪包括测量探头和数据显示器或数据自动采集装置，能同时测量出合成电场的大小和极性。

目前国内使用的直流场强仪测量探头主要为旋转伏特计，其高度一般不大于 100mm。

5. 输变电环境影响评价

我国目前环保主管部门核准的输变电工程电场、磁场评价标准是《环境影响评价技术导则　输变电》(HJ 24—2020) 和《电磁环境控制限值》(GB 8702—2014)。

(1) 评价范围　电磁环境影响评价范围见表 5-3。

表 5-3　输变电建设项目电磁环境影响评价范围

分类	电压等级	评价范围		
		变电站、换流站、开关站、串补站	线路	
			架空线路	地下电缆
交流	110kV	站界外 30m	边导线地面投影外两侧各 30m	管廊两侧边缘各外延 5m（水平距离）
	220～330kV	站界外 40m	边导线地面投影外两侧各 40m	
	500kV 及以上	站界外 50m	边导线地面投影外两侧各 50m	
直流	±100kV 及以上	站界外 50m	极导线地面投影外两侧各 50m	

生态环境影响评价范围：变电站、换流站、开关站、串补站、接地极生态环境影响评价范围为站场边界或围墙外 500m 内；进入生态敏感区的输电线路段或接地极线路段生态环境影响评价范围为线路边导线地面投影外两侧各 1000m 内的带状区域，其余输电线路段或接地极线路段生态环境影响评价范围为线路边导线地面投影外两侧各 300m 内的带状区域。

(2) 评价方法

① 电磁辐射现状调查。调查现有送电线路、变电所电压等级、电流、设备容量、架线型式、走向等，并实际测量电磁辐射（包括电场、磁场和无线电干扰场）现状水平和分布情况。

② 模拟类比测量。利用与拟建项目建设规模、电压等级、容量、架线型式及使用条件等较为接近的已运行送电线路、变电所等进行电磁辐射强度和分布的实际测量，用于对项目

建成后电磁环境定量影响的类比。

送电线路与变电所的工频电场强度、磁场强度基本按监测方法进行测量。所不同的是，在变电站的测量中应选择在高压进线处一侧，以围墙为起点进行测量。另外，还需要在送电线路、变电所测试路径上在 2^n m 处测量无线电干扰电平，其中 n 为正整数。

③ 理论计算。根据项目送电线路的架线型式、架设高度、线距和导线结构等参数计算送电线路形成的工频电场强度值、磁感应强度值和无线电干扰值。

(3) 评价因子
① 交流输变电：工频电场、工频磁场；
② 直流输电线路：合成电场；
③ 换流站：工频电场、工频磁场、合成电场。

(4) 监测点位及监测频次　监测点位应包括电磁环境敏感目标、输电线路路径和站址。各监测点位监测一次。

(5) 评价及结论　对照评价标准进行评价，并给出评价结论。

四、案例分析

前面对电力系统电磁辐射监测方法作了详细的介绍，现通过案例进一步描述其测量方法。

具体案例：某 500kV 输变电工程拟建项目电磁辐射预测。

1. 项目构成及规模

某 500kV 输变电工程项目建设规模见表 5-4。

表 5-4　某 500kV 输变电工程项目建设规模

项目名称			某 500kV 输变电工程	
			500kV 输变电工程 1	500kV 输变电工程 2
变电站	建设规模	现有	—	2×750MVA 变压器，500kV 出线 2 回，220kV 出线 12 回，每组主变低压侧配置 2×60Mvar 的低压电抗器＋1×60Mvar 低压电容器
		规划	4×1000MVA 主变压器，500kV 出线 6 回，220kV 出线 14 回，每组主变装设 4 组无功补偿设备	4×750MVA 变压器，500kV 出线 8 回，220kV 出线 16 回，每组主变低压侧配置 2×60Mvar 的低压电抗器＋1×60Mvar 低压电容器
		本期	2×1000MVA 主变压器，500kV 出线 4 回，220kV 出线 8 回，每组主变低压侧配置 2×60Mvar 低压电容器＋1×60Mvar 低压电抗器	扩建 500kV 出线间隔 2 个
输电线路	线路类型		双回送电线路	π 接入线路	改造线路
	建设规模		新建 500kV 交流架空输电线路约 2×39.5km	新建 500kV 交流架空输电线路约 2×8.5＋0.6km	新建 500kV 交流架空输电线路约 2×3.4＋4.0km
	架线形式		全线同塔双回路架设，杆塔 99 基	全线除开断处至分支塔为单回架设，其余均为同塔双回路架设，杆塔 24 基	全线除开断处至分支塔为单回架设，其余均为同塔双回路架设，杆塔 18 基
	导地线		导线：4×LGJ-630/45 钢芯铝芯绞线	导线：同塔双回导线采用 4×ASCR-720/50 钢芯铝绞线，开断处至分支塔导线采用 4×LGJ-400/35 钢芯铝绞线	导线全部选用 4×LGJ-400/35 钢芯铝绞线
			地线：1 根，OPGW 光缆	地线：2 根，OPGW 光缆	—

2. 工程分析

(1) 工艺流程及产污分析　本工程为电力输送工程，即将高压电流通过输电线路的导线送入下一级变电所（开关站）。本项目的工艺流程与产污过程如图5-12所示。

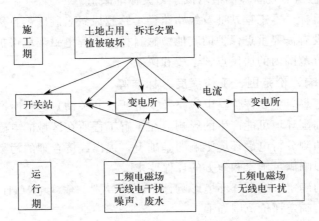

图 5-12　本工程工艺流程与产污过程

(2) 污染因子分析　本项目对电磁环境的影响主要有：输电线路运行产生的工频电场和工频磁场对环境产生的影响；输电线路产生的无线电干扰对环境产生的影响；变电所产生的工频电磁、工频磁场、无线电干扰。

(3) 工频电场、工频磁场和无线电干扰　500kV变电所内的工频电场、工频磁场主要产生于配电装置的母线下及电气设备附近。在交流变电所内各种带电电气设备包括电力变压器、高压电抗器、断路器、电流互感器、电压互感器、避雷器等以及设备连接导线的周围空间形成了一个比较复杂的高电场，继而产生一定的电磁场，对周围环境产生一定的电磁影响。开关站内无主变压器，主要设备为断路器、引线及隔离开关，电流、电压互感器等设备；变电所（开关站）内各种电气设备、导线、金具、绝缘子串都是无线电干扰源，它们通过进出线顺着导线方向以及通过空间垂直导线方向朝着变电所外传播干扰。所内各种电气设备亦可能产生局部电晕放电，产生无线电干扰。

3. 电磁环境现状和保护目标

(1) 电磁环境现状　本工程中新建变电站的各测点工频电场强度均不超过13.1×10^{-3}kV/m，工频磁感应强度最大值为0.1579×10^{-3}mT，均满足居民区评价标准要求，无线电干扰现状监测值为29.6～35.0dB(μV/m)，也符合标准要求。已建变电站的工频电场强度、工频磁感应强度及无线电干扰强度均较大，变电站工频电场强度最大值出现在北侧围墙外，为1.229kV/m，工频磁感应强度最大值出现在东侧南部围墙外，为1.604×10^{-3}mT，均满足居民区评价标准要求；无线电干扰最大值出现在东侧围墙外，为44.3dB(μV/m)，也可满足国家相关标准要求。变电站附近的敏感点处电磁环境满足相关标准要求。

本工程输电线路沿线工频电磁场及无线电干扰现状监测结果表明，500kV双回送电线路、π接入输变线路由于为新建线路，线路沿线居民点处工频电场、工频磁感应强度值及无线电干扰值均较小，工频电场强度范围为$0.1 \times 10^{-8} \sim 10.5 \times 10^{-3}$kV/m，工频磁感应强度范围为$0.0162 \times 10^{-3} \sim 0.145 \times 10^{-3}$mT，无线电干扰强度范围为31.5～45.6dB(μV/m)；

改造线路沿线的居民点由于受到现有在运行线路的影响,其工频电场、工频磁感应强度值及无线电干扰强度相对较高,其中工频电场强度范围为 $22.5×10^{-3}\sim34.4×10^{-3}$ kV/m,工频磁感位强度范围为 $0.0349×10^{-3}\sim0.2807×10^{-3}$ mT,无线电干扰强度范围为 $32.5\sim35.2$ dB(μV/m),但所有现状监测值均低于相关标准限值。

(2) 环境保护目标　本工程站址及线路路径不跨越风景名胜区、自然保护区、生态脆弱区,评价范围内也设有需要重点保护的其他敏感目标,工程电磁环境保护对象主要为变电站周围及输电线路评价范围内的居民点、学校和医院。

4. 电磁环境影响评价范围、工作深度、标准等

(1) 评价指导思想　主要评价输电线路及变电所(开关站)运行时产生的工频电场和磁场、无线电干扰对周围环境可能产生的影响。在了解工程所在区域的电磁环境现状,确定环境保护目标,科学预测分析电磁环境影响的基础上,提出经济合理的污染防治对策,确保工程运行期电磁环境影响满足国家和地方的环保要求。

(2) 评价范围的确定　根据《环境影响评价技术导则　输变电》(HJ 24—2020)及其他有关环评技术规范,确定评价范围如下:

① 变电站工频电场、工频磁场评价范围:以变电站站址为中心,半径为500m的区域。

无线电干扰评价范围:变电站围墙外2000m的区域。

噪声评价范围:变电站围墙外200m的区域。

② 输电线路工频电场、工频磁场评价范围:输电线路两侧边线外30m带状区域。

无线电干扰评价范围:输电线路两侧边线外2000m带状区域。

噪声评价范围:输电线路两侧边线外30m带状区域。

(3) 评价标准的确定　根据《电磁环境控制限值》(GB 8702—2014)的推荐值,以4kV/m作为居民区工频电场强度评价标准,工频磁感应强度以0.1mT为评价标准。

无线电干扰执行《高压交流架空输电线路无线电干扰限值》(GB/T 15707—2017)规定的限值,其中输电线路在距边相导线投影20m处、测试频率为0.5MHz的好天气条件下的无线电干扰不大于55dB(μV/m),变电站也参照该标准执行。

5. 电磁环境影响预测评价

(1) 变电站电磁环境影响分析

① 预测思路　变电所(开关站)的工频电场、工频磁场、无线电干扰等电磁环境影响预测,没有可供使用的推荐预测计算模型,为此,对变电所(开关站)而言,其电磁环境的预测,主要依赖于类比的方法。

② 类比对象的选择原则　为做好变电所(开关站)的工频电场、工频磁场、无线电干扰等电磁环境的影响预测,需要认真的选择类比监测对象,这样才使得类比的对象与本工程的建设项目具有可比性。类比对象的选择原则如下:

a. 电压等级相同。

b. 建设规模、设备类型、运行负荷相同或类似。

c. 占地面积与平面布置相同或类似。

d. 周围环境、气候条件、地形相同或类似。

③ 类比预测　鉴于变电站工频电磁场强度分布的复杂性,较难进行理论计算,因此采用类比分析的方法对变电站投运后工频电场、工频磁场及无线电干扰分布情况进行分析。

a. 类比监测对象　如某新建变电站安装2组1000MVA主变,500kV配电装置及

220kV 配电装置均采用 GIS 设备。在已建成运行的 500kV 变电站中,尚无与变电站主变规模（2×1000MVA）、布置方式（紧凑型：500kV 配电装置、220kV 配电装置为 GIS 设备）等均相类似的变电站。调查表明,位于北京市的某 500kV 变电站相对具有较好的可类比性。

b. 变电站电磁环境影响预测结果　工频电场、工频磁感应强度：通过对类比对象——北京某 500kV 变电站（2 组 1200MVA 主变）进行电磁环境监测,围墙处的工频电场强度和工频磁感应强度均小于居民区评价标准要求,且随距离的增大呈现衰减的趋势。据此可以推测,该变电站 2 组 1000MVA 主变建成运行后,围墙外的工频电场强度和工频磁感应强度均能满足居民区评价标准要求。

该变电站外最近处的民房距离变电站（无进出线）围墙约 60m。根据类比监测结果,变电站围墙处的工频电场强度约 $0.064\sim1.236$ kV/m,工频磁感应强度约 $0.122\times10^{-3}\sim0.271\times10^{-3}$ mT,均小于居民区评价标准。同时,根据对围墙外电磁环境衰减监测,工频电场和工频磁感应强度均随距离的增加衰减明显,据此可以推测,该变电站本期工程产生的电磁场对附近民房处的电磁环境可满足标准要求。

无线电干扰：根据无线电干扰类比监测结果,该变电站建成运行后距围墙外 20m 外产生的无线电干扰场强（0.5MHz）可小于 55dB（μV/m）,可满足评价标准的要求。同时,调查表明,该变电站周边 2km 范围内无通信电台、机场、导航站等相关的无线电设施,因此变电站建设满足相关规程规范的要求。

(2) 输电线路电磁环境影响预测

① 预测方法　采用理论计算的方法进行预测。理论计算采用《环境影响评价技术导则　输变电》(HJ 24—2020) 及其附录推荐的计算模式。

② 预测结果

a. 工频电场影响　如某 500kV 双回送电线路：双回路导线同相序排列时,在临近居民区最低线高 14m 的情况下,距边线外约 10m,距离地面 1.5m 处工频电场强度小于 4kV/m,在最低线高 23m 的情况下,边线外 5m 处工频电场强度也小于 4kV/m；双回路导线逆相序排列时,在临近居民区最低线高 14m 的情况下,距边线外约 8m,距离地面 1.5m 处工频电场强度小于 4kV/m,在最低线高 17m 的情况下,边线外 5m 工频电场强度小于 4kV/m。

某 π 接入线路同塔双回路段：双回路导线同相序排列时,在临近居民区最低线高的情况下,距边线外约 10m,距离地面 1.5m 处工频电场强度小于 4kV/m,在最低线高 23m 的情况下,边线外 5m 处工频电场强度小于 4kV/m；双回路导线逆相序排列时,在居民区最低线高 14m 的情况下,距边线外约 8m,距离地面 1.5m 处工频电场强度小于 4kV/m,在线高 17m 的情况下,边线外 5m 处工频电场强度小于 4kV/m。

某 500kV 改造线路同塔双回路段：在邻近居民区最低线高 14m 的情况下,距边线外约 9m 距离地面 1.5m 处工频电场强度小于 4kV/m；在最低线高 18m 的情况下,边线外处 5m 工频电场强度小于 4kV/m。

可见,上述工程线路建成投运后,采取工程拆迁措施及抬高架线高度措施后,各居民点最近民房处地面未畸变场强（工频电场强度）值均能满足推荐限值要求。

b. 工频磁感应强度影响　理论计算结果表明,上述工程输电线路在地面产生的工频磁感应强度较低,在非居民区最低线高 11m 的情况下,其最大值为 44.48×10^{-3} mT,在居民区最低线高 14m 的情况下,其最大值为 43.62×10^{-3} mT,均能满足《电磁环境控制限值》(GB 8702—2014) 限值要求。

c. 无线电干扰影响　理论计算结果表明，在好天气条件下，上述工程线路在边导线投影 20m 距离处，频率为 0.5MHz 的无线电干扰值均能满足 55dB（μV/m）标准限值。同时随横向距离的增大逐渐衰减，至 100m 处对环境的影响已很小。

6. 电磁污染防治措施

变电站建设时，主变设备、配电装置的设计方案和施工质量均会影响该站建成运行后的工频电磁场强水平。同时，随着变电站运行时间的加长，高压设备、配件等也会逐步老化、损坏和受到环境的污染，会使周围电磁场水平有所增加。变电站工程主要可从以下几方面采取电磁污染防护措施。

(1) 方案设计　为最大限度地降低变电站电磁环境影响，并减少占用宝贵的土地资源，变电站设计中尽量采用国内领先的 GIS 设备方案，虽然增加了工程投资，但可降低变电站对电磁环境的影响，同时也节约了土地。

(2) 站区平面布置和进出线方案　变电站进出线方向选择尽量避开居民密集区，主变尽量布置在站区中间，站区围墙侧种植绿化。变电站附近高压危险区域设置相应警告牌。

(3) 控制绝缘子表面放电　使用设计合理的绝缘子，尽量使用能改善绝缘子表面或沿绝缘子串电压分布的保护装置。

(4) 减小因接触不良而产生的火花放电　在安装高压设备时，保证所有的固定螺栓都拧紧，导电元件尽可能接地，或连接导线电位。

(5) 路径选择　建设单位及工程设计单位应在项目的规划、设计阶段，充分听取沿线地区各级政府建设、规划、林业、环保等部门及当地居民的意见，并取得必需的路径协议。根据沿线地方建设及规划部门的意见，路径选择时尽可能避开当地规划区，对地方城市及乡镇规划的影响可减小到最低程度。

(6) 压缩线路走廊　输电线路采用同塔多回架设方案，比多条单回路平行架设方案占用的走廊宽度大为减少。输电线路与沿线已建线路、规划铁路平行走线，可归并线路走廊，减少对地方发展影响。

(7) 导线对地高度　500kV 输电线路不应跨越长期住人房屋，对处于边导线垂直投影线外侧水平间距 5m 内的居住房屋全部进行工程拆迁，以保证线下居民的安全。

对距边导线 5m 外的民房，房屋所在位置离地 1.5m 处最大未畸变电场强度不得超过 4kV/m，如超过，工程设计按抬高架线高度的措施来满足环保要求。

根据《110kV～750kV 架空输电线路设计规范》(GB 50545—2010)，对 500kV 输电线路工程在非居民区段线高应控制在 11m 以上。

(8) 其他措施　线路交叉跨越公路、通航河流或其他输电线路时，分别按有关设计规范、规定的要求，在交叉跨越段留有充裕的净高，控制地面最大场强，使线路运行时产生的电场强度对交叉跨越的对象基本无影响。

根据 GB 50545—2010 等有关设计规范，严格执行输电线路对通信线路、无线电台站等的防护要求和限值规定，保持一定的防护间距。

在对线路路径优化过程中，对重要的地下电缆和通信明线进行调查，并尽量回避。线路架空地线采用良导体的钢芯铝绞线，减小感应电动势和对地电压，改善对通信线的屏蔽效应，减小对通信线路的干扰影响。

优化输电线路的导线特性，如提高光洁度，适当加大导线直径等，从而减小电晕强度和无线电杂音对环境的影响。

7. 结论

综上所述，本 500kV 输变电工程建设符合国家产业政策，也满足地区城镇发展规划及电网规划要求，线路路径选择合理，工程在建设期和运行期采取有效的电磁污染防治措施后，可以满足国家相关电磁环境保护标准要求，从电磁环境环保角度来看，该项目的建设是可行的。

同步练习

一、填空题

1. 我国的交流输电线路按电压等级一般可分为_____、_____和_____以上三种，交流电频率为_____Hz。
2. 我国的直流输电线路按电压等级一般可分为_____、_____两种。
3. 输电线路按结构可分为_____和_____两类。
4. 电力系统的主体结构分_____、_____和_____三个部分。

二、简答题

1. 简述电力系统工频电场的监测方法。
2. 简述工频磁场监测仪器的工作原理。

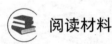

首次全国电磁辐射污染源调查

从 1997 年下半年到 1998 年度，在广播电视、通信、交通、电力、公安等部门的大力配合下，国家环境保护总局在全国进行了首次电磁辐射环境污染源调查，调查范围包括 30 个省、自治区、直辖市（西藏、台湾除外）的五大类电磁辐射设施：广播电视发射设备，通信发射设备，交通电磁辐射设备，电力电磁辐射设备，工业、科研和医疗电磁辐射设备。调查结果显示：广播电视发射台是全国最大、最集中的电磁辐射污染源，而通信系统的发射设备，由于种类多、数量大、分布广，也占了很大的比重。全国各类通信系统发射设备共有 8 万余台，其中包括长波通信、短波通信、微波通信、卫星地球站、专业通信网、移动通信网、寻呼通信网、雷达及导航设备等。这几年随着移动通信事业的迅猛发展，通信基础设施如雨后春笋般地出现，使一些基站附近高层居民楼窗口处的电磁辐射功率超过了 $40\mu W/cm^2$ 的国家标准。调查还显示，工业、科研、医疗中使用的高频设备不少，且功率很大，一般来说，高频设备都放置在工作机房内，对外界影响不大，但也有一些设备对周围的广播电视信号接收和电子仪器干扰严重。以电力为能源的交通运输系统发展较快，在一些电气化铁路沿线，居民收看电视受到影响。另外，高压送变电系统建设规模越来越大，在许多大城市的周围已建设了 500kV 的高压电力环线系统，110kV 和 220kV 的变电站在一些城市市区也比比皆是。我国于 2000 年完成了首次全国电磁辐射污染源调查，经过这次调查，加强了电磁辐射污染源的环境管理，摸清我国电磁辐射污染情况，使各界了解了电磁辐射环境管理的重要性，为电磁辐射环境管理和决策提供了有力的技术支持。

任务三　变电站电磁辐射现场监测

任务导入

随着环保意识的提升，人们逐渐意识到电网输变电站在运行过程中产生的电磁辐射对周围环境和人体健康有一定危害。本任务是以市内常见的某220kV变电站为例，对其环境电磁辐射进行监测，严格按照标准要求和电磁辐射技术规范监测程序完成整个监测过程，作出质量评价，并编制电磁辐射监测报告。

现场监测

一、实验目的

① 掌握变电站电磁辐射监测方法；
② 熟悉电磁场测量仪和无线电干扰接收机的工作原理及操作；
③ 学会编制电磁辐射监测报告；
④ 了解变电站电磁辐射污染特点及防治措施；

二、实验器材

工频电磁场测量仪、无线干扰接收机。

三、监测依据

《交流输变电工程电磁环境监测方法（试行）》(HJ 681—2013)；
《环境影响评价技术导则　输变电》(HJ 24—2020)；
《电磁环境控制限值》(GB 8702—2014)；
《高压架空送电线、变电站无线电干扰测量方法》(GB/T 7349—2002)。

四、实验步骤

1. 气象条件

监测工作应在无雨雪、无雷电天气，相对湿度<80%、风速<5m/s时进行。

2. 监测内容

变电站的电磁辐射主要包括电磁场和无线电干扰两大类。变电站电磁辐射主要测工频电场强度、工频磁场强度及无线电干扰场强值。

3. 监测点位布设

根据项目现场，布设合适的监测点位，并绘制测点示意图。点位布设主要涉及以下区域：

(1) 变电站厂界及断面监测

① 变电站围墙外距离围墙5m处布设监测点位（各侧围墙外不得少于2个监测点位），并应在围墙外侧进出线端、主变压器正前方增加监测点位。

② 断面监测路径，以变电站围墙周围的工频电场和工频磁场监测最大值处为起点，在垂直于围墙的方向上布设，监测点间距为5m，顺序测至距离围墙50m处为止（变电站围墙外距离围墙1m至5m处加密测量）。如因其他条件限制无法测至50m处，需进行说明，且断面监测应加密布设点位。

（2）地下电缆和架空输电线路厂界及断面监测

① 地下电缆线监测点位布设：断面监测路径是以地下电缆线路中心正上方的地面为起点，沿垂直于线路方向进行，监测点间距为1m，顺序测至电缆管廊两侧边缘各外延5m处为止。每增加一条地下输电电缆，均应在该电缆线上增加布设一个断面监测、对称排列的地下输电电缆，只需在管廊一侧的横断面方向上布设监测点。

② 架空输电线路监测点位布设：监测断面应选择在导线档距中央弧垂最低位置的横截面方向上，以导线档距中央弧垂最低位置处为起点，监测点位应均匀分布在边导线两侧的断面方向上，对于挂线方式以杆塔对称排列的输电线路，只需在杆塔一侧的横断面上布置监测点。监测点间距一般5m，顺序测至距离边导线对地投影外50m处为止。在测量最大值时，两相邻监测点的距离应不大于1m。

（3）电磁环境敏感目标监测　电磁环境敏感目标包括住宅、学校、医院、办公楼、工厂等有公众居住、工作或学习的建筑物。在评价范围内对邻近各侧站界的敏感目标均应进行监测。

4. 测量方法

测量工频电场和磁场时，测量仪器应架设在地面1～2m的位置，一般情况下选取1.5m，也可根据需要在其他高度测量。测量报告应清楚地标明。检测时，检测人员与检测仪器探头的距离不小于2.5m，检测仪器探头与检测物体距离不小于1m。无线电干扰场强监测点应避开线路的进出线，以围墙为起点，在围墙外部1m、2m、4m、8m、32m处测量频率为0.5MHz的无线电干扰场强值。

在输变电正常运行时间内检测，每个测点测5次，每次时长不得少于15s，无线电干扰场强值测量点测量20次，去掉两者的最高值、最低值，然后取算术平均值。

5. 结果评价

根据电磁环境控制限值，对每个测点单独评价。监测原始记录表见表5-5和表5-6。

表5-5　变电站电磁辐射监测原始记录表（1）

变电站基本信息			
项目名称		委托单位	
变电站名称		流转单编号	
建设地点		经纬度坐标	
频段范围			
检测条件信息			
监测时间		测量仪器型号	
天气状况		测量仪器编号	
环境温度	℃	探头(天线)型号	
相对湿度	%	探头(天线)编号	
变电站环境检测点位示意图			

表 5-6　变电站电磁辐射监测原始记录表（2）

变电站名称										
监测地点										
序号	监测点位名称	监测结果								
		与设备的距离/m		测量值（单位：　　）					平均值（单位：）
		垂直	水平	1	2	3	4	5	

测量人：＿＿＿＿　　　　校核人：＿＿＿＿　　　　校核日期：＿＿＿＿

 拓展知识

电磁辐射地理信息系统简介

近些年来，随着计算机技术的飞速发展，与地理信息系统的跨学科交叉研究也被越来越多地用于环境监测、灾害监测、城乡规划、土地管理、资源管理等领域。

地理信息系统的城市辐射污染源及环境电磁辐射地理信息系统数据库信息系统的构建，可进一步进行空间分析，挖掘隐藏在数据背后的信息，可视化的功能使信息及空间分析的结果以各种直观图形、图表、多媒体的方式显示出来，并可以进一步通过网络进行环境信息共享。

一、地理信息系统

地理信息系统（Geographic Information System，简写为 GIS）是整个地球或部分区域资源的空间信息在计算机中的缩影，它是将所有的空间数据操作对象以计算机技术的表象为载体，实现对空间数据的分析、处理，并依照特定需要予以输出。严格地讲，它是能反映并描述现实世界中人赖以生存的各类地物的现状与变迁，并用计算机技术以适当的输入、分析、存储、检索、输出等处理实现既定需求的系统。

地理信息系统这个概念最早是由加拿大测量学家提出的，之后经过一系列深入研究，加拿大成为了世界上第一个拥有自己的地理信息系统的国家。随后这个技术在世界范围内逐渐发展，而其应用领域也由最初的地理科学领域演变到自然资源的规划管理领域，世界其他国家也开始研究地理信息系统，当时最具代表性的是由美国哈佛大学领衔研发的称为 SYMAP 的地理信息系统,这是基于图像处理的通用型 GIS 的里程碑。在这之后的 10 年内,计算机硬件技术和软件系统都有了重大突破,与此同时,部分发达国家越来越意识到 GIS 带来的便捷和实用性,开始组织专业的团队和技术人员研发适用于专业领域的地理信息系统,使得 GIS 在多个领域发挥了巨大的作用。其中美国开发了五十多个 GIS 信息系统,而加拿大、瑞典、德国和日本也不甘落后,陆续开发了自己的 GIS 系统。到了 20 世纪 80 年代,计算机网络技术开始萌芽并迅速发展,GIS 也将网络的实时性特点引入,使得系统的性能得到大大提升,以前单一、简单的系统功能升级为多功能、信息共享的综合智能化信息系统。

二、GIS 数据库信息系统的构建

电磁辐射 GIS 数据库可提供空间可视化功能。在已构建的污染源 GIS 数据库中,通过结合遥感卫星影像,可以对城市辐射污染源类型、分布、密度等情况进行最直观的表达,通过 GIS 软件中的测量工具可以对同一区域内不同位置的辐射污染源间的距离进行测量,帮助管理部门对城市辐射污染源分布情况有更加直观的了解。

GIS 数据库的优势之一是可以结合不同的专题开展专项空间分析。例如:可以通过缓冲区分析工具,对不同地理要素中的空间领域性和接近程度进行分析,这一功能可以在辐射污染源的选址、相互间影响、综合影响分析等方面发挥重要作用。

1. 数据收集及核查

根据前期的数据收集,对城市污染源位点进行现场核查并通过手持 GPS 重新获取经纬度坐标,并根据以上污染源数据,构建城市辐射污染源数据库及应用模式。

2. GIS 数据库的构建

通过建立满足 GIS 软件要求且包含全部属性内容的 Excel 文档,属性顺序分别为 x(经度)、y(纬度)、名称、地址、类型。将 Excel 文档导入 GIS 系统。通过关联 x、y 字段显示监测点位数据并匹配地理坐标系 WGS1984,建立辐射污染源数据.shp 格式矢量文档,建立一对一关联的全部污染源属性信息。

3. 辐射污染源 GIS 数据库构建的意义

通过利用 GIS 系统,不仅可以查询各污染源属性信息,还能够保证辐射污染源数据的准确性和精准性。通过专题分析可以对辐射污染源的密度、距离、缓冲区等进行更加具体直观的分析,对城市内任一点位的工频电场强度、工频磁场强度、射频电场强度、射频功率密度进行评估和预测,为辐射类建设项目的环境影响评价和环境保护竣工验收提供更加科学、便利的评估依据。

通过 GIS 系统构建的辐射污染源及环境辐射监测数据库具有以下几个优点:

(1) 使电磁辐射管理问题具体化。利用 GIS 的空间信息属性可使原本不具有空间信息属性的电磁辐射统计数据展示出其空间分布的地理规律,能够直观地反映辐射污染源的空间分布和区域分布密度,更利于主管部门和行政部门对辐射污染源的控制和监控。

(2) 增强对环境电磁污染监控和分析。通过电磁污染源数据库和环境辐射监测的叠加分析,能够更加科学准确地对电磁环境污染状况作出分析及预测。

(3) 提高工作效率,改善工作质量。利用专题地图功能,可以迅速将电磁辐射环境统计报表数据以图表等多种形式显示在地图上,既减轻了工作量,又能以多样的形式展示电磁辐射数据,以了解电磁辐射状况。

(4) 拓展工作范围。

(5) 集成化解决问题。

项目六　通信基站电磁辐射监测

 学习目标

【知识目标】

1. 掌握通信基站电磁辐射监测基本知识：基站设备的工作原理、基站电磁辐射特性；
2. 掌握通信基站电磁辐射监测方法；
3. 熟悉电磁辐射质量标准及技术规范的查询方法；
4. 了解通信基站电磁辐射监测现状及发展趋势。

【能力目标】

1. 能开展通信基站电磁辐射污染源调查能力；
2. 能规范制订通信基站电磁辐射监测方案；
3. 能正确开展通信基站电磁辐射现场监测及分析；
4. 能正确进行电磁辐射监测数据的处理，并出具监测报告；
5. 能在整个监测过程中实施质量保证与质量控制。

【素质目标】

1. 具备较强的学习能力和领悟能力；
2. 具备通信行业与绿色环保可持续发展的理念；
3. 具备节能创新的思维。

【学习标准及规范】

1. 《移动通信基站电磁辐射环境监测方法》（HJ 972—2018）；
2. 《5G 移动通信基站电磁辐射环境监测方法（试行）》（HJ 1151—2020）。

任务一　基站辐射监测前准备

任务导入

随着现代社会的发展进步，移动通信网络得到了广泛普及，无线通信设备已成为人们日常生活中不可缺少的通信工具。无线通信设备通过移动通信基站收发无线设备信号，从而达到通信目的。为满足广大用户的需求，基站分布越来越密集，在主城区网络覆盖率已达99%，为此产生的电磁辐射水平也就相应地不断增强，人们对随处可见的移动通信基站越来越感到担忧，群众上访及对基站建设的投诉也逐年增加，电磁辐射的大小和影响一直是人们关注的焦点。

本任务通过学习通信基站电磁辐射监测方法，对市内某通信基站进行实地调查，根据收集的资料和调查结果，编制通信基站电磁辐射监测方案。

> 知识学习

一、设备工作原理

1. 通信基站

通信基站是在移动通信系统中，采用无线电通信技术连接交换系统和用户终端的设施，其基本关系结构见图 6-1。现代移动通信系统，一般都采用小区制（蜂窝）实现对服务区域的覆盖，每一个小区设有一个收发信基站，通过发射和接收一定频率的无线电信号，为所在小区的用户提供语音和数据等服务。若干个基站由一个基站控制器控制，并与业务交换中心连接。

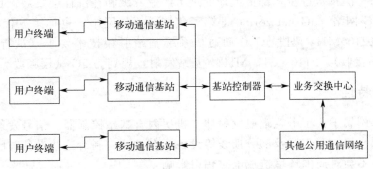

图 6-1 移动通信系统基本关系结构

2. 通信基站组成和结构

通信基站一般由机房、基站设备、传输设备、动力设备、馈线、天线和天线支架等设备组成。基站设备主要由射频子系统、基带子系统及其他辅助设备。

室内设备包括主机柜、辅助机柜、跳线、传输设备、动力设备、开关电源、蓄电池、走线架和避雷器等。室外设备包括馈线、桅杆和天线、天线支架。根据基站的位置一般有楼顶塔（抱杆、拉线塔、钢架塔）、落地塔（钢架塔、拉线塔等）。基站的天馈系统示意见图 6-2 所示。

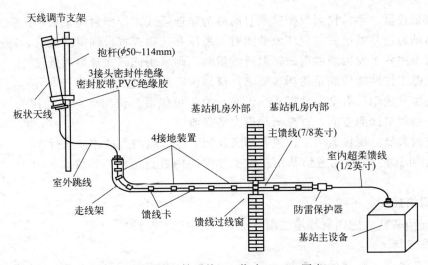

图 6-2 基站天馈系统（1 英寸＝2.54 厘米）

天线在无线通信系统中起着重要的作用,它将馈管中的高频电磁能转成为自由空间的电磁波,反之将自由空间中的电磁波转化为馈管中的高频电磁能。

基站天线按照方向性可以分为全向天线和定向天线。

全向天线在水平方向上表现为 360 度均匀辐射,在移动通信系统中一般应用于郊、县大区制的站型,覆盖范围较大。

定向天线在水平方向上表现为一定角度范围辐射,在垂直方向上表现为有一定宽度的波束。定向天线在移动通信系统中一般应用于城区小区制的站型,覆盖范围小,用户密度大,频率利用率高。

3. 工作频率

移动通信延续着每十年一代技术的发展规律,已历经 1G、2G、3G、4G 的发展。每一次代际跃迁,每一次技术进步,都极大地促进了产业升级和经济社会发展。目前,移动通信系统已经历了 5G 网络(5G network)即第五代移动通信网络,也称第五代移动通信技术。工信部发布了《2100MHz 频段 5G 移动通信系统基站射频技术要求(试行)》,将 1920~1980MHz(基站接收)、2110~2170MHz(基站发射)规划为 5G 试用频段。

二、电磁辐射特性

移动通信基站属于人工电磁辐射发射体。机房内有基站控制器、信号发射机、功率放大器、合路器、耦合器、双工器及部分馈线等设备。在设计、制造这些设备时已采取了较好的屏蔽措施,一般不会对周围环境造成电磁辐射影响。

宏蜂窝基站的天线系统有馈线和收、发信天线。移动通信基站的接收和发射通常共用同一副天线。移动通信基站正常运行时,天线将向周围发射一定频率范围内的电磁波,导致周围环境(主要集中在天线主射方向)电磁辐射场强增高。由电磁波的传输特性可知,天线发射的电磁波强度将随距离的增大而减小。

三、监测方法

1. 监测条件

(1)环境条件 监测时的环境条件应符合行业标准和仪器的使用环境条件,建议在无雨、无雪的天气条件下监测。

(2)测量仪器 测量仪器根据监测目的分为非选频式宽带辐射测量仪和选频式辐射测量仪。进行移动通信基站电磁辐射环境监测时,采用非选频式宽带辐射测量仪;需要了解多个电磁波发射源中各个发射源的电磁辐射贡献量时,则采用选频式辐射测量仪。

测量仪器工作性能应满足待测场要求,仪器应定期检定或校准。

监测应尽量选用具有全向性探头(天线)的测量仪器。使用非全向性探头(天线)时,监测期间必须调节探测方向,直至测到最大场强值。

(3)监测人员 现场监测工作须有两名及两名以上监测人员才能进行。

(4)监测时间 在移动通信基站正常工作时间内进行监测,建议在 8:00~20:00 时段进行。

2. 监测依据

《移动通信基站电磁辐射环境监测方法》(HJ 972—2018)。

3. 监测方法

(1)基本要求 监测前收集被测移动通信基站的基本信息,包括:移动通信基站名称、编号、建设地点、建设单位、类型；发射机型号、发射频率范围、标称功率、实际发射功率；天线数目、天线型号、天线载频数、天线增益、天线极化方式、天线架设方式、钢塔桅类型、天线离地高度、天线方向角、天线俯仰角、水平半功率角、垂直半功率角等参数。

测量仪器应与所测基站在频率、量程、响应时间等方面相符合，以保证监测的准确。

使用非选频式宽带辐射测量仪器监测时，若监测结果超出管理限值，还应使用选频式辐射测量仪对该点位进行选频测试，测定该点位在移动通信基站发射频段范围内的电磁辐射功率密度（或电场强度）值，判断主要辐射源的贡献量。在实际工作中，还可以采用关停部分设备，进行差别测量的方法。

选用具有全向性探头（天线）测量仪器的测量结果作为与标准对比的依据。

（2）监测参数的选取　根据移动通信基站的发射频率，对所有场所监测其功率密度（或电场强度）。

（3）监测点位的选择　监测点位一般布设在以发射天线为中心、半径为50m的范围内可能受到影响的保护目标处，根据现场环境情况可对点位进行适当调整。具体点位优先布设在公众可以到达的距离天线最近处，也可根据不同目的选择监测点位。移动通信基站发射天线为定向天线时，则监测点位的布设原则上设在天线主瓣方向内。

在监测时，探头（天线）尖端与操作人员之间距离不少于0.5m。在室内监测，一般选取房间中央位置，点位与家用电器等设备之间距离不少于1m。在窗口（阳台）位置监测，探头（天线）尖端应在窗框（阳台）界面以内。对于发射天线架设在楼顶的基站，应在楼顶公众可活动范围内布设监测点位。进行监测时，应设法避免或尽量减少周边偶发的其他辐射源的干扰。

（4）监测时间和读数　在移动通信基站正常工作时间内进行监测。每个测点至少连续测5次，每次监测时间不少于15s，并读取稳定状态下的最大值。若监测读数起伏较大时，适当延长监测时间。

测量仪器为自动测试系统时，可设置于平均方式，每次测试时间不少于6min，连续取样数据采集取样率不小于1次/s。

（5）测量高度　测量仪器探头（天线）尖端距地面（或立足点）1.7m。根据不同监测目的，可调整测量高度。

（6）记录　记录移动通信基站名称、编号、建设单位、地理位置（详细地址或经纬度）、移动通信基站类型、发射频率范围、天线离地高度、钢塔桅类型等参数。

记录环境温度、相对湿度、天气状况。记录监测起止时间、监测人员、测量仪器。记录监测点位示意图，标注移动通信基站和其他电磁发射源的位置。记录监测点位具体名称和监测数据。记录监测点位与移动通信基站发射天线的距离。选频监测时，建议保存频谱分布图。原始数据记录表见表6-1、表6-2。

表6-1　通信基站电磁辐射监测原始记录表（1）

基站基本信息			
基站名称		运营单位	
建设地点		经纬度坐标	
网络制式类型		发射频率范围	
天线离地高度		天线支架类型	
天线数量		运行状态	

续表

监测条件信息			
监测时间	年 月 日	测量仪器型号	
天气状况		监量仪器编号	
环境温度	℃	探头(天线)型号	
相对湿度	%	探头(天线)编号	
基站环境监测点位示意图			

表 6-2　通信基站电磁辐射监测记录表（2）

基站名称								
		监测地点						
监测结果								
序号	监测点位名称	与天线的距离/m		测量值(单位：　)				平均值(单位：)
		垂直	水平	1	2	3	4	5	

测量人_____　　　校核人_____　　　校核日期_____

注：选频测量时，应记录测量频段范围等信息。

四、案例分析

随着科技的发展，手机已成为人们生活中不可或缺的工具，在大中城市的室外地区已经基本可以做到移动通信全面覆盖。由于用户在室内使用手机的时间迅速增加，建筑对移动通信信号又有很强的屏蔽性，故产生了室内覆盖系统。

随着公众对环境中存在的辐射逐步了解，对移动通信基站电磁辐射环境影响的投诉问题也随之增加，其中也包含了部分对于室内覆盖基站的投诉。本案例选取典型室内覆盖基站电磁辐射监测。

【案例名称】典型移动通信室内覆盖基站电磁辐射环境影响监测。

1. 典型室内覆盖基站选取

本案例工作选取的典型室内覆盖基站位于某高校学生宿舍楼，以及某市某办公楼，其中学生宿舍楼基站为多频共址基站，某市办公楼基站为单频单址基站，天线均位于以上大楼楼层走廊顶部。主要工程指标见表6-3。

表 6-3　典型室内覆盖基站主要工程指标

主要指标	某高校学生宿舍楼	某市某办公楼
信号源	GSM900、DCS1800、TD-SCDMA	GSM900
电磁波频段	935～954MHz、1805～1820MHz、2010～2025MHz	935～954MHz
天线增益	2dBi	4dBi
天线高度	距楼层地面(层高)2.8m	距楼层地面(层高)2.8m

2. 监测依据

《电磁环境控制限值》(GB 8702—2014)；

《辐射环境保护管理导则 电磁辐射监测仪器和方法》(HJ/T 10.2—1996)；

《辐射环境保护管理导则 电磁辐射环境影响评价方法与标准》(HJ/T 10.3—1996)。

3. 测量仪器

测量使用德国 Narda Safety Test Solutions 公司生产的 NBM 550 型电磁辐射综合场强仪，测量频率范围：0.1MHz～3GHz；量程：0.1～320V/m。

4. 测量方法

在天线正下方布设监测点，每个测量点位测量高度取 1.7m、1m、0.5m，分别表示人体站立的平均高度、人体坐高的平均高度、楼层下方基站天线对上方的电磁辐射影响。用电磁辐射仪巡测天线下方，取测值最大的点位。

测量时，仪器探头与操作人员之间距离不少于 0.5m。每个测点读数 5 次，每次读数时间不应小于 15s，并读取稳定状态的最大值，若测点读数起伏较大时，应适当延长测量时间。以 5 次读数的平均值为该点的测量值。

5. 质量保证

测量中使用的仪器每年应进行仪器检定；操作程序严格按照《辐射环境保护管理导则 电磁辐射监测仪器和方法》(HJ/T 10.2—1996) 中的有关规定。

6. 监测结果

某高校学生宿舍楼测量点位共计 26 个，某市某办公楼测量点位共计 52 个，将测量结果按从大到小排序，并选取测量结果中测量数值位列前 4 的点位列于表 6-4 中。

表 6-4 典型室内覆盖基站测量结果

某高校学生宿舍楼			某市某办公楼		
点位名称	测量高度/m	电场强度/(V/m)	点位名称	测量高度/m	电场强度/(V/m)
某公寓底楼车库中部	1.7	0.94	15楼安全出口	1.7	1.74
	1	0.53		1	0.56
	0.5	0.32		0.5	0.34
某公寓101室门口	1.7	0.82	11楼某部门1～3室间走廊	1.7	1.71
	1	0.41		1	0.82
	0.5	0.30		0.5	0.41
某公寓底楼车库西侧	1.7	0.78	1708门口	1.7	1.53
	1	0.36		1	0.36
	0.5	0.28		0.5	0.31
某公寓111～113室间	1.7	0.67	17楼西侧走廊	1.7	1.43
	1	0.41		1	0.64
	0.5	0.32		0.5	0.39

表 6-4 测量结果为 0.1MHz～3GHz 频率范围内测得的综合场强值，除室内覆盖基站的贡献值外，还包括了其他移动通信基站电磁波、广播电视传播信号等其他环境背景值，但所测量值仍低于《辐射环境保护管理导则 电磁辐射环境影响评价方法与标准》中规定的单个项目的环境电场强度评价标准值 5.4V/m，更低于《电磁环境控制限值》中的电场强度公众照射导出限值 12V/m（功率密度为 $40\mu W/cm^2$）。

同步练习

一、填空题

1. 移动通信基站一般由 _____、_____、_____、_____、_____、_____、_____ 和 _____ 等设备组成。
2. 天线在无线通信系统中起着重要的作用,基站天线按照方向性可以分为 _____ 和 _____。

二、选择题

1. 手机信号和电磁辐射之间存在什么关系?(　　)
   A. 手机信号越强,手机辐射越小　　B. 手机信号越强,手机辐射越大
   C. 手机信号越弱,手机辐射越小　　D. 手机信号和手机辐射没有关系
2. 下面哪种辐射属于电磁辐射(　　)。
   A. 基站辐射　　B. 核辐射　　C. 电视机辐射　　D. 微波炉辐射

三、简答题

1. 简述通信基站电磁辐射监测方法。
2. 通信基站会对附近住户身体健康造成影响吗?请详细说明。

 阅读材料

促进通信事业与环境保护的可持续发展

  北京市于 2000 年颁布了《北京市移动通信建设项目环境保护管理规定》,制定过程中曾多次征求北京移动通信公司、中国联通北京分公司和北京电信长城公司的意见,召开专家论证会,向国家主管部门领导汇报并得到认可。该规定对建设无线通信台(站)作出更详细的管理规定,是我国第一部针对移动通信电磁污染的地方性行业规定。该规定从 2000 年 4 月 1 日起实施,对治理电磁辐射做出了一些"硬"要求:在住宅楼上建设无线寻呼通信、集群通信和蜂窝通信移动通信台(站)的单位,建设前建筑物产权单位或业主应征求所住居民的意见,发射天线主射方向 50m 范围内、非主射方向 30m 范围内一般不得有高于天线的医院、幼儿园、学校、住宅等建设物;移动通信台(站)室外天线应安装在楼顶中央或者高层建筑物电梯间顶,天线发射部分与楼顶之间距离不得小于 2.5m;建设单位应在天线安装地点设置电磁辐射警示牌,警示牌式样由市环保局规定。《北京市移动通信建设项目环境保护管理规定》将更好地保护公众健康,促进移动通信事业与环境保护的可持续发展。

● 任务二　市区基站电磁辐射监测 ●

 任务导入

  本任务通过案例"某市移动通信基站电磁辐射监测与污染状况分析"学习,要求学习者掌

握市内移动通信基站电磁辐射监测流程及现场监测方法,并能根据监测结果对环境中电磁辐射污染状况进行分析,并根据案例编写一份电磁辐射监测报告。

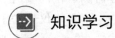
知识学习

随着现代社会的飞速发展,人们对通信的即时性和稳定性有了更高的要求,为了方便信号覆盖,城市主要街道和居民区基站敷设密度不断增加,由此所带来的电磁辐射问题受到了人们的广泛关注和重视。为了更好地保护环境安全和公共健康,移动基站电磁辐射水平的监测和分析迫在眉睫。

本任务以某市移动通信基站为监测对象,对其附近敏感点位进行电磁辐射监测,在监测数据的基础上,对该地区电磁辐射水平的污染现状进行分析,结果有助于正确判断该市环境形势,科学开展通信、铁塔建设等行业的环境影响评价,为相关行业发展及规划提供基础数据。

一、项目概况

该市移动通信基站实际主体工程规模中物理基站共 4241 座(截至 2018 年 9 月 1 日),为全国最高,具有明显的区域代表性。该市移动基站包含 GSM900、GSM1800、TD-SCDMA、TD-LTE 等系统,基站天线架设方式分为 2 大类:落地塔和屋顶塔。其架设方式及数据分布见表 6-5 所示,市主城区基站数量多,覆盖较为密集,架设方式以美化塔(伪装塔)、简易支架和抱杆为主;市区周边及公路沿线多为全向天线,天线的形式以单管塔、铁塔为主。由表 6-5 可知,该市移动通信基站天线架设方式主要以抱杆、简易支架和美化塔为主。

表 6-5 市移动通信基站架设方式及数量　　　　　　　　　　　　　单位:座

屋顶塔						落地塔						
抱杆	单管塔	简易支架	拉线塔	三管塔	玻璃钢	单管塔	简易支架	快装塔	拉线塔	景观塔	美化塔	铁塔
831	167	802	30	5	28	32	94	23	29	22	2153	25

二、监测技术与方法

1. 监测标准

《电磁环境控制限值》(GB 8702—2014);
《辐射环境保护管理导则　电磁辐射监测仪器和方法》(HJ/T 10.2—1996);
《移动通信基站电磁辐射环境监测方法》(HJ 972—2018)。

2. 监测基站的选择原则

本次电磁监测的对象为基站附近环境下所有电磁辐射之和,即为测点处综合场强,鉴于本次监测中涉及的基站总数量较大,采用"抽样法"进行基站电磁辐射水平监测,考虑抽测基站的代表性和合理性,用以代表全市电磁辐射水平。具体抽样原则如下:

(1)行政区域代表性。所选典型基站覆盖该市 7 区 1 县人口密集及辐射环境背景值高的区域;

(2)环境特征代表性。所选典型基站多位于住宅区、商住区和文教区等,并重点选取城市中人口密集及辐射环境背景值高的区域;

(3)技术参数代表性。本次电磁环境监测基站网络类型为 GSM900、GSM1800、TD-

SCDMA、TD-LTE/FD＝LTE，天线架设方式包括屋顶塔和落地塔两种架设方式。

3. 电磁监测仪器及方法

（1）监测仪器　监测过程中采用实测电场强度作为监测因子，用以反应监测点位的实时电磁辐射水平。采用 SEM-600 场强分析仪进行监测，量程为 $0.2\sim400\text{V/m}$，监测前仪器送检中国计量科学研究院进行校正。

（2）监测方法　监测点位的布设主要依据《辐射环境保护管理导则　电磁辐射监测仪器和方法》（HJ/T 10.2—1996）《移动通信基站电磁辐射环境监测方法》（HJ 972—2018）中相关规定进行，并结合市区基站的天线主瓣方向及周边环境敏感点的分布情况，确定本次的监测布点原则，具体包括以下几方面：

① 50m 范围内主瓣方向地面点、敏感点；

② 在主瓣方向 50m 范围内人群经常到达的地方布水平剖面测量点，点间距 10m，当测量值较高时，必须测至测量值小于标准限值时止；

③ 在主瓣方向 50m 范围内垂直剖面（在一条垂线上，不同楼层布点），测点一般布设在天线方向一侧房间的窗户、阳台边等位置，在与天线基本高度相同位置自上而下进行测量，一般测量 3 层，如有数据增高趋势，继续测量，直至监测值变小为止；

④ 若基站邻近有其他基站，则根据实际情况加大监测范围；

⑤ 当受建筑物、河流、人文等外部条件的影响无法实现上述布点方式时，则沿基站附近的街道或公路进行布点监测。

（3）监测要求及环境条件　监测时的环境条件应符合行业标准及仪器的使用环境条件，测量时的天气条件为无雪、无雨、无雾、无冰雹。监测时间为一天内 10：00～18：00，每个测量点连续测量 5 次，每次测量时间不少于 15s，并读取稳定状态下的最大值。探头（天线）尖端与操作人员之间距离不少于 0.5m。测量仪器探头（天线）尖端距地面（或地足点）1.7m。

三、监测结果及讨论

1. 电磁辐射水平监测

根据基站监测的抽样原则，此次监测基站共计1330座。主城区 4 个（即新市区、沙依巴克区、水磨沟区、天山区），移动基站监测数量为 977 座，占比超过 73%；周边附属区县 2 个（米东区和达坂城区），人口较少，经济相对滞后，仅对这 2 个区县中心地带的敏感点进行监测，基站数为 133 座，占比 10%。

根据《电磁环境控制限值》（GB 8702—2014）的要求，单址移动通信系统电磁辐射水平监测的超标阈值为 12V/m，对应的功率密度为 $40\mu\text{W/cm}^2$，在此基础上结合《辐射环境保护管理导则　电磁辐射环境影响评价方法与标准》的相关要求，为使公众受到的总辐射剂量低于《电磁环境控制限值》的规定值，对单址单套系统的电磁辐射水平控制为规定功率密度的 1/5，因此单址单套基站电磁辐射管理值为 $8\mu\text{W/cm}^2$，对应的场强为 5.4V/m。所测基站测点结果中，天山区综合强度和综合功率密度为该市地区最高，电场强度和功率密度的最大值分别为 5.21V/m 和 $7.2\mu\text{W/cm}^2$，其强度临近国家标准的阈值；最低值出现在达坂城区，分别为 3.21V/m 和 $2.73\mu\text{W/cm}^2$。因此，本次所监测的 1330 座移动通信基站的电磁辐射值均符合国家标准，并满足单址单套电磁辐射管理值 5.4V/m。

根据电磁辐射监测的布点要求，1330 座基站共计测点 20642 个，点位综合场强分布如表 6-6。对该市移动通信基站测点处电磁辐射强度做进一步分析，电磁辐射强度主要集中在 0.2～

2V/m 范围内，综合场强的众数和中位数均位于 0.2～1.0V/m 内，且该范围内的测点数据所占比例超过 92%，表明该市电磁辐射水平整体较低，所有基站均未监测到超标点位，基站的电磁辐射强度符合国家标准的规定值，民众所受电磁辐射污染较轻。此外，主城区的电磁辐射水平高于周边地区。

表 6-6 移动通信基站电磁辐射综合场强分布

电场强度/(V/m)	测点数/个									
	新市区	头屯河区	米东区	水磨沟区	沙依巴克区	县城	天山区	达坂城区		总计
<0.2	162	23	3	42	125	40	11	56		462
0.2～1.0	2936	1414	416	1968	2376	1346	1092	401		11949
1.0～2.0	1457	929	553	910	1532	304	1291	67		7043
2.0～3.0	156	50	30	125	274	34	160	10		839
3.0～4.0	36	8	2	59	78	15	40	3		241
4.0～5.0	6	6	—	16	36	7	16	—		87
5.0～5.4	—	—	—	2	10	3	6	—		21

2. 基站电磁辐射分析及建议

根据对该市 1330 座移动通信基站的监测结果可知，其电磁辐射水平较低，污染小，符合国家对移动通信基站电磁辐射强度管理要求，而该市仅 2018 年下半年所接受基站投诉有十起，因此，公众对通信基站辐射的认识与运营商对基站辐射的科普存在脱节问题。为了更好地解决公众与运营商因通信基站引起的矛盾，提出以下建议：

（1）公众应掌握物理规律，认清辐射真相。对于基站辐射，恐惧心理的影响大于辐射本身带来的危害，因此要正确科学地对待电磁辐射，切忌盲目跟风恐慌，只有正确认识辐射，才能轻松享受便捷的通信生活。

（2）通信运营商在架设基站时须严格执行《移动通信基站工程技术规范》，如站址应该避免高大建筑物遮挡；远离大功率发射塔（无线电台、雷达站等）；站址不宜在强噪企业附近；站址应远离粉尘、烟雾较多的区域等。

（3）充分开发利用电磁辐射的预测模式，对微波频段的远区轴向场进行科学预测，合理推测天线非主瓣方向上盲区的辐射水平。

同步练习

作答题

1. 简述市区移动通信基站环境电磁辐射监测流程和监测方法。
2. 根据案例，编制一份电磁辐射监测报告。

任务三　手机辐射现场监测

任务导入

随着移动通信网络的广泛普及，手机已成为当代大学生日常生活与学习中，不可缺少的工具，也是距离人体最近、接触时间最长的电磁辐射源。为研究大学生手机电磁辐射暴露程度，本任务以组为单位，对使用不同型号手机、不同环境、不同状态下产生的电磁辐射进行监测，根据监测结果进行分析与评价，并对大学生人群如何合理使用手机提出科学的建议。

 现场监测

一、实验目的

① 熟悉电磁辐射仪器的工作原理及操作方法；
② 掌握电磁辐射源电磁辐射监测方法；
③ 学会利用电磁辐射评价指标，分析手机电磁辐射源污染特性；
④ 了解大学生人群使用手机的频率及习惯。

二、实验器材

Tes-92 电磁辐射检测仪、三脚架。

Tes-92 电磁辐射检测仪采用等向性感应器，监测值是 10MHz～8GHz 的电磁波所产生的综合电场强度，单位是 V/m。因电磁波是普遍存在的，打开仪器便可监测到环境背景值。

三、监测依据

《电磁环境控制限值》（GB 8702—2014）；
《辐射环境保护管理导则　电磁辐射监测仪器和方法》（HJ/T 10.2—1996）。

四、实验内容

1. 课前调研

每班学生分成不同的组，各组对该组成员使用不同的手机进行实验前调研，调研内容见表 6-7。

表 6-7　手机型号、数量及所用信号

手机型号	数量	所用信号	手机型号	数量	所用信号

2. 监测点选择

上网：监测点选在眼睛附近，距离手机屏幕前方 10cm、20cm、30cm、40cm、50cm 处，共 5 个监测点，每次监测记录瞬时值的个数根据具体情况决定。

通话和未接通：监测位置选靠近耳朵和手处。耳朵处即手机听筒前 1cm 处；手处即手机背面中心偏下、距手机背面 1cm 处。

3. 测量方法

（1）不同型号手机电磁辐射测量　在关闭数据流量的情况下，对不同品牌型号的手机分别在待机、拨号、响铃时、接通瞬间、正常通话等情况下，使用同一张 SIM 卡拨打同一手机号,测量手机电磁辐射(功率密度),将探头静止放置在测量点处,每隔15s读1个数据,共测5次,求得平均值即为此手机此状态下的值并记录。记录表见表6-8。

表6-8　不同型号手机功率密度测量数据记录表

手机型号	测量值/(V/m)				
	待机	拨号瞬间	响铃稳定	接通瞬间	正常通话

(2) 手机不同功能下电磁辐射监测　在打开数据流量的情况下,选取其中一个型号的手机作为测量对象(如市场上使用率较高的品牌手机),将其与测量探头固定在一起,使手机与探头不发生相对移动,分别测量使用手机玩游戏、听音乐、聊天等功能时的功率密度,数据处理方法与(1)相同,记录表见表6-9。

表6-9　不同功能状态下功率密度数据记录

手机使用状态	测量值/(V/m)
玩游戏	
听音乐	
看视频	
聊天	
看小说	

(3) 手机信号强弱与电磁辐射的关系　选取两种型号的手机与测量探头固定在一起,重复(1)的测量操作分别测量在室外、教室和宿舍使用手机时手机磁感应强度值,重复5次测量,处理后数据记录如表6-10所示。

表6-10　不同环境下手机磁感应强度测量数据记录

手机型号	测试环境	测量值/(V/m)					
		待机	拨号	响铃稳定	接通瞬间	正常通话	挂断瞬间
1	室外						
	教室						
	宿舍						
2	室外						
	教室						
	宿舍						

4. 数据处理

另一种数据处理方法:求均方根值。每个状态下,监测30s,每5s记录1个瞬时值,再按式(6-1)计算。

$$E_i = \sqrt{\frac{1}{n}\sum_{k=1}^{n}E_{ik}^2} \tag{6-1}$$

式中　i——某种状态(比如通话、发短信等);

　　　k——某次监测中瞬时值序号;

　　　n——某次监测中瞬时值的总个数;

　　　E_{ik}——i状态下第k个瞬时电场强度,V/m;

E_i——平均电场强度，V/m。

五、测量结果与评价

根据《电磁环境控制限值》（GB 8702—2014），在 30～3000MHz 频率范围内，公众受到的总辐射剂量的功率密度不超过 $40\mu W/cm^2$，电场强度不超过 12V/m。根据对不同型号手机、不同状态、不同环境下的电磁辐射监测结果进行比较、评价及分析，并针对大学生合理规范使用手机，提出建议。

 拓展知识

电磁辐射的控制技术

电磁辐射属于物理性污染，目前较为常用的电磁辐射控制技术包括以下几个方面。

一、电磁屏蔽技术

1. 电磁屏蔽的原理

电磁屏蔽是采用某种能抑制电辐射能扩散的材料，将电磁场源与外界隔离开来，使辐射能被限制在某一范围，达到防止电磁污染的目的。

屏蔽材料选用导体，当场源作用于屏蔽体时，电磁感应屏蔽体产生与场源电流方向相反的感应电流而生成反向磁力线，这种磁力线与场源磁力线相抵消，达到屏蔽效应。屏蔽体采取接地处理，使屏蔽体对外界一侧电位为零，这样电场也能起到屏蔽作用。

电磁屏蔽的实质是屏蔽材料对电磁辐射的吸收与反射效应。由于反射作用，使射入屏蔽体内的部分电磁能显著减少，射入屏蔽体内的部分电磁能又被吸收，从而使穿透屏蔽体的能量显著降低。

2. 屏蔽材料的选择

实验证明，铜、铝与铁对各种频段的电磁辐射源都有较好的屏蔽效果。在屏蔽设计中可以根据技术与经济评价进行选材。一般情况下，电场屏蔽宜选用铜材，磁场屏蔽宜选用铁材。

3. 屏蔽室结构

电磁屏蔽室内通常有各种仪器设备，要求屏蔽室有门、通风孔、照明孔等工作配套设施，这就会使得屏蔽室出现不连续部位。要使屏蔽室有良好的屏蔽效果，屏蔽室的每条焊缝都应做到电磁屏蔽。通常几块金属板或金属网的连接是由焊接、铆接或螺钉固紧的，假若焊接的质量不太好，或紧固件之间存在不密闭的空间，金属板的搭接处，往往有一些细长的缝隙，这类缝隙是导致屏蔽性能下降的因素之一。为了解决这类问题，在卷接前应先清除结合面上的各种非导电物质，然后将两者并拢再卷绕起来，最后用适当的压力使之成形。用连续焊接的方法形成的接缝是射频特性最好的。

屏蔽室的孔洞是影响屏蔽性能的另一因素。为了减少其影响，可在孔洞上接金属套管。套管与孔洞周围要有可靠的电气连接，孔洞的尺寸还应当小于干扰电波的波长。用对面板四周的接缝，应填充导电衬垫，而且要用密布的螺钉紧固。屏蔽室的门有金属板式，即采用与屏蔽室相同的板材，把木制门架包起来，形成金属板门，凡是接缝处都要求焊接好。

4. 接地处理

接地处理是将屏蔽体用导线与大地连接，为屏蔽体与大地之间提供一个等电势分布设计。

接地系统必须遵守下述要求：由于射频电流的集肤效应，接地系统要有足够的表面积，以宽为10cm 的铜带最好；为了保证接地系统有低的阻抗，接地线应尽量短；为保证接地系统的良好作用，接线长度应避免 1/4 波长的奇数倍；接地方式有埋接地铜板或网格等，无论哪种方式都应有足够的厚度，保证一定的机械强度与耐腐蚀性。

二、吸收法控制微波污染

对于微波辐射污染控制可用对这种辐射能产生强烈吸收作用的材料敷设于场源外围，以防止大范围的污染。目前电磁辐射吸收材料可分为两类，一类为谐振型吸收材料，是利用某些材料的谐振特性制成的吸收材料，这种吸收材料厚度小，对频率范围较窄的微波辐射有较好的吸收效率；另一类为匹配型吸收材料，是利用某些材料和自由空间的阻抗匹配，达到吸收微波辐射能的目的。应用吸收材料防护，一般多用在微波设备调试过程，要求在场源附近能将辐射能大幅度衰减。

实际应用的吸收材料种类繁多，如各种塑料、橡胶木、陶瓷等加入铁粉、石、木、水等制备而成。此外，应用等效天线吸收辐射能，也有良好效果。

三、远距离控制和自动作业

根据射频电磁场，特别是中短波，其场强距场源距离的增大而迅速衰减的原理，若采取对射频设备远距离控制或自动化作业，对操作人员将会显著减少辐射的伤害。

四、线路滤波

为了减少或消除电源线可能传播的射频信号和电磁辐射能，可在电源线与设备交接处加装电源（低通）滤波器，以保证低频信号畅通，而将高频信号滤除，对高频传导起到隔离去除作用。

五、合理设计工作参数，保证射频设备在匹配状态下操作

射频设备工作参数合理，元件、线路布局正确，使设备在匹配条件下工作，可以避免设备因参数不能处于最佳状态或负载过轻而形成高频功率以驻波形式通过馈线辐射造成污染。

六、个人防护

对于临时无屏蔽条件的操作人直接暴露于微波辐射近区场，必须采取个人防护措施，包括穿防护服，戴防护头盔和防护眼镜。

模块三

环境放射性水平监测

放射性污染是指由于人类活动造成物料、人体、场所、环境介质表面或者内部出现超过国家标准的放射性物质或者射线。

环境放射性水平监测的目的：积累环境辐射水平数据；总结环境放射性水平变化规律；判断环境中放射性污染及其来源；报告辐射环境质量状况。

环境放射性水平监测的原则：监测内容因监测对象的类型、规模、环境特征等因素的不同而变化；在进行环境辐射质量监测方案设计时，应根据辐射防护最优化原则，进行优化设计，随着时间的推移和经验的积累，可进行相应的改进。

一般来讲，根据放射性污染源的来源不同，环境放射性水平监测可分为两类：监测核爆炸产生的放射性沉降物和监测生产、使用放射性物质的工业、企业或"热"实验室以及核动力船舰所产生的放射性废弃物对环境可能造成的污染。环境放射性水平监测有连续监测和定期监测两种方法，前者采用各种自动化连续放射性监测仪器（如空气和水的连续监测），后者采用定期采集环境样品进行放射性测量。

本模块主要介绍环境中放射性样品分析测定。

项目七　环境中放射性样品分析测定

 学习目标

【知识目标】

1. 熟悉放射性监测基本知识：原子结构的知识；核辐射的定义；放射性衰变规律及衰变类型；射线与物质的相互作用；放射性相关物理量理解及常用核辐射仪器的工作原理。
2. 掌握环境中放射性样品采集、预处理与制备方法。
3. 掌握环境放射性常规项目的测定方法。
4. 熟悉放射性环境标准的查询方法。
5. 了解放射性污染的危害及防护。

【能力目标】

1. 能开展环境放射性污染源调查工作；

2. 能规范制订放射性监测方案；
3. 能正确开展环境中放射性样品采集、制备和常规项目的分析测定；
4. 具备核辐射防护的能力；
5. 能正确进行监测数据的回归处理和相关分析。

【素质目标】

1. 培养艰苦奋斗及持之以恒的优秀品质；
2. 培养爱岗敬业、无私奉献、协同创新的职业品格和行为习惯；
3. 培养核辐射安全及防护意识、标准意识及生态环境意识。

【学习法律、标准及规范】

1. 《中华人民共和国放射性污染防治法》；
2. 《辐射环境监测技术规范》（HJ 61—2021）；
3. 《水质　总β放射性的测定　厚源法》（HJ 899—2017）；
4. 《水质　总α放射性的测定　厚源法》（HJ 898—2017）；
5. 《环境样品中微量铀的分析方法》（HJ 840—2017）；
6. 《水中钍的分析方法》（GB 11224—89）。

● 任务一　明确放射性监测基本知识 ●

任务导入

放射性监测基础对于一个进行环境中放射性样品分析测定工作的初学者来说至关重要，有了扎实的基本知识才能在后期的学习中循序渐进，并逐步掌握环境样品放射性分析测定的基本技能。

本任务以当地核检测公司为实践场所，在公司专业技术人员的带领下参观公司实验室，了解实验室的分类、放射性监测项目的实施流程、实验室的管理制度和岗位职责，特别是核辐射防护安全问题及如何正确实施个人自我防护，在参观过程中严格按照公司管理要求文明参观，认真听取技术人员的讲解，做好记录，返校后撰写一篇观后感。

知识学习

一、原子、原子核与核素

1. 原子的基本概念

自然界中的物质通常是由分子组成，分子是由原子组成，而原子又是由原子核和若干核外电子组成，如图 7-1 所示。原子核位于原子的中心。电子分布在原子核的周围，并以极高的速度在不同的轨道上绕着原子核旋转，就像很多人造地球卫星在不同的轨道上绕着地球旋转一样。

在正常情况下，原子核带正电荷，电子带负电荷，由于原子核所带的正电荷与核外电子所带的负电荷数相等，所以整个原子不显电性。原子的半径大约是 10^{-8} cm，原子核的半径大约只有原子半径的十万分之一，而电子比原子核还小。此外，由于电子的质量只有最轻的原子核的 1/1840，所以原子的质量几乎全部集中在原子核上。在所有的原子中，氢原子最轻，而铀原子是自然界存在的原子中最重的原子，其质量也只有 $3.95×10^{-22}$ g。

为了应用方便，原子的质量用原子质量单位表示。原子质量单位定义为一个 ^{12}C 中性原子处于基态时静止质量的 1/12，记作 u。这种原子质量单位又称碳单位。

$$1u=1.6605402×10^{-24}g=1.6605402×10^{-27}kg$$

以原子质量单位（u）表示的元素的原子质量都接近一个整数，此整数就称为该元素原子的质量数，它表示原子核中的核子数目，通常用 A 表示。

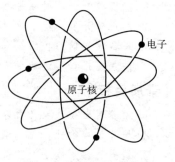

图 7-1 原子结构示意图

具有相同核电荷数（即相同质子数）的同一类原子总称为元素。例如，氧分子中的氧原子，水分子中的氧原子，或者其他物质分子中的氧原子，它们都是属于同一种类的原子，统称氧元素。到目前为止，已经发现的元素包括固态、液态、气态共 118 种，其中，原子序数大于 92 的元素（称为超铀元素）是由人工制造出来的。各种不同的元素互相化合，就形成了自然界中成千上万种不同性质的物质。

2. 原子核的概念

原子核是原子中的带正电荷的核心，其大小约是 10^{-12} cm，其体积仅为原子的万分之一，但质量却占原子质量的 99.9% 以上，核物质的密度可达到 10^{14} g/m³。原子核所带电量等于原子中核外电子的总电量，但符号相反。如果每个原子有 Z 个电子，每个电子电荷 $e=1.6021892×10^{-19}$ C，则核外电子的总电量为 Ze，而原子核带有正电荷为 Ze。

原子核是由中子和质子组成的，中子和质子统称为核子。质量数为 A，电荷数为 Z 的原子，其核含有 Z 个质子，A-Z 个中子。质子就是氢原子的核，带一个正电荷（电量与电子电量相等），静止质量 $m_p=1.6726485×10^{-27}$ kg（1.007276470u）；中子是一种不带电的中性粒子，静止质量 $m_n=1.6749543×10^{-27}$ kg（或 1.008664904u）。

原子核的组成情况，可用原子核符号来表示，其写法如下：

$$^A_ZX$$

其中，A 为质量数（质子数+中子数）；X 为元素符号；Z 为原子序数（即电子数或核电荷数）。根据原子核符号，就可以知道该原子核内质子和中子的组成情况。如 $^{235}_{92}$U，就表示铀原子核的质量数是 235，核内有 92 个质子和 143 个中子。

3. 核素的基本概念

核素这一术语在辐射防护中经常用到，它定义为具有特定原子序数、质量数和核能态的一类原子。例如，$^7_3$Li 是元素锂的一种核素，A=7，Z=3；$^{40}_{19}$K 是元素钾的一种核素，A=40，Z=19。它们又可写为 ^{7}Li、^{40}K。现在已经知道已超过 3100 种核素，其中 276 种是稳定的。

核素根据其质量数、原子序数及所处能态的差异又可分为同位素、同核异能素（同质异能素）、同量异位素（同质异位素）。

（1）同位素　原子序数相同，而质量数不同的核素，称为同位素，通常是在其元素符号左上角上注明质量数来表示。例如 ^{1}H、^{2}H、^{3}H 是氢的三种同位素；^{235}U、^{238}U 是铀的两种同位素。每种元素可能包括几种或几十种同位素。

同位素可分为放射性同位素和稳定同位素两种。有些同位素的原子核是不稳定的，它们会自发衰变，放出射线，并转变成其他元素的原子核。这种不稳定的、具有放射性的同位素称为放射性同位素。与放射性同位素相反，有些同位素并没有放射性，其原子核是稳定的，这种同位素称为稳定同位素。

按原子质量的不同，同位素通常又分为轻同位素和重同位素。凡在元素周期表内占较前位置的元素，它们的原子质量较小（原子序数较小）其同位素叫轻同位素，例如 ^6Li、^7Li 等。在元素周期表内占较后位置的元素，它们的原子质量较大（原子序数较大），其同位素叫重同位素，例如 ^{235}U、^{238}U 等。

(2) 同核异能素（同质异能素） 具有相同质量数和原子序数，但处于不同能态的核素，通常在其核素符号质量数后标上 m 或 m_1、m_2… 例如 $^{68m}_{29}Cu$ 是 $^{68}_{29}Cu$ 的同核异能素；$^{124m}_{51}Sb$ 是 $^{124}_{51}Sb$ 的同核异能素。

(3) 同量异位素（同质异位素） 具有相同质量数，而原子序数不同的核素称为同量异位素。例如 $^{40}_{18}Ar$、$^{40}_{19}K$ 和 $^{40}_{20}Ca$。

二、核辐射与物质的放射性

1. 常用的核辐射类型

辐射是以波或粒子的形式向周围空间或物质发射并在其中传播的能量（如声辐射、热辐射、电磁辐射、粒子辐射等）的统称。例如，物体受热向周围介质发射热量叫热辐射；受激原子退激时发射的紫外线或 X 射线叫原子辐射；不稳定的原子核发生衰变时发射出的微观粒子叫原子核，简称核辐射。通常论及的"辐射"概念是狭义的，仅指高能电磁辐射和粒子辐射。这种狭义的"辐射"又称射线。

核辐射粒子就其荷电性质可以分为带电粒子和非带电粒子；就其质量而言，可以分为轻粒子和重粒子，以及处于不同能区的电磁辐射。核辐射主要有 α 辐射、β 辐射、γ 辐射和中子辐射等。一些核辐射的静态性质见表 7-1，在空气中和在生物组织中的特性见表 7-2。

表 7-1 核辐射的静态性质

辐射类型	质量（原子质量单位）	电荷	在空气中的射程	在生物组织中的射程
α	4	+2	0.03m	0.04mm
β	1/1840	−1	3m	5mm
γ	0	0	很大	有可能穿过人体
快中子	1	0	很大	有可能穿过人体
热中子	1	0	很大	0.15m

表 7-2 核辐射在空气中和在生物组织中的特性

类型	粒子	符号	电荷	静止质量		稳定性
				/u	/(MeV/C^2)	
重带电粒子	氕	P(^{1}H)	+1	1.007	938.26	稳定
	氘	D(^{2}H)	+1	2.014	1876.52	稳定
	氚	T(^{3}H)	+1	3.015	2809.18	不稳定
	α 辐射	α(^{4}He)	+2	4.002	3728.81	稳定
电子	负 β 辐射	β$^-$(e$^-$)	−1	4.586×10^{-4}	0.511	稳定
	正 β 辐射	β$^+$(e$^+$)	+1	4.586×10^{-4}	0.511	稳定
中性粒子	γ 辐射	γ	0	0	0	稳定
	中子	n	0	1.009	939.55	不稳定

2. 物质放射性的基本概念

(1) **放射现象的发现** 1896年，法国物理学家贝克勒尔发现，某些铀盐能放射一种人的眼睛看不见的射线，它能透过黑纸、玻璃、金属箔等使照相底片感光。1899年后，吉赛尔、维拉德、卢瑟福和斯特拉特等相继对射线的性质进行了研究。他们发现镭能放出三种射线。这三种射线在磁场中表现出不同的偏转行为，如图7-2所示。图中磁场系自纸而向外。当射线通过强磁场时，被分为三束，分别称它们为α射线、β射线和γ射线。向左偏转角度较大的称作β射线，是高速运动的电子流；向右偏转角度较小的称作α射线，是具有很高速度的氦原子核，即α粒子流；不发生偏转的成分称作γ射线，是波长比X射线还短的电磁波，即光子流。这些射线有如下性质：

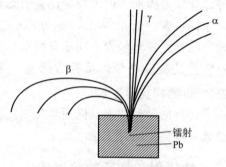

图7-2 镭源放射的三种射线

① 能使气体电离。作用以α射线最强，β射线次之，γ射线最弱。

② 具有较强的穿透本领。穿透本领以γ射线为最强，β射线次之，α射线最弱。

③ 能使照相底板感光。

④ 能激发荧光，例如在硫化锌（ZnS）中掺入极微量的镭可制成夜光物质。

⑤ 能破坏有机体的细胞组织。

⑥ 能使吸收射线的物质发热。

(2) **放射性** 某些物质的原子核能够自发地放出看不见、摸不着的射线，物质所具有的这种特性，就叫放射性。具有放射性的物质叫放射性物质。

(3) **射线种类** 已经发现的天然存在的和人工生产的核素约有2000多个，其中天然存在的核素约有332个，其余为人工制造。天然存在的核素可分为两大类：一类是稳定的核素，例如 $^{40}_{20}Ca$、$^{209}_{83}Bi$ 等，自然存在的稳定核素约有270个；另一类是不稳定的核素。不稳定的核素是指其原子核会自发地转变成另一种原子核或另一种状态并伴随一些粒子或碎片的发射，它又称为放射性原子核，例如 $^{210}_{80}Po$（发射α粒子）。

目前，人工生产的有1000多种同位素，有100多种是具有放射性的。不稳定的核素释放出射线主要有以下几种。

① **α射线** 通常也称α粒子，它是氦的原子核，由两个质子和两个中子组成；核电荷数为+2，质量数为4。α粒子以符号 ^4_2He 表示。天然的α粒子来源于较重原子核的自发衰变，叫α衰变。α衰变的过程如下：

$$^A_Z X \rightarrow ^{A-4}_{Z-2} Y + ^4_2 He$$

式中，$^A_Z X$ 为母核，$^{A-4}_{Z-2} Y$ 为子核。

② **β射线** 原子核发出的β射线有两类：β^+ 射线和 β^- 射线。β^- 射线就是通常的电子，带有一个单位的负电荷，以符号 e^- 表示，负电子是稳定的。β^+ 射线是正电子，带有一个单位的正电荷，以符号 e^+ 表示。两种电子静止质量相同，其质量约为质子质量的1/1846。

β粒子来源于原子核的衰变，β衰变有三种类型：β^- 衰变、β^+ 衰变和轨道电子俘获。β^- 衰变、β^+ 衰变发射的电子或正电子的能量是连续的，从0到极大值 $E_{\beta,max}$ 都有。以 ^{32}P 而言，其 $E_{\beta,max}=1.17MeV$，β^- 衰变其半衰期为14.3天，衰变过程如下：

$$_{15}^{32}P \rightarrow _{16}^{32}S + e^- + \nu$$

式中，$_{15}^{32}P$ 为母核，$_{16}^{32}S$ 为子核，e^- 为电子，ν 为微电子。

③ X射线和γ射线　X射线和γ射线都是一定能量范围的电磁辐射，又称光子。光子静止质量为0，不带任何电荷。单个光子的能量与辐射的频率 ν 成正比，即 $E=h\nu$，h 为普朗克常数，它的数值等于 $6.626\times10^{-34}J\cdot s$。每个光子的能量都是确定的，任何光子在真空中的速度都是相同的，即为光速 c（$3.8\times10^8 m/s$）。X射线和γ射线的唯一区别是起源不同。从原子来说，X射线来源于核外电子的跃迁，而γ射线来源于核本身高激发态（或基态）的跃迁或粒子的湮没辐射。例如常用γ放射源 ^{137}Cs 和 ^{60}Co 都是由于母核发生 β^- 衰变后，子核处于较高激发态能级，在向较低能态或基态跃迁时便发出γ光子。^{137}Cs 的γ射线能量为 662keV；^{60}Co 放出两个γ射线，其能量分别为 1.17MeV 和 1.33MeV。

④ 中子（n）　中子是构成原子核的基本粒子之一，它不带电荷，质量数为1，比质子略重。自由电子是不稳定的，它可以自发地发生 β^- 衰变，生成质子、电子和反中微子，其半衰期为 10.6min。

中子在核科学的发展中有极其重要的作用。由于中子的发现，科学家提出了原子核由质子和中子构成的假说。中子不带电，当用它轰击原子核时容易进入原子核内部引起核反应。许多新的核素就是用核反应制造出来的。随着中子活化分析、中子测水分、中子测井探矿、中子照相、中子辐射育种和中子治癌等技术的广泛应用，对中子的需求越来越多。

中子的产生主要是通过核反应或原子核自发裂变，基本上有三种方法：同位素中子源、加速器中子源和反应堆中子源。

在用中子源产生中子时往往伴有γ射线或X射线产生，有的可能比较强。因此，在应用和防护上不仅要考虑中子，而且也要考虑γ射线或X射线。

3. 放射性的性质

(1) 放射性衰变　放射性同位素的原子核自发地放出射线而转变成另一种新原子核，或转变成另一种状态的过程，称为放射性衰变。放射性衰变是放射性同位素本身的特性。不同的放射性同位素，其衰变的快慢也不相同。任何外界作用，如温度、压力、电场等，都不能改变放射性同位素的衰变性质及其放射性减弱的速度。

放射性衰变通常分为 α、β、γ 衰变。α 衰变是指放出 α 射线的放射性衰变，这种衰变常有γ射线伴随放出。β衰变是指放出β射线的放射性衰变，这种衰变也常有γ射线伴随放出。γ衰变是指单独放出γ射线的放射性衰变。

放射性同位素的原子核经过一次衰变后，生成的新原子核可能是稳定的，也可能是不稳定的。如果新的原子核不稳定，则它将以一定的形式继续进行衰变，直到成为稳定的原子核为止。

(2) 放射性衰变规律　放射性核素每一个核的衰变并非同时发生，而是有先有后的，是一个统计过程，实验表明，任何放射性物质在单独存在时都服从指数衰变规律，即：

$$N = N_0 e^{-\lambda t} \tag{7-1}$$

式中，N 为经过 t 时间放射性物质的量；N_0 为 $t=0$ 时刻放射性物质的量；λ 为衰变常数。

① 衰变常数 λ　描述放射性核素特性的一个物理量，它定义为某种放射性核素在单位时间内进行自发衰变的概率，其大小决定了衰变的快慢。衰变常数 λ 可由式(7-2)给出：

$$\lambda = -\frac{1}{N} \times \frac{dN}{dt} \tag{7-2}$$

式中，N 为在 t 时刻存在的该核素的数目；dN 为原子核在 t 到 $t+dt$ 时间间隔内的衰变数；dN/N 为每个原子核的衰变概率；λ 为衰变常数，表示每个原子核不论何时衰变，其概率是相等的，衰变是独立的。

② 半衰期 $T_{1/2}$ 指在单一的放射性过程中，放射性原子核的数目衰减到原来数目的一半（或其放射性活度降至其原有一半）所需的时间。对某一种放射性同位素来说，半衰期是一个常数，它基本上不随外界条件的变化和同位素所处状态的不同而改变。半衰期与衰变常数的关系可以从它的定义和放射性衰变指数衰减规律得到。由式(7-1)，当 $t = T_{1/2}$ 时，放射性原子核数目为：

$$N = \frac{N_0}{2} = N_0 e^{-\lambda T_{1/2}}$$

从而有

$$T_{1/2} = \frac{\ln 2}{\lambda} = \frac{0.693}{\lambda} \tag{7-3}$$

放射性同位素的半衰期越长，它衰变得就越慢，反之它衰变得就越快。各种放射性核素的半衰期差别很大，例如 ^{60}Co、^{252}Th、^{226}Ra、^{214}Pb 的半衰期分别为 5.3a、1.41×10^{10}a、1600a、26.8min。

③ 放射性强度 放射性强度是指放射性物质在单位时间内衰变的原子核数。单位时间内衰变的原子核数目多，放射性就强，反之放射性就弱。对于两种放射性物质，放射性强度相同，只表示同一单位时间内衰变的原子核数目相同，但并不表示放出射线中粒子的种类和数目相同。放射性强度的单位是衰变数/s 或衰变数/min。在实用中还常用居里（Ci）、毫居里（mCi）、微居里（μCi）等单位（$1Ci = 3.7 \times 10^{10}$ 衰变数/s = 1000mCi，1mCi = 1000μCi）。

(3) 射线对物质的作用

① 电离作用 放射性同位素放出的射线具有一定的能量，它能贯穿到物质内部，并产生电离作用。在射线对物质作用的过程中，射线就逐渐损耗能量而被削弱，或者被物质所完全吸收。

射线对物质作用的主要形式是电离作用。由于射线的作用，使原子的外围电子获得一定的能量，克服原子核的吸引力而脱离轨道，成为自由电子。这样，中性的原子就变成了一对带电的粒子，一个是带负电的自由电子，另一个是原子失去电子后形成的带正电的正离子。原子的这种变化过程叫"电离"，电离产生的正离子和自由电子称为离子对。

在电离过程中，射线把一部分能量传递给核外电子，射线本身的能量就减少了，同时也改变了运动的方向。但是，它可能还有足够的能量再次对其他原子进行电离。另外，脱离了原子的自由电子，当其速度（动能）较大时，也可能引起其他原子电离。

α、β、γ 三种射线贯穿作用到物质内部，都能引起物质的电离。但是，它们电离作用的强弱是不同的。三种射线相比较，α 射线的电离作用最强，它穿过空气时，在 1cm 的路程上约能产生 2 万～6 万个离子对；β 射线的电离作用较弱，它穿过空气时，在 1cm 的路程上约能产生 40～300 个离子对；γ 射线的电离作用最弱，它穿过空气时，在 1cm 的路程上只能产生 1～2 个离子对。

② 贯穿作用　由于原子内部很空，而 α、β、γ 三种射线的粒子比起整个原子来又小得多，并且它们都具有一定的能量，所以射线能够贯穿到物质内部去，这就是射线的贯穿作用。

射线贯穿到物质内部，由于电离作用，就要损失能量，当其能量耗尽时，射线就完全被吸收了。显然，电离作用强的射线，能量消耗快，贯穿能力就弱，反之贯穿能力就强。

在 α、β、γ 三种射线中，α 射线的贯穿能力最弱，它在空气中仅能穿过几厘米的路程，连人的皮肤都穿不过去。因此，对 α 射线的防护比较容易，一张纸块便能完全挡住它，如图 7-3 所示。

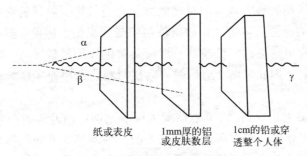

图 7-3　辐射贯穿能力示意图

β 射线的贯穿能力比 α 射线强很多。它在空气中能穿过几米到十几米的路程，能贯穿到人体内部去，但不能贯穿到骨骼内。因此，β 射线也比较容易被削弱和吸收。服装对它便有一定的削弱作用。薄铝、铁板或稍厚一些的木板就能完全挡住它。但由于 β 射线有一定的贯穿能力和电离能力，所以也要防止 β 放射性物质进入体内和沾染皮肤。

γ 射线的贯穿能力最强，很难被物质完全吸收。它在空气中能穿过几百米以上的路程，能贯穿到人体的骨骼内。因此，γ 射线的体外照射危害大，服装对它没有什么实际的防护效果，只有厚实的物体对它才有明显的防护作用。

(4) 中子与物质的相互作用　中子不带电，不能通过库仑力与物质原子的电子相互作用，而只能与原子核相互作用。中子与原子核的相互作用分为两大类，即散射和辐射俘获(吸收)。

① 散射　包括弹性散射和非弹性散射。这是快中子（能量 100～1000keV 范围）与物质相互作用过程中的主要能量损失。

a. 弹性散射　快中子在轻介质中主要通过弹性散射损失能量。当中子和原子核（靶核）发生弹性碰撞时，中子把部分能量交给原子核，然后改变方向继续运动。中子与氢原子核发生一次"正向"碰撞，中子的能量几乎全部被损失掉。由于轻元素（物质是氢）可以作为良好的快中子减速剂，而且中子与重核的弹性散射能量损失很小，因此在中子的防护中，常选用含氢和原子量小的物质（如石蜡、石墨、氢化锂）作为快中子的减速剂。

b. 非弹性散射　中子与靶核发生非弹性碰撞，靶核放出一个动能较低的中子并且处于激发态，然后放出 γ 光子回到基态。快中子与重核相互作用时，非弹性散射占优势。每发生一次非弹性散射，中子损失很大一部分能量，经过几次非弹性散射后，中子能量降低到主要靠弹性散射损失能量。因此，在中子屏蔽层中往往掺入重元素与减速剂组成交替屏蔽。其中重元素具有吸引 γ 射线和使高能中子减速的双重作用。

② 辐射俘获　中子射入靶核后，与靶核形成激发态复合核，然后复合核发射 γ 光子回

到基态，此过程称为辐射俘获，也称（n，γ）反应，这时中子就被靶核吸收。几乎任何能量的中子都能与原子核发生辐射俘获。发生（n，γ）反应后的靶核，由于核内多了一个中子，一般是放射性的，但也有的是稳定的。

（5）射线和中子相对危害性

① α射线穿透能力很弱，射程很短，它对人体组织的伤害远比其他外来辐射小。因而大多数α辐射源，不存在外照射危害；相反，α放射性物质，一旦到体内，α粒子射程短就变得非常重要，这意味着损伤高度集中在α粒子源附近，器官就会受到严重的损伤。作为体内危害，α粒子是值得重视的。

② β射线与α射线相比具有较大的穿透能力。在空气中β射线的射程可以达到几米，大约70keV的β射线就能穿透人体皮肤角质层使组织受到损伤。因此β射线对人体可以构成外照射危害。但是β射线很容易被有机玻璃、塑料及薄铝片等材料屏蔽。高能β射线在重元素材料中会产生轫致辐射，因此屏蔽β射线时，内层材料应选用原子序数较低的物质，外面再用铝板或铁板。

③ γ射线的穿透能力比α射线、β射线要大很多，即使离开辐射源相当远的地方也可能使人体受到照射，所以γ射线外照防护是最重要的。为了减少外照射造成的危害，最有效的办法是采用原子序数较高的不同厚度的铁板、铅或混凝土做屏蔽防护。反之，γ射线对人体的内照射危害比α射线、β射线要小。

④ 中子与γ射线一样，主要是考虑外照射伤害。中子源一般发射的都是快中子。快中子和高能中子与人体组织氢原子核发生弹性散射，把大约80%～95%的中子能量交给了组织，产生的反冲核质子将通过电离组织损失能量。因此快中子比低能中子具有更大的危害。由于中子不带电，在空气和其他介质中可以穿透很大距离，所以屏蔽中子同γ射线一样，比较困难。

4. 放射性污染对人体的危害

（1）核事故造成的伤害　自1895年发现X射线以后不久，便发现X射线对人体的危害作用。随着加速器、反应堆的问世及大量人工放射性核素的生产和广泛应用，人们接触电离辐射的量空前增大，从而对辐射危害的研究也逐步深入。特别是广岛、长崎遭受原子弹袭击后，人们从受害者及其后代身上收集、积累了人类受损伤的资料，加上大量的动物试验，对电离辐射的危害及防护的研究进入了一个新的阶段。大量的调查研究结果表明，原子能工业与一般工业（如采矿、机械制造、建筑、铁路运输等）相比，已经成为安全记录较好的工业，详见表7-3。从表中可以看出，原子能工业的事故年平均死亡率远小于一般工业。

表7-3　原子能工业与一般工业事故年平均死亡率、职业病年平均死亡率的比较

工业种类	事故年平均死亡率/%	职业病年平均死亡率/%
原子能工业	$(0.08\sim0.68)\times10^{-3}$	0.002～0.016
一般工业	0.06	0.01

原子能工业良好的安全记录，是由于高度重视了安全防护而获得的。然而，必须指出的是，原子能工业及原子能科学技术的应用是存在潜在性危害的。国内外的经验表明，大多数重大事故的发生，多是由于忽视了安全防护或管理不妥造成的。个人的超剂量事故，大多是由于麻痹大意或不遵守操作规程而造成的，为了有效地控制电离辐射的危害作用，必须制定和执行辐射防护标准。

电离辐射作用于人体，可能造成器官或组织的损伤，因而表现出各种生物效应。通常所说的辐射损伤就是电离辐射所引起的各种生物效应的总称。

辐射效应出现在受辐射者本人身上的叫躯体效应，如放射病、辐射诱发的癌症等；出现在受辐射者后代身上的称为遗传效应。

(2) 放射性沾染的危害　放射性沾染是核武器或核事故特有的杀伤因素。所放出的β射线、γ射线（α射线所占的比例很少）对人体组织有电离作用而引起伤害，其伤害途径有外照射、内照射和皮肤灼伤三种。

① 外照射伤害　当辐射源处在人体外面时形成的辐射伤害叫外照射伤害。

a. α辐射对人不构成外照射伤害的危险。即便皮肤上沾染了α粒子，它也只是会伤害皮肤表皮层。

b. 在核战争或核事故中可能遇到的许多条件下，β辐射很可能将不构成外照射伤害，但是，如果大量的β放射物质长时间直接与皮肤接触，便会构成外照射危害。β辐射可以像日光那样使皮肤变红，而且大剂量β辐射可使皮肤起泡，造成伤害。

c. γ辐射，即使是远距离的放射源，也可以穿透人体，通过电离作用而产生相当程度的伤害。因此，γ辐射无疑是一种外照射伤害因素。

d. 中子辐射：由于基本上不存在发射中子的放射性物质，故而中子是不可能产生内照射伤害的。只有在核爆炸后的第一秒钟之内作为早期核辐射的一部分所释放出来的中子才会导致中子损伤。在这种条件下，中子只构成外照射伤害。

② 内照射伤害　当辐射源处在人体里面时所形成的伤害就叫内照射伤害。

a. α辐射是一种内照射伤害因素。体内的α粒子会对某一内脏器官的第一层或第二层细胞造成伤害，而这些细胞对人体的健康是极为重要的。例如，如果某人的肺里沾染了α放射性物质，此时可能受破坏的细胞层便是那些能把空气中的氧气输送到血管中流动血液的输氧细胞。显然，损失这样的细胞对人体肯定具有巨大的影响。

b. β辐射也是一种内照射伤害因素。

c. γ辐射也是一种确切的内照射伤害因素，尽管γ光子可能会在体内比较长的距离上消耗其能量。

当体内存在核辐射源时，三种辐射中以α辐射的危害最大，β辐射次之，γ辐射最小。

③ 皮肤灼伤　放射性灰尘直接落在皮肤上，或是人体接触了沾染严重的物体，都可能会引起皮肤灼伤（与普通烧伤相似，皮肤出现红斑，表皮坏死和溃疡等）。

皮肤灼伤主要是β射线引起的。一般发生在暴露的皮肤、颈部、毛发等容易积存灰尘的部位，这种伤害只是局部的伤害，一般不会引起全身症状。

皮肤沾染量要达到一定量，照射数小时后，才能造成皮肤灼伤。因此，只要及时消除，一般不会产生皮肤灼伤。

在事故现场或野战条件下，应首先考虑外照射伤害，其次考虑内照射伤害。

(3) 辐射对人体的躯体效应　按躯体效应发生的早晚，分为急性效应和晚期效应。

① 辐射的急性效应　辐射的急性效应是受照射者一次或短时间接受大剂量照射时发生的效应。在核设施的正常运行过程中，或工作人员在遵守操作规程的日常工作中，一般不会发生这种照射，只有在下述情况下才可能发生：

a. 超临界核事故；

b. 违反操作规程或丢失辐射源的严重事故（如遭受大型^{60}Co辐射源的误照）；

c. 核爆炸时，距爆心投影点一定距离内，在无屏蔽情况下的照射。

表 7-4 列出了全身急性照射可能产生的效应。

表 7-4 全身急性照射可能产生的效应（摘录）

受照剂量/Gy	临床症状
0～0.25	一般无检出的临床症状
0.5	血相有轻度暂时性变化（淋巴细胞和白细胞减少）
1.0	恶心、疲劳，受照剂量达 1.25Gy 以上者，有 20%～25% 的人可能发生呕吐，血相有显著变化，可能致轻度急性放射病
2	受照后 24h 内出现恶心、呕吐、毛发脱落、厌食、全身虚弱、喉炎、腹泻等。如果既往身体健康或无并发感染者，短期内可望恢复
4（半致死剂量）	受照后几小时内发生恶心、呕吐，潜伏期约一周。两周内可见毛发脱落、厌食、全身虚弱、体温增高。第三周出现紫斑，口腔及咽部感染。第四周出现苍白、鼻血、腹泻、迅速消瘦。50% 受照个体可能死亡，存活者 6 个月内可逐渐恢复健康
≥6（致死剂量）	受照者 1～2h 内出现恶心、呕吐、腹泻，潜伏期短，第一周末，出现腹泻、呕吐、口腔咽喉发炎，体温增高，迅速消瘦。第二周出现死亡，死亡率可达 100%

② 晚期效应　晚期效应是指受照后数年所出现的效应。当急性照射恢复后或长期接受超容许水平的低剂量照射（内照射或外照射）时，可能发生晚期效应。晚期效应主要指辐射诱发的癌症、白血病及寿命缩短等。例如有人调查了曾处在广岛、长崎原子弹爆心投影点 2000m 内的受害者遭受外照后甲状腺癌的发生率，结果列于表 7-5。从表中看出甲状腺癌的发生率明显地与受照剂量有关，而且女性的甲状腺癌发生率比男性高。内照射致癌最典型事例是加拿大的一个矿，由于矿井中氡气的浓度高，1952～1961 年间在该矿井中工作一年以上的工人（均男性），有 51 死亡，其中死于肺癌者 23 人（占 45%），肺癌发生率较一般的男性工人高 28.8 倍。

表 7-5　广岛、长崎距原子弹爆心投影点 2000m 内受害人员甲状腺癌发生率

剂量/Gy	男性		女性	
	调查人数/人	发生率/%	调查人数/人	发生率/%
>2	740	4.1	1100	9.1
0.5～1.99	789	2.5	1332	6.8
0～0.49	928	1.1	1806	2.8

(4) 辐射对人体的遗传效应　核辐射的遗传效应是由于引起再生细胞的遗传部分的变化所致。这种效应对于受照射的本人并没有任何明显的损伤，但是对后代可能会有显著的影响。如果核辐射使体细胞发生变异（某些遗传特性的突然变化），那么对于这个人可能会产生一些作用，但是这种变化不会遗传。如果这种变异发生在父母任一方的生殖细胞上，则在下一代就可能会出现一种新的特性。

目前有关辐射遗传效应资料来源有限，除动物试验外，所得到的资料主要来源于广岛、长崎原子弹爆炸的受害者，核工业事故污染地区、高本底地区及接受医疗照射的人体。就上述有关人员的资料来看，尚未明确证明辐射对遗传的危害。

(5) 影响辐射损伤的因素　辐射损伤是一个复杂的过程，它与许多因素，如辐射敏感性、剂量、剂量率、照射方式、机体的生理状态等有关。

① 辐射的敏感性　细胞、组织、器官、机体或任何有生命物质对辐射损伤作用的相对敏感程度称辐射敏感性或放射敏感性。人体中对电离辐射最敏感的部位包括淋巴组织、骨

髓、生殖器和肠胃道。敏感性居中的有皮肤、肺和肝脏。最不敏感的部位是肌肉、神经和成年人的骨头。一般地说，细胞再生得越快，它就越容易受到核辐射的伤害。人体中反应最快的是淋巴细胞。受照后，淋巴细胞几乎立即开始减少，其减少速度与照射剂量成正比。其次是白细胞和血小板的减少。细胞核内的染色体对辐射也非常敏感。

在人的个体发育的不同阶段中，辐射敏感性从幼年、少年、青年至成年依次降低。受精后约38天的胚胎辐射敏感性最高。因此，妊娠早期的妇女，应避免腹部受照射。未满18岁的青少年不应参加放射性工作。

② 剂量　对于辐射诱发癌症，认为其发生率与剂量存在着线性无阈关系，即剂量越大，发生率越高，不存在一个剂量阈值（在此值下就不会发生癌症）。

对于急性放射病，它的发生有剂量阈值。受照剂量必须大于阈值剂量才发病，得病的严重程度与剂量大小有关。

a. "小剂量"概念　小剂量是指多大的剂量尚无统一明确的规定。有的指小于1Gy的照射，更多的是指剂量当量限值以下的职业性照射。还有人把环境污染和诊断照射称为"低水平照射"。本书中所指的慢性小剂量照射，是剂量当量限值以下的职业性照射或放射性物质污染环境对广大居民形成的照射。

慢性小剂量照射的生物效应是人们最关心的，对于制定和执行辐射防护标准具有重要意义。

b. 慢性小剂量照射的特点　慢性小剂量照射的生物效应主要是远期效应，它也是非特异性的，但潜伏期可能更大，发生率更低。常用统计学方法对人数众多的群体进行调查，或者通过动物试验进行研究。

③ 剂量率　人体对辐射损伤有一定的恢复作用。因此，在受照总剂量相同时，小剂量的分散照射比一次大剂量的急性照射所造成的损伤要小得多。例如50年内全身均匀照射累积剂量为2Gy，并不会发生急性的辐射损伤；如果一次性照射的剂量为2Gy，则可能产生严重的躯体效应——急性放射病。

因此，在进行剂量控制时，应在尽可能低的剂量率水平下分散进行。

④ 受照条件　受照条件包括照射方式、照射部位及面积等。

a. 照射方式　分为外照射和内照射。在外照射情况下，当人体受穿透力强的辐射（X射线、γ射线、中子）照射一定剂量时，可造成深部组织和器官，如造血器官、生殖器官、胃肠道和中枢神经系统等辐射损伤。

放射性核素进入体内造成的内照射危害，与核素性质、进入途径及在关键器官的沉积量有关。

各种不同的辐射按其对人体的危害作用大小排列如下。

外照射：$n>γ、X>β>α$。

内照射：$α、p>β、γ、X$。

b. 照射部位　辐射效应与受照部位有关，受照部位不同，产生的生物效应也不同。例如6Sv全身照射可引起致死，而同样剂量照射手或足，甚至不会发生明显的临床症状。

在相同剂量和剂量率照射条件下，不同部位的辐射敏感性的高低依次排列为：腹部、盆腔、头部、胸部、四肢。

c. 照射面积　在相同剂量照射下，受照面积愈大，产生的效应也愈大。同时与受照部位也密切相关，如果受照部位是重要器官所在，即使是小面积的照射也会造成该器官的严重损伤。

三、常用辐射量与单位

辐射量是一种能表达辐射的特征并能加以测定的量，电离辐射通过与物质相互作用，把能量传递给受照物质，并在其内部引起各种变化。辐射量和单位就是为描述辐射作用于物质时，能量传递及物质内部变化的程度和规律建立起来的物理量和量度。本节从辐射防护、监测角度简述常用的辐射量和单位，并借助某些辐射剂量学的基础知识，给出它们之间的关系。

1. 照射量（X）及其单位

一束 X 或 γ 射线穿过空气时与空气发生相互作用而产生次级电子，这些次级电子在使空气电离而产生离子过程中，最后损失了本身全部的能量。照射量 X 就是表示 X 射线或 γ 射线在空气中产生电离多少的物理量，被定义为：

$$X = \frac{dQ}{dm} \tag{7-4}$$

式中　dQ——γ 或 X 射线在空气中完全被阻止时，引起质量为 dm 的某一体积元的空气电离所产生的带电粒子（正的或负的）的总电量值，库仑（C）；

X——照射量，它的 SI 单位为 C/kg，与它暂时并用的专用单位是伦琴（R），简称伦。

$$1R = 2.58 \times 10^{-4} C/kg$$

这一单位仅适用于 γ 和 X 射线透过空气介质的情况，不能用于其他类型的辐射和介质。

2. 放射性活度（A）及其单位

放射性强度与放射性活度是两个不同的概念。放射性活度简称活度，是处于特定能态的放射性核素衰变的次数除以时间间隔。放射性强度是某种核素放射源放出某种射线的数目除以时间间隔。一般讲，射线强度的大小不一定等于活度的大小。例如 ^{60}Co，由于 1 次衰变放出 2 个 γ 光子，所以 ^{60}Co γ 射线强度的大小是活度大小的 2 倍。

活度的国际单位制是每秒（s^{-1}），它具有专门的名称——贝克（Bq），是指每秒发生 1 次衰变的活度，$1Bq = 1s^{-1}$。它是出于人类健康和安全的需要而专门给出的。

放射性活度的旧单位是居里（Ci），$1Ci = 3.7 \times 10^{10}$ 衰变数/秒 $= 3.7 \times 10^{10} Bq = 37 GBq$。

放射性活度的定义也可以用下式表示：

$$A = A_0 e^{-\lambda t} \tag{7-5}$$

式中，$A_0 = \lambda N_0$，即 $t=0$ 时刻的放射源的活度，N_0 表示 $t=0$ 时刻的原子核数目；A 为经过 t 时间放射源的活度；λ 为衰变常数，s^{-1}。

可见，放射性活度呈指数规律衰变。

在实际工作中，式(7-5)经常用于放射性活度的衰变修正。

【例 7-1】试求某放射性核素，经过多少个半衰期以后，其放射性活度减少到原来的 1%？

解：设经过 n 个半衰期，其放射性活度减少到原来的 1%。

$$T_{1/2} = \frac{\ln 2}{\lambda} = \frac{0.693}{\lambda}$$

$$A = A_0 e^{-\lambda t} = e^{-(0.693/T_{1/2})t}$$

$t = nT_{1/2}$，则

$$0.01 = e^{-(0.693/T_{1/2})nT_{1/2}}$$

$$n = \frac{\ln 100}{0.693} = 6.6$$

3. 吸收剂量（D）及其单位

吸收剂量（D）是当电离辐射与物质相互作用时，用来表示单位质量的物质吸收电离辐射能量大小的物理量。其定义用下式表示：

$$D = \frac{d\bar{E}_D}{dm} \tag{7-6}$$

式中　D——吸收剂量；

　　　$d\bar{E}_D$——电离辐射给予质量为 dm 的物质的平均能量。

吸收剂量的 SI 单位为焦耳每千克（J/kg），单位的专门名称为戈瑞，简称戈，用符号 Gy 表示。

$$1Gy = 1J/kg$$

与戈瑞暂时并用的专用单位是拉德（rad）。

$$1rad = 10^{-2}Gy$$

在辐射防护中，吸收剂量是一个很重要的量。它对各种类型的辐射、任何介质、内照射和外照射都适用。

吸收剂量有时用吸收剂量率（P）来表示。它定义为单位时间内的吸收剂量，即

$$P = \frac{dD}{dt} \tag{7-7}$$

其单位为 Gy/s 或 rad/s。

在剂量监测和屏蔽设计中，经常用到吸收剂量率概念。

4. 剂量当量（H）及其单位

剂量当量（H）定义为：在组织内一点上的 D、Q 和 N 的乘积，用公式表示如下：

$$H = DQN \tag{7-8}$$

式中　D——吸收剂量，Gy；

　　　Q——品质因数，其值决定于导致电离粒子的初始动能、种类及照射类型等（见表7-6）；

　　　N——所有其他修正因素的乘积，它反映了吸收剂量的不均匀空间与时间分布等因素，当前 $N=1$。

剂量当量（H）的 SI 单位为 J/kg，单位的专门名称为希沃特（Sv）。

$$1Sv = 1J/kg$$

与希沃特暂时并用的专用单位是雷姆（rem）。

$$1rem = 10^{-2}Sv$$

应当指出，引入剂量当量用来描述人体所受各种电离辐射的危害程度，可以表达不同类型射线，在不同能量和照射条件下，所引起生物效应的差异。因此在计算剂量当量时，必须指明射线种类、能量和受照条件。

表 7-6 品质因数与照射类型、射线种类的关系

照射类型	射线种类	品质因数
外照射	X、γ、e	1
	热中子及能量小于 0.005MeV 的中能中子	3
	中能中子(0.05MeV)	5
	中能中子(0.1MeV)	8
	快中子(0.5~10MeV)	10
	重反冲核	20
内照射	β^-、β^+、γ、e、X	1
	α	10
	裂变碎片、α 发射中的反冲核	20

【例 7-2】 甲、乙两人在从事放射源操作工作中,甲受到 γ 射线外照射 D_γ 为 10mGy、中子外照射 D_n 为 3mGy;乙受到 γ 射线外照射 D_γ 为 20mGy。试问甲、乙二人谁受到的损伤大些?

解:查表得:$Q_\gamma=1$,$Q_n=10$,

$$H_甲 = D_\gamma Q_\gamma N_\gamma + D_n Q_n N_n = 10 \times 1 \times 1 + 3 \times 10 \times 1 = 40 \text{(mSv)}$$
$$H_乙 = D_\gamma Q_\gamma N_\gamma = 20 \times 1 \times 1 = 20 \text{(mSv)}$$

由计算可知,甲受损伤程度要比乙大。

四、放射性污染与防护

自从发现人体受到一定量电离辐射照射会产生损伤,人们不仅对核战争、核事故产生核辐射对人员的损伤十分重视,而且对使用辐射源造成的损伤也十分重视,对电离辐射的防护意识日益增强,历史上根据当时对辐射损伤的认识曾多次制定和修改过辐射防护标准。本节介绍放射性污染的可防性、防护原则及其防护方法。

1. 放射性污染的可防性

核爆炸和核事故产生的放射性污染是可以防护的。

(1) 落下灰沉降到地面需经历一段时间 核爆炸时,落下灰到达地面经历了随烟云上升以后又由于重力作用沉降和高空风作用水平飘移的过程,这些过程需经历一段时间。一旦发现有落下灰沉降,尚有时间采取防护措施。尽管核事故来得突然,但只要平时采取了防护措施并准备好了防护器材,一旦发生核事故,就可以及时防护。

(2) 照射量随停留时间缩短、进入时间延后而减少 人员受地面放射性污染所致的外照射量与在污染区停留时间长短有关,尽可能快速通过污染区,缩短在污染区停留时间,就可能减少外照射损伤。由于落下灰污染区地面照射率是随时间推移而不断衰减的,距爆炸后时间越近,地面照射量率衰减愈快,因此,只要情况允许,救援人员及时撤出污染区,并避免过早进入污染区,就可在一定程度上减少照射量。

(3) 污染区范围随时间逐渐缩小 由于地面照射量率随时间推移而不断降低,所以污染区范围也逐渐缩小。这样,落下灰污染区对人员的影响随时间延后而逐渐减少,到一定时刻就不再影响救援行动。

(4) 近区沉降的落下灰颗粒较大,易于防护和消除 不同大小的粒子从所在高度沉降到地面所需的时间不同,大粒子沉降快,落在离爆心或事故点较近处,小粒子下降慢,落在离爆心或事故点较远处。而从体表污染和对内照射的危害分析,大粒子易于防护和消除。

2. 辐射防护的原则

辐射防护的目的是防止发生对健康有害的非随机效应，将随机效应发生率降低到可以接受的水平。为了达到这一目的，在核救援或使用放射源时必须遵循以下辐射防护三原则。

(1) 辐射实践的正当化原则　在进行涉及辐射的任何实践活动之前，必须先权衡其利弊得失，只有当这一实践活动对人群和环境可能产生的危害与个人和社会从中获得利益相比很小时，才能认为具有值得进行的正当理由；反之，则不应该采取这种实践。

(2) 辐射防护的最优化原则　最优化原则也称可合理达到尽可能低的原则，即在考虑到经济和社会因素的条件下，所有辐射照射都应保持在可合理达到的尽可能低的水平。但是过于要求更低的辐射，必将提高防护费用，而带来的好处只不过把已经很低的随机性效应的发生率再降低一点，这样不能认为是合理的。从最优化原则出发，应该这样选择，首先把辐射降到一定水平以下，然后在有可能做到的情况下把必需的照射降到尽可能低的水平，一直到为降低单位集体剂量当量所需费用抵不上因减少危害所带来的好处为止。由于军事任务或救援的需要，必须在沾染区内待命或执行任务或通过沾染区时，要尽可能减少暴露人员，或推迟进入时间，或减少停留时间。通过或停留时，照射剂量不应超过 0.50Gy。

(3) 个人剂量的限值　对个人所受的照射剂量限值加以控制。在辐射防护三原则的运用中，主要研究的是辐射防护的最优化。因为实践的正当性是由负责全面的当局进行判断的。个人剂量限值已为防护标准所规定。当然它们三者是有联系的。实践的正当性是辐射防护最优化研究的前提，个人剂量是最优化过程的约束条件。

国际辐射防护委员会（ICRP）第 26 号出版物明确指出，个人剂量限值是不允许接受的剂量范围的下限，它不能直接作为设计和安排工作的依据，而要以辐射防护的最优化原则为依据。在辐射防护工作中，作为任何决定都应基于最优化原则，任何决策的过程实际上就是最优化的研究过程。但是在辐射防护的实际工作中，对辐射防护三原则，现在存在许多误解，其中最常遇到的一种是：把个人剂量当量限值作为设计和安排工作的出发点，以致在实践中执行尽可能向限值接近的原则。另一常见的误解是把个人剂量限值作为评价的主要标准，实际辐射防护工作中，评价的主要标准应该是是否实现了辐射防护的最优化，而不是评价是否超过个人剂量限值。

3. 辐射防护的基本方法

(1) 外照射防护的基本方法　外照射是指在战时、核事故产生的核辐射对人员体外的照射或使用辐射源构成的辐射场所对人员体外的照射。对体外放射源构成的辐射场所的防护称为外照射防护。

① 战时与核事故的外照射防护

a. γ 射线外照射的防护　推迟进入污染区：污染区地面照射量率随时间而递减。推迟进入污染区可减少外照射量。

控制在污染区停留时间：以 50Gy 作为控制剂量，在不同照射量率地区允许停留时间可用下式进行估计：

$$允许停留时间间隔(h) = \frac{50}{地面照射量率(cGy/h)}$$

铲除停留点周围的表层土壤：人员在开阔地面上所受γ照射量主要是由近处地面上释出的γ射线造成的，若将需要停留处附近几十平方米范围内污染区的表层土铲去几厘米，清除移至远处，可明显降低停留处中心点的照射量率，从而减少外照射剂量。

利用地形、工事、建筑物进行防护：由于放射性落下灰沉降在低于地表的地方或缝隙，其释出的辐射部分被土壤所屏蔽，使该处γ照射量率要低于平坦的地面，故可利用不平坦地面（小丘、低岗、土墩和浅沟等）进行防护。

选择路线，快速通过污染区：需要通过污染区时，选择污染区较窄、污染较轻的地段，乘车辆快速通过，且密闭快速通过，既有屏蔽作用，又可缩短受照时间。

b. β射线外照射的防护　在放射性落下灰沉降过程中或在放射性污染区行动时，应穿上防护服。如没有防护服，应采取简易防护措施，以尽可能减少体表污染。如披雨衣、戴手套、扎三口（袖口、领口、裤口）、穿高腰鞋、不随便坐卧、不接触污染物体等，车队通过污染区时应保持合适车距。

服装的防护效果：服装可防止放射性灰尘侵入服装内和减弱服装外污染物释出的β射线对体表的照射。实验表明，防护服几乎可完全避免落下灰所致皮肤β辐射损伤。单军服可使落下灰所致皮肤β辐射剂量减弱30%～80%。棉服罩衣对棉服本身的防护效果亦比较好，在54次测定中有34次测不出棉服污染，测定污染的平均值仅为罩衣的7%。当脱去棉衣和绒衣后，棉毛衫、棉毛裤均未测出污染。披雨衣者其棉服上污染程度仅相当于雨衣外层的15%左右。

工事、房屋、车辆的密闭性能：工事、房屋、车辆具有不同程度的密闭性能，可使这些设施内物体表面污染大大减轻。试验表明，在爆区10～15cGy/h地段工事、坦克内物体表面污染程度仅为开阔地面的20%～60%，100cGy/h以上地段工事内物体表面污染程度比开阔地面低1～2个数量级，地下坑道内物体表面均无污染。民房内物体表面污染程度相当于同地点开阔地面的1/320～1/28。

② 核救援和操作放射源人员的外照射防护　通常外照射防护的手段有：缩短受照时间（称为时间防护）；加大与源之间的距离（称为距离防护）；采用屏蔽（称为屏蔽防护）。

a. 时间防护　工作人员在现场所接受的总剂量是剂量率按时间的积分，因此外照射防护的最简要手段之一就是缩短接受照射的时间。为此，工作前要做好充分准备，熟练操作。特别是需要在高剂量率条件下作业时，可选通过模拟操作使动作熟练、准确。这样可以大大缩短操作时间，从而减少工作人员所受的剂量。

b. 距离防护　由理论计算和试验可以知道，在点源窄束的情况下，空间辐射场中某点的剂量率与该点到源的距离平方成反比。因此增大与源的距离能大大减少操作者接受的剂量。操作不大的点状源可以使用如长柄钳或机械手之类的工具。

c. 屏蔽防护　当放射源活度比较高时，或者对固定的辐射装置，则应采用屏蔽防护。屏蔽防护就是根据辐射通过物质时被减弱的原理，在人与源之间加一足够厚的物质，将辐射减弱到所关心的水平，这种防护手段称为屏蔽。

屏蔽有两种，一种是对源进行屏蔽（如把源置入某些特制的容器内），另一种是对操作者进行屏蔽（如防护眼镜）。屏蔽时，可根据不同的源和操作要求，采用不同的屏蔽结构和材料。

(2) 内照射防护的基本方法

① 战时与核事故的内照射防护

a. 防止放射性微尘的吸入　人员在空气严重污染的环境中活动，为减少或避免因吸入放射性灰尘而引起内照射危害，应采取防护措施。首先应避免扬尘使近地面空气再次污染，其次，可进入车辆或工事内，利用其密闭性能和除尘设备，减少放射性微尘的吸入。个人防护器材，如防毒面具、口罩等也有很好的防护效果。

b. 食品防护和净化处理　各种储粮设备（如土圆仓、席囤、篷布囤）和装具（如麻袋、面袋），以及民房（砖房、土房）对近距离落下灰污染均有较好的防护效果，防护效率可高达 99% 以上。

露天放置或疑有污染的食品应检查处理后方可食用。实验证明，一般的加工或处理方法如过筛、加工脱壳、水洗、风吹、簸箕簸等对受落灰污染的粮食均有较好的去污效果。对那些不能用水洗的成品粮如面粉，只要铲除其浅表的一层即可达到去污的目的，但对于颗粒状粮食因其间隙较大，需要铲除数厘米的表层始能奏效。当然，对这些颗粒状粮食可用水洗处理。

对受落下灰污染的蔬菜用水洗方法去污效果很好。如污染时间较长，则去污效果稍有降低。炊、餐具受落下灰污染后用水洗的方法亦有较好的去污效果。

c. 饮用水的净化　饮用水净化的方法很多，通常常用混凝、沉淀和过滤等方法。用"三防"净水袋对消除饮水中放射污染有较好的效果，在常温条件下净化率为 85%～95%，在低温条件下为 80%～90%。

② 核救援和操作放射源人员的内照射防护　在实际工作中，放射性物质的操作可分为两种类型：封闭型放射性物质操作和开放型放射性物质操作。在后者情况下，放射性物质有可能发散出来，造成空气污染和地面、墙壁等表面污染。核战争、核事故更可能造成大面积的地域、水源、空气的环境污染，这就有可能通过各种途径进入人体。存在于人体内的放射性核素对人体的照射称内照射。

a. 放射性物质进入人体的途径　放射性物质可能通过以下主要途径进入人体。

存在于空气中的放射性气溶胶（直径 10^{-3}～$1\mu m$ 的固体或液体颗粒）或放射性气体经呼吸进入肺部。经呼吸进入肺部的放射性核素一部分转移到体液中，一部分被呼出体外，一部分廓清到咽喉并被吞噬到消化道。

随同食物或饮水食入。食入的放射性物质一部分被消化道吸收而转移到体液中，一部分随粪便排出体外，被吸收的比例与放射性物质的化学性质和个体的生理特征有关。

经过皮肤或皮肤伤口进入。某些放射性物质，例如氧化氯和碘的化合物可以通过完好的皮肤进入人体，从皮肤伤口进入的放射性物质经皮下组织直接进入体液。在体液中的放射性核素，有一部分被排出体外，其余部分被沉积在与它相亲和的器官组织中。例如 ^{131}I 将浓集于甲状腺，^{239}Pu 浓集于肺和骨。

b. 内照射防护的基本方法　内照射防护的原则：包容和集中，即把放射性操作限制在一定范围以内，尽可能减少放射性物质的散失和向外扩散的可能性。稀释、分散和去污，即采取各种措施，控制工作场所内空气中放射性物质的浓度，采取去污等措施控制各种表面上的放射性物质污染水平。

内照射防护的措施：按照放射性核素的最大日等效操作量划分甲、乙、丙三级工作场所。日等效操作量是实际操作量乘以核素的毒性组织系数和操作性质修正因子。

采用通风柜和手套箱。它们是开放型放射性实验室的重要设备，可以把放射性物质限制在更小的范围内。一般化学实验室都配备有通风橱，主要保证实验室内空气从开口进入通风橱，经排风口排出，使放射性物质不会散布到实验室。手套箱是用有机玻璃或镶有有机玻璃的不锈钢材制成，上装有一双手臂手套，箱内保证略低于大气压力的压力（真空度 1333.2～2666.4Pa）。一般乙级以上的开放型实验室才设置手套箱。

个人防护：为了减少工作人员的放射性摄入量，对从事开放型放射性工作的人员和参加核事故救援人员必须根据不同情况配备相应的个人防护用品。污染水平较低的丙级工作场所，穿一般化学实验室的工作服即可；乙级工作场所，视情况应穿戴专用的鞋、手套、衣服、帽子等。有场地洗消和卫生通过间的场所，通过间应有存放个人衣物的柜子，有用过的防护衣具和待用防护衣具存放处。

五、放射性检测仪器

放射性检测仪器种类多，需根据监测目的、试样形态、射线类型、强度及能量等因素进行选择。表7-7列举了不同类型的常用放射性检测器。

放射性测量仪器检测放射性的基本原理基于射线与物质间相互作用所产生的各种效应，包括电离、发光、热效应、化学效应和能产生次级粒子的核反应等。最常用的检测器有三类，即电离型检测器、闪烁检测器和半导体检测器。

表 7-7　各种常用放射性检测器

射线种类	检测器	特点
α	闪烁检测器	检测灵敏度低，探测面积大
	正比计数管	检测效率高，技术要求高
	半导体检测器	本底小，灵敏度高，探测面积小
	电流电离室	检测较大放射性活度
β	正比计数管	检测效率较高，装置体积较大
	盖革计数管	检测效率较高，装置体积较大
	闪烁检测器	检测效率较低，本底小
	半导体检测器	检测面积小，装置体积小
γ	闪烁检测器	检测效率高，能量分辨能力强
	半导体检测器	检测分辨能力强，装置体积小

1. 电离型检测器

电离型检测器是利用射线通过气体介质时，使气体发生电离的原理制成的探测器。电离型检测器有电流电离室、正比计数管和盖革计数管（GM管）三种。电流电离室是测量由于电离作用而产生的电离电流，适用于测量强放射性；正比计数管和盖革计数管则是测量由每一入射粒子引起电离作用而产生的脉冲式电压变化，从而对入射粒子逐个计数，适于测量弱放射性。以上三种检测器之所以有不同的工作状态和不同的功能，主要是因为对它们施加的工作电压不同，从而引起电离过程不同。

（1）电流电离室　这种检测器用来研究由带电粒子所引起的总电离效应，也就是测量辐射强度及其随时间的变化。由于这种检测器对任何电离都有响应，所以不能用于甄别射线类型。

图7-4是电流电离室工作原理示意图。A、B是两块平行的金属板，加在两板间的电压为V_{AB}（可变），室内充空气或其他气体。当有射线进入电离室时，则气体电离产生的正离子和电子在外加电场作用下，分别向异极移动，电阻（R）上即有电流通过。电流与电压的关系如图7-5所示。开始时，随电压增大电流不断上升，待电离产生的离子全部被收集后，

相应的电流达饱和值，如进一步有限地增加电压，则电流不再增加，达饱和电流时对应的电压称为饱和电压，饱和电压范围（BC段）称为电流电离室的工作区。

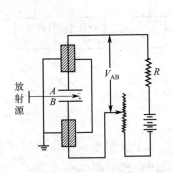

图 7-4 电流电离室示意图

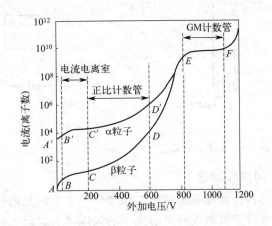

图 7-5 α、β粒子的电流与外加电压的关系曲线

由于电离电流很微小（通常在 10^{-12} A 左右或更小），所以需要用高倍数的电流放大器放大后才能测量。

(2) 正比计数管　这种检测器在图 7-5 所示的电流—电压关系曲线中的正比区（CD段）工作。在此，电离电子突破饱和值，随电压增加继续增大。这是由于在这样的工作电压下，能使初级电离产生的电子在收集极附近高度加速，并在前进中与气体碰撞，使之发生次级电离，而次级电子又可能再发生三级电离，如此形成"电子雪崩"，使电流放大倍数达 10^4 左右。由于输出脉冲大小正比于入射粒子的初始电离能，故定名为正比计数管。

正比计数管内充甲烷（或氩气）和碳氢化合物气体，充气压力同大气压，两极间电压根据充气的性质选定。这种计数管普遍用于α和β粒子计数，具有性能稳定、本底响应低等优点。因为给出的脉冲幅度正比于初级电离粒子在管中所消耗的能量，所以还可用于能谱测定，但要求的条件是初级粒子必须将它的全部能量损耗在计数管的气体之内；由于这个原因，它大多用于低能γ射线的能谱测量和鉴定放射性核素用的α射线的能谱测定。

(3) 盖革（GM）计数管　盖革计数管是目前应用最广泛的放射性检测器，它被普遍地用于检测β射线和γ射线强度。这种计数器对进入灵敏区域的粒子有效计数率接近100%；它的另一个特点是：对不同射线都给出大小相同的脉冲（参见图 7-5 中 GM 计数管工作区段 EF 线的形状），因此不能用于区别不同的射线。

常见的盖革计数管如图 7-6 所示。在一密闭玻璃管中间固定一条细丝作为阳极，管内壁涂一层导电物质或放进一金属圆筒作为阴极，管内充约 1/5 大气压的惰性气体和少量猝灭气体（如乙醇、二乙醚、溴等），猝灭气体的作用是防止计数管在一次放电后发生连续放电。

图 7-7 是用盖革计数管测量射线强度的装置示意图。为减小本底计数和达到防护目的，一般将计数管放在铅或生铁制成的屏蔽室中，其他部件装配在一个仪器外壳内，合称定标器。

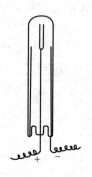

图 7-6 盖革计数管

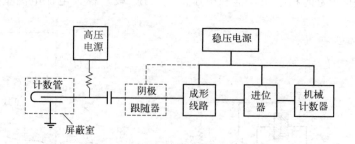

图 7-7 射线强度测量装置

2. 闪烁检测器

闪烁检测器是利用射线与物质作用发生闪光的仪器。它具有一个受带电粒子作用后其内部原子或分子被激发而发射光子的闪烁体。当射线照在闪烁体上时，便发射出荧光光子，并且利用光导和反光材料等将大部分光子收集在光电倍增管的光阴极上。光子在灵敏阴极上打出光电子，经过倍增放大后在阳极上产生电压脉冲，此脉冲还是很小的，需再经电子线路放大和处理后记录下来。图 7-8 是这种检测器测量装置的工作原理图。闪烁体的材料可用 ZnS、NaI、蒽、萘等无机和有机物质，其性能列于表 7-8 中。探测 α 粒子时，通常用 ZnS 粉末；探测 γ 射线时，可选用密度大、能量转化率高，可做成体积较大并且透明的 NaI(Tl) 晶体，因此特别适用于穿透力大的 γ 射线的检测。蒽、萘等有机材料发光持续时间短，可用于高速计数和测量短寿命核素的半衰期。

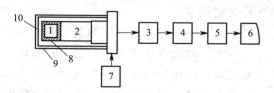

图 7-8 闪烁检测器测量装置
1—闪烁体；2—光电倍增管；3—前置放大器；
4—主放大器；5—脉冲幅度分析器；6—定标器；
7—高压电源；8—光导材料；9—暗盒；10—反光材料

闪烁检测器以其高灵敏度和高计数率的优点而被用于测量 α、β、γ 辐射强度。由于它对不同能量的射线具有很高的分辨率，所以可用测量能谱的方法鉴别放射性核素。这种仪器还可以测量照射量和吸收剂量。

表 7-8 闪烁材料性能

物质	密度/(g/cm³)	最大发光波长/nm	对 β 射线的相对脉冲高度	闪光持续时间/10^{-8} s
ZnS(Ag)粉①	4.10	450	200	4~10
NaI(Tl)①	3.67	420	210	30
蒽	1.25	440	100	3
萘	1.15	410	60	0.4~0.8
液体闪烁液	0.86	350~450	40~60	0.2~0.5
塑料闪烁体	1.06	350~450	28~48	0.3~0.5

注：① Ag、Tl 是激活剂。

3. 半导体检测器

半导体检测器的工作原理与电离型检测器相似，但其检测元件是固态半导体。当放射性粒子射入这种元件后，产生电子-空穴对，电子和空穴受外加电场的作用，分别向两极运动，并被电极所收集，从而产生脉冲电流，再经放大后，由多道分析器或计数器记录。如图 7-9

所示。

半导体检测器可用于测量 α、β 和 γ 辐射。与前两类检测器相比,在半导体元件中产生电子-空穴对所需能量要小得多。例如,对硅型半导体是 3.6eV,对锗型半导体是 2.8eV,而对 NaI 闪烁探测器来说,从其中发出一个光电子平均需能量 3000eV,也就是说,在同样外加能量下,半导体中生成的电子-空穴对数比闪烁探测器中生成的光电子数

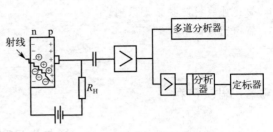

图 7-9 半导体检测器工作原理

多达 1000 倍。因此,前者输出脉冲电流大小的统计涨落比较小,对外来射线有很好的分辨率,适于作能谱分析。其缺点是由于制造工艺等方面的原因,检测灵敏区范围较小。但因为元件体积很小,较容易实现对组织中某点进行吸收剂量测定。

硅半导体检测器可用于 α 计数和测定 α 能谱及 β 能谱。对 γ 射线一般采用锗半导体作检测元件,因为它的原子序数较大,对 γ 射线吸收效果更好。在锗半导体单晶中渗入锂制成锂漂移型锗半导体元件,具有更优良的检测性能。因渗入的锂不取代晶格中原有的原子,而是夹杂其间,从而大大增大了锗的电阻率,使其在探测 γ 射线时有较大的灵敏区域。应用锂漂移型半导体元件时,因为锂在室温下容易逃逸,所以要在液氮制冷(−196℃)条件下工作。

同步练习

一、填空题

1. 原子是由_____和_____组成;原子核由_____和_____构成。原子核带_____电。
2. 原子核的组成情况,可用原子核符号来表示,写作:$^A_Z X_N$,其中 A 表示_____、Z 表示_____,X 表示_____,N 表示_____。
3. 核辐射是指_____。
4. α、β 及 γ 三种射线,电离能力排列_____;穿透能力排列_____。
5. 人体中对电离辐射最敏感的部位包括_____;最不敏感的部位是_____。
6. 氡的半衰期为 3.8 天,4g 氡原子核,经过 7.6 天还剩下_____克。
7. 放射性活度的国际制(SI)单位是_____。
8. 吸收剂量的专用单位是_____,剂量当量的专用单位是_____。
9. 半导体检测器比气体探测器的能量分辨率高,是因为_____。
10. 电流电离室一般用来探测_____射线的_____。
11. 正比计数管一般用来探测_____射线的能量。
12. GM 计数管一般用来探测_____射线的强度。

二、简答题

1. 简述闪烁检测器工作原理。
2. 简述正比计数管的工作原理。

3. 什么是能量分辨率及探测效率？
4. 简述外照射防护三大原则。
5. 简述内照射防护原则。

阅读材料

切尔诺贝利核泄漏事故

切尔诺贝利核泄漏事故，是历史上最严重的核事故。该事故发生在苏联时期乌克兰境内的普里皮亚季市。1986年4月25日，切尔诺贝利核电站原定关闭4号反应堆进行定期维修，并测试反应堆涡轮发电机的能力。由于实验开始时间的延迟，反应堆控制员违反操作规定，过快降低能量水平，导致反应堆内环境极不稳定，反应速率加快，反应堆产量急升，于26日发生蒸汽大爆炸。放射性物质随爆炸溢出，带有放射性的飘尘污染了苏联西部地区、东欧地区、北欧的斯堪的纳维亚半岛等区域。事故发生后，政府建立了钢筋混凝土石棺围墙，对4号机组进行隔离，防止辐射的扩散，但该方法不是永久安全的做法。石棺围墙受风雨侵蚀，一旦坍塌，放射性物质会继续外溢；而且水渗入反应堆内，成为有放射性的废水，外泄之后后果不堪设想。事故发生后，直接和间接造成的经济损失、对生态环境的影响和对人类的影响都是不可估量的。

六、数据处理和常用统计方法

1. 基本概念

（1）准确度　准确度是用一个特定的分析程序，所获得的分析结果（单次测定值和测定值的均值）与真值之间符合程度的量度。准确度是反映该方法或系统存在的系统误差或随机误差的综合指标，决定着测定结果的可靠程度。准确度用绝对误差或相对误差表示。

（2）精密度　精密度是指用特定的分析程序，在受控条件下重复分析均一样品所得测定值的一致程度，它反映分析方法或测量系统所存在随机误差的大小。可用极差、平均偏差、相对平均偏差、标准偏差和相对标准偏差来表示精密度大小，最常用的是标准偏差。

在讨论精密度时，常要遇到如下一些术语：

① 平行性　平行性系指在同一实验室中，当分析人员、分析设备和分析时间都相同时，用同一分析方法对同一样品进行双份或多份平行样测定得到的结果之间的符合程度。

② 重复性　重复性系指在同一实验室内，当分析人员、分析设备和分析时间三因素中至少有一项不相同时，用同一分析方法对同一样品进行的两次或两次以上独立测定所得结果之间的符合程度。

③ 再现性　再现性系指在不同实验室（分析人员、分析设备，甚至分析时间都不相同），用同一分析方法对同一样品进行多次测定所得结果之间的符合程度。

平行性和重复性代表了实验室内部精密度；再现性反映的是实验室间的精密度，通常用分析标准样品的方法来确定。

（3）灵敏度　分析方法的灵敏度是指某种分析方法在一定条件下被测物质浓度或含量改变一个单位时所引起的测量信号的变化程度。可以用仪器的响应量或其他指示量与对应的待测物质的浓度（或量）之比来描述，因此常用标准曲线的斜率来度量灵敏度。

（4）空白试验　试样分析时仪器的响应值（如吸光度、峰高等）不仅是试样中待测物质

的分析响应值,还包括其他因素,如试剂中杂质、环境及操作进程的玷污等的响应值,这些因素是经常变化的,为了了解它们对试样测定的综合影响,在每次测定时,均应做空白试验。空白试验所得的响应值称为空白试验值。

空白试验又叫空白测定,是指用试验用水代替试样的测定。其所加试剂和操作步骤与试样测定完全相同。空白试验应与试样测定同时进行,当空白试验值偏高时,应全面检查空白试验用水、试剂的空白、量器和容器是否被玷污、仪器的性能以及环境状况等。

(5) 校准曲线　校准曲线是用于描述待测物质的浓度(或量)与相应的测量仪器的响应量或其他指示量之间的定量关系的曲线。校准曲线包括工作曲线(绘制校准曲线的标准溶液的分析步骤与样品分析步骤完全相同)和标准曲线(绘制校准曲线的标准溶液的分析步骤与样品分析步骤相比有所省略,如省略样品的前处理)。

监测中常用校准曲线的直线部分。某一方法的校准曲线的直线部分所对应的待测物质浓度(或量)的变化范围,称为该方法的线性范围。

(6) 检出限　检出限是指某一分析方法在给定的可靠程度内可以从样品中检测出待测物质的最小浓度或最小量。所谓"检测"是指定性检测,即断定样品中有浓度高于空白的待测物质。不同检测方法中的检出限计算方法如下。

① 分光光度法中规定以扣除空白值后,吸光度为 0.01 时相对应的浓度值为检出限。

② 气相色谱法中规定的最小检测量是指检测器正好能产生与噪声相区别的响应信号时所需进入色谱柱的物质的最小量,通常认为恰能辨别的响应信号最小应为噪声值两倍。最小检测浓度是指最小检测量与进样量(体积)之比。

③ 离子选择电极法规定某一方法的校准曲线的直线部分外延的延长线与通过空白电位且平行于浓度轴的直线相交时,其交点所对应的浓度值即为检出限。

④《全球环境监测系统水监测操作指南》中规定,给定置信水平为95%时,样品的一次测定值与零浓度样品的一次测定值有显著性差异者,即为检出限(L)。

$$L = 4.6\delta_{wb}$$

式中,δ_{wb} 为空白平行测定(批内)标准偏差。

(7) 方法适用范围　方法适用范围是指某一特定方法检测下限至检测上限之间的浓度范围。显然,最佳测定范围应小于方法适用范围。

(8) 测定限　测定限分为测定下限和测定上限。测定下限是指在测定误差能满足预定要求的前提下,用特定方法能够准确地定量测定待测物质的最小浓度或量;测定上限是指在测定误差能满足预定要求的前提下,用特定方法能够准确地定量测定待测物质的最大浓度或量。

(9) 最佳测定范围　最佳测定范围又叫有效测定范围,系指在测定误差能满足预定要求的前提下,特定方法的测定下限到测定上限之间的浓度范围。

2. 误差和偏差

(1) 误差和偏差的概念　环境监测的目的就是准确地测定污染物组分的含量。因此分析结果必须有一定的准确度,否则就会导致科学上的错误结论,从而引发一系列的问题。

即使是很熟练的分析工作者,采用最完善的分析方法和最精密的仪器,对同一个样品在相同的条件下进行多次平行测定,其结果也不会完全一样;如果是几个人,对同一样品进行平行测定,其结果就更难相同了。这说明分析结果必然存在误差,因此一切从事的科学实验必然存在着误差,这就是误差公理,即"测定结果都具有误差,误差自始至终存在于一切测定的过程之中"。由此看来,一个没有表明误差的分析结果,几乎就会成为没有用的数据。或者说,他人对其结果的可信度就不言而喻。虽然误差比测量结果的数据要小得多,但其重要性丝毫不比测量结果逊色。

① 真值 在某一时刻和某一状态(或位置)下,某事物的量表现出的客观值(或实际值)称为真值。实际应用的真值包括:

理论真值:例如三角形内角之和等于180°;

约定真值:由国际单位制所定义的真值称为约定真值;

标准器(包括标准物质)的相对真值:高一级标准器的误差为低一级标准器或普通仪器误差的1/5(或1/3~1/20)时,则可以认为前者为后者的相对真值。

② 误差及其分类 测量结果与其真实值的差值称为误差。环境监测需要借助各种测量方法去完成。由于被测量的数值形式通常不能以有限位数表示。此外由于认识能力的不足和科学技术水平的限制,测量值与其真值并不完全一致。误差是客观存在的,任何测量结果都具有一定的误差,误差存在于一切测量的全过程中。

误差按其性质和产生的原因,可以分为系统误差、偶然误差和过失误差。

a. 系统误差 系统误差又称可测误差、恒定误差或偏倚,是指测量值的总体均值与真值之间的差别,是由测量过程中某些恒定因素造成的。在一定的测量条件下,系统误差会重复出现,即误差的正负和大小在多次重复测定中有固定的规律。因此,增加测定次数不能减小系统误差。从理论上讲,系统误差是可以测定的,若能找出原因,并设法加以校正,即可消除系统误差。

b. 偶然误差 偶然误差也称随机误差或不可测误差,是由测定过程中偶然因素的共同作用所造成。偶然误差的大小和正负是不固定的。但在多次测量的数据中,偶然误差符合正态分布。

c. 过失误差 过失误差也叫粗差。这类误差明显地歪曲测量结果,是由测量过程中不应有的错误造成的。如加错试剂、试样损失、仪器出现异常、读数错误等。过失误差一经发现,必须及时重做。为消除过失误差,分析人员应该具有认真细致、对工作负责的良好素质,不断提高理论及操作水平。

③ 偏差 各次测定值与平均值之差称为偏差。在实际工作中,由于真实值并不确定,用误差无法衡量测定结果的准确度,对环境样品要进行多次平行分析,用其算术平均值来代表该样品的测定结果,用偏差衡量测定结果的精密度。

(2) 误差和偏差的表示方法 环境监测中常用的误差、偏差以及极差的有关定义及计算公式如下。

① 绝对误差(E) 是测量值(X)(单一测量值或多次测量的平均值)与真实值(μ)之差。

$$E=X-\mu \tag{7-9}$$

绝对误差为正,表示测量值大于真实值;绝对误差为负,表示测量值小于真实值。

② 相对误差(R_E) 是绝对误差与真实值之比(常用百分数表示)。

$$R_E=\frac{E}{\mu}\times 100\%=\frac{X-\mu}{\mu}\times 100\% \tag{7-10}$$

③ 绝对偏差(d_i) 是某测量值(X_i)与多次测量均值($\bar{X}$)之差。

$$d_i=X_i-\bar{X} \tag{7-11}$$

④ 相对偏差（R_{d_i}） 是绝对偏差与测量均值之比（常用百分数表示）。

$$R_{d_i} = \frac{d_i}{\bar{X}} \times 100\% = \frac{X_i - \bar{X}}{\bar{X}} \times 100\% \tag{7-12}$$

⑤ 平均偏差（$\bar{d}$） 是单次测量偏差的绝对值的平均值。

$$\bar{d} = \frac{\sum_{i=1}^{n} |d_i|}{n} = \frac{|d_1| + |d_2| + \cdots + |d_n|}{n} \tag{7-13}$$

⑥ 相对平均偏差（$\bar{R}_d$） 是平均偏差与测量均值之比（常用百分数表示）。

$$\bar{R}_d = \frac{\bar{d}}{\bar{X}} \times 100\% \tag{7-14}$$

⑦ 差方和（S 或 SD）、方差及标准偏差　差方和是指绝对偏差的平方之和。

$$S = \sum_{i=1}^{n}(X_i - \bar{X})^2 = \sum_{i=1}^{n} d_i^2 \tag{7-15}$$

方差分为样本方差和总体方差。

样本方差用 V 表示，计算公式为：

$$V = \frac{\sum_{i=1}^{n}(X_i - \bar{X})^2}{n-1} = \frac{1}{n-1} S \tag{7-16}$$

总体方差用 δ^2 表示，计算公式为：

$$\delta^2 = \frac{1}{N} \sum_{i=1}^{N}(X_i - \mu)^2 \tag{7-17}$$

式(7-17) 中的 N 为总体容量（无限次测量，一般应大于 20 次）。

标准偏差分为样本标准偏差和总体标准偏差。

样本标准偏差用 s 表示，计算公式为：

$$s = \sqrt{\frac{1}{n-1} \sum_{i=1}^{n}(X_i - \bar{X})^2} = \sqrt{\frac{1}{n-1} S} = \sqrt{V}$$

$$= \sqrt{\frac{\sum_{i=1}^{n} X_i^2 - \frac{(\sum_{i=1}^{n} X_i)^2}{n}}{n-1}} \tag{7-18}$$

总体标准偏差用 δ 表示，计算公式为

$$\delta = \sqrt{\delta^2}$$

$$= \sqrt{\frac{1}{N} \sum_{i=1}^{N}(X_i - \mu)^2}$$

$$= \sqrt{\frac{\sum_{i=1}^{N} X_i^2 - \frac{(\sum_{i=1}^{N} X_i)^2}{N}}{N}} \tag{7-19}$$

⑧ 相对标准偏差 相对标准偏差又称为变异系数,是样本标准偏差在样本均值中所占的百分数,用 C_V 表示。

$$C_V = \frac{s}{\bar{X}} \times 100\% \tag{7-20}$$

⑨ 极差(R) 极差(R)是指一组测量值中最大值(x_{max})与最小值(x_{min})之差。也叫全距或范围误差,用来说明数据的范围和伸展情况。极差的表示式为:

$$R = x_{max} - x_{min} \tag{7-21}$$

(3) 有效数字与修约规则

① 有效数字 所谓有效数字就是实际上能够测到的数字。一般由可靠数字和可疑数字两部分组成。在反复测量一个量时,其结果总是有几位数字固定不变,为可靠数字。可靠数字后面出现的数字,在各次单一测定中常常是不同的、可变的。这些数字欠准确,往往是通过操作人员估计得到的,因此为可疑数字。

有效数字位数的确定方法为:从可疑数字算起,到该数的左起第一个非零数字的数字个数称为有效数字的位数。

例如:用分析天平称取试样 0.4010g,这是一个四位有效数字,其中前面三位为可靠数字,最末一位数字是可疑数字,且最末一位数字有±1 的误差,即该样品的质量在(0.4010±0.0001)g 之间。

② 有效数字的修约规则 在数据记录和处理过程中,往往遇到一些精密度不同或位数较多的数据。由于测量中的误差会传递到结果中去,为不致引起错误,且使计算简化,可按修约规则对数据进行保留和修约。修约规则中:对整个数据一次修约,4 舍 6 入 5 看后,5 后有数应进 1,5 后为 0 前保偶。如将下列测量值修约为只保留一位小数;14.3426、14.2631、14.2501、14.2500、14.0500、14.1500,修约后分别为:14.3、14.3、14.3、14.2、14.0、14.2。

(4) 监测结果的数值表述 对一试样某一指标的测定,监测结果的数值表达方式一般有以下几种:

① 算术平均值($\bar{X}$)代表集中趋势 在克服系统误差之后,当测定次数足够多($n \to \infty$)时,其总体均值与真实值很接近。通常测定中,测定次数总是有限的,用有限测定值的平均值只能近似真实值,算术平均值是代表集中趋势表达监测结果最常用的形式。通常以算术平均值和标准偏差($\bar{X} \pm s$),或算术平均值和相对标准偏差表示。例如:土壤中含砷量 8 次测定结果平均值为 16mg/kg,最大相对偏差为 4.2%,相对标准偏差为 5.1%。

② 几何平均值(X_g) 若一组数据呈偏态分布,此时可用几何平均值来表示该组数据

$$X_g = \sqrt[n]{X_1 X_2 X_3 \cdots X_n} = (X_1 X_2 X_3 \cdots X_n)^{\frac{1}{n}} \tag{7-22}$$

③ 中位数 测定数据按大小顺序排列的中间值,即中位数。若测定次数为偶数,中位数是中间两个数据的平均值。

中位数最大的优点是简便、直观,但只有在两端数据分布均匀时,中位数才能代表最佳值。当测定次数较少时,平均值与中位数不完全符合。

④ 平均值的置信区间(置信界限) 由统计学可以推导出有限次测定的平均值与总体平均值(μ)的关系为;

$$\mu = \bar{X} \pm t \frac{s}{\sqrt{n}} \tag{7-23}$$

式中，s 为标准偏差；n 为测定次数；t 为在选定的某一置信度下的概率系数（双侧）。

在选定的置信水平下，可以期望真值在以测定平均值为中心的某一范围出现。这个范围叫平均值的置信区间（置信界限）。它说明了平均值和真实值之间的关系及平均值的可靠性。平均值不是真实值，但可以使真实值落在一定的区间内，并在一定范围内可靠。

各种置信水平和自由度下的 t 值列于表 7-9 中。当自由度（$f=n-1$）逐渐增大时，t 值随之减小。

表 7-9　t 值表

自由度(f)	P（双侧概率）				
	0.200	0.100	0.050	0.020	0.010
1	3.078	6.312	12.706	31.82	63.66
2	1.89	2.92	4.30	6.96	9.92
3	1.64	2.35	3.18	4.54	5.84
4	1.53	2.13	2.78	3.75	4.60
5	1.84	2.02	2.57	3.37	4.03
6	1.44	1.94	2.45	3.14	3.71
7	1.41	1.89	2.37	3.00	3.50
8	1.40	1.86	2.31	2.90	3.36
9	1.38	1.83	2.26	2.82	3.25
10	1.37	1.81	2.23	2.76	3.17
11	1.36	1.80	2.20	2.72	3.11
12	1.36	1.78	2.18	2.68	3.05
13	1.35	1.77	2.16	2.65	3.01
14	1.35	1.76	2.14	2.62	2.98
15	1.34	1.75	2.13	2.60	2.95
16	1.34	1.75	2.12	2.58	2.92
17	1.33	1.74	2.11	2.57	2.90
18	1.33	1.73	2.10	2.55	2.88
19	1.33	1.73	2.09	2.54	2.86
20	1.33	1.72	2.09	2.53	2.85
21	1.32	1.72	2.08	2.52	2.83
22	1.32	1.72	2.07	2.51	2.82
23	1.32	1.71	2.07	2.50	2.81
24	1.32	1.71	2.06	2.49	2.80
25	1.32	1.71	2.06	2.49	2.79
26	1.31	1.71	2.06	2.48	2.78
27	1.31	1.70	2.05	2.47	2.77
28	1.31	1.70	2.05	2.47	2.76
29	1.31	1.70	2.05	2.46	2.76
30	1.31	1.70	2.04	2.46	2.75
40	1.30	1.68	2.02	2.42	2.70
60	1.30	1.67	2.00	2.39	2.66
120	1.29	1.66	1.98	2.36	2.62
∞	1.28	1.64	1.96	2.33	2.58
自由度(n)	0.100	0.050	0.025	0.010	0.005
	P（单侧概率）				

平均值的置信界限决定于标准偏差 s，测定次数 n 以及置信度。测定的精密度越高（s

越小），次数越多（n 越大），则置信界限 $\pm\dfrac{ts}{\sqrt{n}}$ 越小，即平均值越准确。

【例 7-3】 某废水中氰化物浓度四次测定的平均值为 15.30mg/L，标准偏差为 0.10mg/L。求置信度分别为 90% 和 95% 时的置信区间。

解：$n=4$，则 $f=n-1=3$。

当置信度为 90% 时，查表得 $t=2.35$

$$\mu=\bar{X}\pm\frac{ts}{\sqrt{n}}=15.30\pm\frac{2.35\times0.10}{\sqrt{4}}=15.30\pm0.12(\text{mg/L})$$

说明真实浓度有 90% 的可能在 15.18～15.42mg/L 之间。

置信度为 95% 时，查表 $t=3.18$。

$$\mu=\bar{X}\pm\frac{ts}{\sqrt{n}}=15.30\pm\frac{3.18\times0.10}{\sqrt{4}}=15.30\pm0.16(\text{mg/L})$$

说明废水中氰化物的真实浓度有 95% 的可能在 15.14～15.46mg/L 之间。

(5) 监测数据的回归处理与相关分析

① 用最小二乘法计算回归方程和相关系数　在环境监测分析中，常常需要作工作曲线（或作标准曲线），例如比色分析和原子吸收光度法中作吸光度与浓度关系的工作曲线。这些工作曲线，通常都是一条直线。一般的做法是把实验点描在坐标纸上，横坐标表示被测物质的浓度，纵坐标表示测量仪表的读数（如吸光度），然后根据坐标纸上的这些实验点的走向，用直尺画出一条直线，即工作曲线，作为定量分析的依据。

但是，在实际工作中，实验点全部落在一条直线上的情况是少见的。当实验点比较分散时，凭直观感觉作图往往会带来主观误差，此时需借助回归处理，求出工作曲线方程。

② 直线回归方程　在简单的线性回归中，设 x 为已知的自变量（如标液中待测物质的含量），y 为实验中测得的因变量（如吸光度），两者的关系为：

$$b=\bar{y}-a\bar{x} \tag{7-24}$$

式中　b——截距；

a——斜率（或称 y 对 x 的回归系数）。

根据最小二乘法原理，a 可由下式求得：

$$a=\frac{n\sum xy-\sum x\sum y}{n\sum x^2-(\sum x)^2} \tag{7-25}$$

式中　n——测定次数；

$\bar{x}$——变量 x 的算术平均值；

$\bar{y}$——变量 y 的算术平均值。

求得 a、b 后即可获得最佳直线方程的工作曲线。

【例 7-4】 酚的标准系列测定结果见表 7-10a，求曲线的 a、b。

表 7-10a　分光光度法测定酚的数据

酚含量 x/mg	0.000	0.005	0.010	0.020	0.030	0.040	0.050
吸光度 A_n	0.002	0.022	0.043	0.083	0.122	0.163	0.201
$A_n-A_0(y)$	0.000	0.020	0.041	0.081	0.120	0.161	0.199

解：将结果经计算列入表 7-10b：

表 7-10b　回归分析计算表

n	x_i	y_i	x_i^2	$x_i y_i$
1	0.000	0.000	0	0
2	0.005	0.020	0.000025	0.00010
3	0.010	0.041	0.00010	0.00041
4	0.020	0.081	0.00040	0.00162
5	0.030	0.120	0.00090	0.00360
6	0.040	0.161	0.00160	0.00644
7	0.050	0.199	0.00250	0.00995
$\sum$	0.155	0.622	0.005525	0.02212

由

$$a = \frac{n\sum xy - \sum x \sum y}{n\sum x^2 - (\sum x)^2} \tag{7-26}$$

$$b = \bar{y} - a\bar{x}$$

得回归直线方程的表达式为：

$$y = 3.9884x + 0.0005$$

③ 相关系数　采用回归处理的目的，是为了正确地绘制工作曲线，但在实际工作中，仅有此要求还是不够的，有时还需探索变量 x 与 y 之间有无线性关系以及线性关系的密切程度如何。

相关系数（r）是用来表示两个变量（y 及 x）之间有无固有的数学关系以及这种关系的密切程度如何的参数。相关系数可由下式求得：

$$r = \frac{\sum(x_i - \bar{x})(y_i - \bar{y})}{\sqrt{\sum(x_i - \bar{x})\sum(y_i - \bar{y})^2}} \tag{7-27}$$

x 与 y 的相关关系有如下几种情况：

a. 若 x 增大，y 也相应增大，称 x 与 y 呈正相关。此时有 $0 < r < 1$，若 $r = 1$，则称为完全正相关。监测分析中希望 r 值越接近 1 越好。

b. 若 x 增大，y 相应减少，称 x 与 y 呈负相关。此时，$-1 < r < 0$，当 $r = -1$ 时，称为完全负相关。

c. 若 y 与 x 的变化无关，称 x 与 y 不相关，此时 $r = 0$。

对于环境监测工作中的标准曲线，应力求相关系数 $|r| \geqslant 0.999$，否则，应找出原因，加以纠正，并重新进行测定和绘制。

④ 用 Excel 作图功能绘制标准曲线　以表 7-10a 为例，用 Excel 作图功能绘制酚的标准曲线，步骤如下：

a. 在 Excel 工作表中按例表 7-10a 输入分光光度法对酚的标准色列测定结果。

b. 选中表中 x 和 y 行数据，执行"插入"—"图表"—"散点图"后，工作表中出现以数据酚含量为 x 轴和 $A_n - A_0$ 为 y 轴的散点图。

c. 点选中散点图中全部数据点，右击鼠标，在出现的命令选择框中点选"添加趋势线"命令并在趋势线选项中点选"线性"和勾选"显示公式"和"显示 R 平方值"。散点图中即出现标准曲线的回归方程和相关系数（图 7-10）。

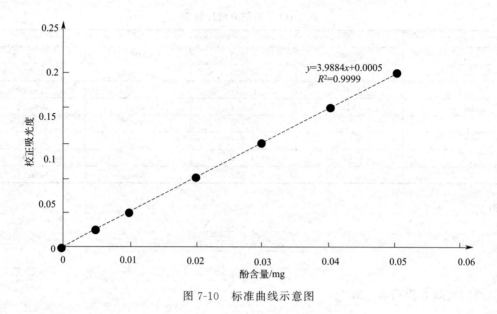

图 7-10　标准曲线示意图

同步练习

一、填空题

1. 若将 14.1500 修约到只保留一位小数，则其值为_____。
2. 测量结果的精密度用_____衡量，准确度用_____衡量。
3. 平行样分析反映分析结果的_____，加标回收率分析反映分析结果的_____。

二、简答题

1. 什么是准确度？什么是精密度？如何表示？在监测质量管理中有何作用？
2. 环境监测误差产生的原因有哪些？怎样减少这些误差？

三、分析题

1. 滴定管的一次读数误差是±0.01mL，如果滴定时用去标准溶液2.50mL，则相对误差为多少？如果滴定时用去标准溶液为25.10mL，相对误差又为多少？分析两次测定的相对误差，能够说明什么问题？
2. 某项目测定校准曲线数据见表 7-11，计算其回归方程，写出该校准曲线的斜率、截距、相关系数和回归方程，并说明该校准曲线能否在工作中使用，为什么？

表 7-11　校准曲线数据表

含量/mg	0.000	0.500	1.00	2.00	5.00	10.00	15.00
吸光度 A	0.008	0.029	0.054	0.098	0.247	0.488	0.654

任务二 放射性样品采集及制备

任务导入

为开展对校园内环境放射性水平监测，本任务以小组为单位，并根据要分析的环境中的放射性监测项目（如水质中的总α、总β的测定），对校园内环境介质（水、土壤、生物）进行样品采集（现场记录、保存、运输等）、预处理和样品源制备，为下一步核素分析测定做好准备工作，整个操作过程应严格按照辐射环境监测技术规范执行。

知识学习

采集有代表性的样品，始终是环境监测中的一个最重要的一个环节。放射性样品采集可参照《辐射环境监测技术规范》（HJ 61—2021）。

一、采样点的布设

1. 陆地辐射采样点布设

（1）陆地γ辐射　陆地γ辐射监测有γ辐射空气吸收剂量率连续监测和γ辐射累积剂量监测。γ辐射空气吸收剂量率连续监测通常在某一重点区域具有代表性的环境点位，布点侧重人口聚集地，如城市环境，可设置自动监测站，实施不间断γ辐射空气吸收剂量率连续监测，重点关注剂量率的变化，特别是异常升高的情况。

（2）空气　空气监测主要包括空气中的 ^{131}I、$^{3}H(HTO)$、^{14}C、^{222}Rn，以及气溶胶和沉降物中放射性核素等。采样点要选择在周围没有高大树木、没有建筑物影响的开阔地，或者没有高大建筑物影响的建筑物无遮盖平台上。

① ^{131}I：监测用复合取样器收集的空气微粒碘、无机碘和有机碘。

② 沉降物：分别监测干沉降和湿沉降中的放射性核素活度浓度，干沉降即空气中自然降落于地面上的尘埃，湿沉降包括雨、雪、雹等降水。干、湿沉降物应分开采样和测量。

③ 气溶胶：主要是监测悬浮在空气中微粒态固体或液体中的放射性核素活度浓度，通常选在与沉降物同点开展监测。采样频次可以连续采样或每个月（或每季）的某个时间段连续采样，必要时，可设置连续监测点。

④ $^{3}H(HTO)$：主要是监测空气中氚化水蒸气中氚的活度浓度，通常选在与气溶胶同点开展监测。

⑤ ^{14}C：主要是监测空气中 ^{14}C 的活度浓度，通常选在与气溶胶同点开展监测。

⑥ ^{222}Rn：主要是监测环境空气中 ^{222}Rn 的活度浓度，通常布设累积采样器监测，若需要掌握短时间内的变化，可采用连续测量监测。

（3）陆地水　陆地水环境的监测类别包括江、河、湖泊、水库地表水，以及地下水等，对饮用水水源地可开展专门监测。监测点位应远离污染源，避免受到人为干扰。

（4）土壤　监测辖区内典型类别的土壤，常选择无水土流失的原野或田间。若采集农田土，应采样至耕种深度或根系深度。土壤监测点应相对固定。

(5) 生物

① 陆生生物：通常根据区域内农、林、渔、牧业的具体情况，设定一个相对固定的原产生物监测点。应调查监测点所在地的规划情况，以保证样品采集的持续性。采集的谷类和蔬菜样品均应选择当地居民摄入量较多且种植面积大的种类。应在成熟期采样，监测频次可根据生长周期长短确定，一般每年一次，对于生长周期较短的，如蔬菜等，可适当增加监测频次。

② 陆地水生物：采样点应尽量和陆地水的监测采样区域一致，不可采集饵料喂养为主的水产品。应另外确定若干个条件与设定的监测点类似的地点，作为备选监测点。

2. 海洋辐射样品采样点布设

海洋辐射环境质量监测对象包括海水、沉积物、生物。可通过浮标（漂流或固定）监测、船舶定点监测与船舶走航监测相结合的方式实施。监测点位应远离核设施等大型辐射源。

(1) 海水　定点监测采样层次根据实际情况，可选择 $0.1\sim1m$、$100m$、$200m$、$300m$、$500m$、$1000m$，视实际需要，部分点位加采 $1500m$ 和 $2000m$，海水船舶走航监测采样层次为表层。

(2) 海洋沉积物　沉积物样品在海水取样区域采集，一般采集表层沉积物，可参照 GB 17378.3 的相关规定进行。

(3) 海洋生物　海洋生物采样区域应尽量和海水取样区域一致，采集方法可参照 GB 17378.3 的相关规定进行。不可采集饵料喂养为主的海产品。

3. 核设施辐射样品采样点布设

(1) γ 辐射

① γ 辐射空气吸收剂量率（连续）　以核动力厂反应堆为中心，在核动力厂周围 16 个方位陆地（岛屿）上布设自动监测站（含前沿站），每个方位考虑布设 1 个自动监测站，滨海核动力厂，靠海一侧可根据监管需要设立自动监测站。在核动力厂各反应堆气态排放口主导风下风向、次下风向和居民密集区应适当增加自动监测站。原则上，除对照点外，自动监测站应建在核动力厂烟羽应急计划区范围内。自动监测站建设要考虑事故、灾害的影响。

每个自动监测站应按指定间隔记录，一般每 30s 或 1min 记录一次 γ 辐射空气吸收剂量率数据，实行全天 24h 连续监测，报送 5min 均值或小时均值。部分关键站点可设置能甄别核素的固定式能谱探测系统，对周围环境进行实时的 γ 能谱数据采集，并将能谱数据传送回数据处理中心。

② γ 辐射累积剂量　在厂界外，以反应堆为中心，8 个方位半径为 $2km$、$5km$、$10km$、$20km$ 的圆所形成的各扇形区域内陆地（岛屿）上布点测量。

(2) 空气

① 气溶胶、沉降物　原则上在厂区边界处、厂外烟羽最大浓度落点处、半径 $10km$ 内的居民区或敏感区设 3~5 个采样点，点位设置与该方位角的 γ 辐射空气吸收剂量率连续监测点位一致，与 γ 辐射空气吸收剂量率连续监测自动站共站选择其中一个点（优先考虑厂外烟羽最大浓度落点处或关键居民点）设置空气气溶胶 24h 连续采样，至少每周测量一次总 β 或/和 γ 能谱，向监测机构传输一次数据。当总 β 活度浓度大于该站点周平均值的 10 倍或 γ 能谱中发现人工放射性核素异常升高，则将滤膜样品取回实验室进行 γ 能谱等分析。

对照点设 1~2 个。气溶胶采样每月一次，采样体积应不低于 $10000m^3$。沉降物累积每季收集 1 次样品。样品蒸干保存，气溶胶、沉降物年度混合样分析^{90}Sr。

② 空气中^{3}H（HTO）、^{14}C 和^{131}I 采样点设置同气溶胶、沉降物，点位数可适当减少。^{3}H（HTO）应开展连续采样，每月分析累积样品，根据历史监测数据，可选择其中 1～2 个采样点，每周分析一个累积样品或开展在线监测。^{14}C 的采样体积一般应大于 3 m^3，^{131}I 累积采样体积大于 100 m^3。设置 1 个对照点位。

③ 降水　原则上在厂区边界处、厂外烟羽最大浓度落点处、半径 10 km 内的居民区或敏感区设 3～5 个，对照点设 1 个。

(3) 表层土壤　在核动力厂反应堆为中心 10 km 范围内采集陆地表层土。应考虑没有水土流失的陆地原野土壤表面土样，以了解当地大气沉降导致的人工放射性核素的分布情况；也应在农作物采样点采集表层土壤。

(4) 陆地水

① 地表水　选取预计受影响的地表水 5～10 个（地表水稀少的地区，可根据实际情况确定），对照点设在不可能受到核动力厂所释放放射性物质影响的水源处。对于内陆厂址受纳水体，则在取水口、总排水口、总排水口下游 1 km 处、排放口下游混合均匀处断面各选取一个点位。

② 地下水、饮用水　考虑可能受影响的地下水源和饮用水源处采样，内陆厂址适当增加采样点位。可利用厂内监测井，根据实际情况也可以设置厂外环境监测井。

(5) 地表水沉积物　监测江、河、湖及水库沉积物中的放射性核素含量，在核动力厂运行后气态或液态流出物可能影响到的地表水体进行采样，根据当地的地理环境决定采样点数，尽可能包括 10 km 范围内的所有地表水体。

(6) 陆生生物　10 km 范围内的粮食、蔬菜水果、牛（羊）奶、禽畜产品、牧草等中的放射性核素含量。

① 牛（羊）奶：根据环境资料确定是否开展监测。在半径 20 km 范围内寻找奶牛（羊）牧场，并确认以当地饲料为主。

② 植物：原则上采集关键人群组食用主要农作物，如谷类 1～2 种，蔬菜类 2～4 种，水果类 1～2 种。如有牧场，还需要采集牧草。

③ 动物：采集关键人群组食用的当地禽、畜 1～2 种。

(7) 陆地水生物　监测陆地水养殖产品鱼类（注意不可采集以饵料喂养为主的水产品）、藻类和其他水生生物中的放射性核素含量。

(8) 海水　监测排污口附近沿海海域海水中放射性核素，对照点设在 50 km 外海域。

(9) 海洋沉积物　与海水采样点相同。

(10) 海洋生物　主要包括鱼类、藻类、软体类以及甲壳类海洋生物，采样点一般应包括核动力厂附近野生类或当地渔民的养殖场或放养场（注意不可采集以饵料喂养为主的海产品）。每类生物采集地点不少于 3 个。

二、样品的采集和处理

样品的采集应遵从以下原则：

从采样点的布设到样品分析前的全过程都必须在严格的质控措施下进行，现场监测和采样应至少有 2 名监测人员在场。

采集的样品必须有代表性，即该样品的监测结果能够反映采样点的环境。

根据监测目的、内容和现场具体情况有针对性地确定相应的采样方案，包括项目、采样容器、方法、采样点的布置和采样量。采样量除保证分析测量用以外，应当有足够的余量，以备复查。

采样器具和容器的选用，必须满足监测项目的具体要求，并符合国家技术标准的规定，使用前须事先清洁并经过检验，保证采样器和样品容器的合格和清洁，容器壁不应吸收和吸附待测的放射性核素（或采取措施有效避免），容器材质不应与样品中的成分发生反应。洗涤塑料容器时一般可以用对该塑料无溶解性的溶剂。采样桶应用盐酸（1+10）洗涤，再用去离子水洗净，盖上盖子。放射性活度高于 1×10^3 Bq/kg 的被玷污容器应与普通容器分开洗涤，设置专用储存柜单独存放，避免交叉污染。

在样品采集和制备过程中应严防交叉污染和制备过程中的其他污染，包括通过空气、水和其他与样品可能接触的物质带来的污染，以及加入试剂带来的干扰或污染。

1. 空气

（1）气溶胶

① 采样设备与过滤材料：气溶胶采集器，一般由滤膜夹具、流量调节装置和抽气泵等三部分组成。应根据监测工作的实际需要选择滤纸，包括表面收集特性和过滤效率好的滤材。

② 取样位置的选择：取样高度通常选在距地面或基础面约 1.5m 处。

③ 采集方法：采样器的流量计、温度计、气压表必须经过计量检定，确认其性能良好后，方可采样。采样总体积 V（m^3）应换算为标准状态下的体积，同时记录温度、气压、湿度、风向和风速。

④ 样品预处理：对小型滤纸，可将其小心装入稍大一些的测量盒中封盖好。对大型滤纸可把载尘面向里折叠成较小尺寸，用塑料膜包好密封。

（2）沉降物

① 采样设备：常用的沉降收集器为接收面积 $0.25m^2$ 的不锈钢盘，盘深大于 30cm。

② 采样器位置：采样器安放在其开口上沿距地面或基础面 1.5m 高度、周围开阔、无遮盖的平台上，盘底面要保持水平。

③ 采样方法：

a. 湿法采样：采样盘中注入蒸馏水，要经常保持水深在 1～2cm。一般收集时间为一个季度。

b. 干法采样：在采样盘的盘底内表面底部涂一薄层硅油（或甘油）。收集样品时，用蒸馏水冲洗干净，将样品收入塑料或玻璃容器中封存。

为了防止降雨会冲走沉积物和防止降水样与气载沉降物相混，应采用降雨时会自动关上顶盖、不降雨时自动打开顶盖的沉降收集器。要防止地面扬土，沉降盘位置不能太靠近地表。

④ 预处理：采样期结束后，把整个采集期间接受到的沉降物样品全部移入样品容器。附着在水盘上的尘埃，用橡胶刮板把它们刮下来，放入样品容器，待分析。

2. 水

（1）地表水　地表水是地球上表面循环水的一部分。包括河川水、湖泊水、溪流、池塘水等。

① 采样设备：用自动采水器或塑料桶采集水样，容器预先用盐酸（1+10）洗涤后，再

用净水冲洗干净，盖上盖子。分析 ^{3}H 的样品用棕色玻璃瓶采集。

② 采样位置：

a. 河川水：一般选择河川水流中心的部位（河川断面流速最大的部分）除特别目的外，可采表面水。水断面宽≤10m 时，在水流中心采样；水断面宽＞10m，在左、中、右三点采样后混合。在有排放水和支流汇入处，则选在其汇合点的中游，使两者充分混合的地方，河川涨水时，当有浊流等情况出现时，原则上暂停取样。

b. 湖泊水、池塘水：一般选湖泊中心部位取样，避开河川的流入或流出处采取表面水，由于比较容易分层，因此须多点采样，水深≤10m，在水面下 50cm 处采样；水深＞10m，增加一次中层采样，采样后混匀。

③ 采样方法：采样前洗净采样设备。采样时用待采水样洗涤三次后开始采集。取样器浸入水中时，要让开口向着上游方向，小心操作，尽量防止扰动水体和杂物进入。先用取样器取水，再移入容器可以防止容器外壁污染，对于小于 6m 深的水体取样，也可采用潜水泵取样。

④ 预处理：

a. 取样以后，立即在样品中加入盐酸（1+1）或者硝酸（1+1）。每升样品水加 2mL 酸，然后盖严。监测 ^{3}H（HTO）、^{14}C、^{131}I 的水样不用加酸。

b. 如有需要，测量 pH 值、水温。

c. 为了排除沉淀物的影响而采用过滤（澄清）时，要在野外记录表上记录清楚，再完成 a 步骤。

（2）饮用水、地下水

① 采样设备：同地表水。

② 采样点：自来水取自自来水管末端水；井水采自饮用水井，泉水采自水量大的泉眼。

③ 采样方法：把采样水（井水或自来水）先放水几分钟，并冲洗采样器具 2～3 次。用漏斗把样品采集到容器中。把样品充入样品容器中至预定体积。

④ 预处理：同地表水。

（3）海水

① 采样设备：同地表水。

② 采样方法：近岸海域海水在潮间带外采集，近海海域（潮间带以外）海水水深＜10m 时，采集表层（0.1～1m）水样；水深 10～25m 时，分别采集表层（0.1～1m）水样和底层（海底 2m）水样，混合为一个水样；水深 25～50m 时，分别采集表层（0.1～1m）水样、10m 处水样和底层（海底 2m）水样，混合为一个水样；水深 50～100m 时，分别采集表层（0.1～1m）水样、10m 处水样、50m 处水样和底层（海底 2m 水样），混合为一个水样。其他海洋环境海水的采集参见 GB 17378.3。

③ 预处理：海水样品采集后，原则上不进行过滤处理（当水中含泥沙量较高时，应立即过滤）。

a. 供 γ 能谱分析的海水预处理：在每升样品中加入 1mL 浓盐酸。

b. 供总 α、总 β、^{90}Sr、^{137}Cs 分析的海水预处理：在 30～50L 的塑料桶中进行，取上清液 40L，用浓盐酸调节至 pH＜2，密封塑料桶后送回实验室待分析。

c. 供 ^{3}H 分析的海水不做预处理，采集后送实验室，由相关人员处置。

（4）降水

① 采样设备：降水采集器。

② 采样设备安放位置：降水采集装置安放在周围至少 30m 内没有树林或建筑物的开阔平坦地域，采集器边沿上缘离地面高 1m，采取适当措施防止扬尘的干扰。

③ 采样方法：贮水瓶要每天定时观察，在降暴雨的情况下，应随时更换，以防发生外溢。采集完毕后，贮水器用蒸馏水充分清洗，以备下次使用。采集到的样品充分搅拌后用量筒测量降水总体积。采集到的雪样，要移至室内自然融化，然后再对水样进行体积测量。

④ 预处理：降水样品采集后，应于棕色玻璃瓶中加盖密封保存。

（5）沉积物　指河川、湖泊、海水的沉积物中粒度较细（直径小于 2mm）的成分。

① 采集器材：深水部位的沉积物，用专用采泥器采集。浅水处可用塑料勺直接采取。

② 采集方法：可用抓斗式采泥器方法或柱状采泥器的方法，取到所需数量，装入样品盘，将用具净水洗涮后，进行干燥。

③ 预处理：样品放入盘中以后静置一段时间，除去上面的澄清液和异物，把底泥样品放入容器中，密封。

3. 土壤

① 采集地点与采集部位：对农耕地，要考虑作物种类、施肥培植管理等情况，选定能代表该地区状况的地点采集。对未耕地，最好选在有草皮（植皮）、无表面流失等引起的侵蚀和崩塌，周围没有建筑物和人为干扰的地点。农耕地的取样时间，最好选在作物生长的后期（能突出显示土壤条件对作物生长产量的影响）到下一期作物播种前。

② 布点方法：采用梅花形布点或根据地形采用蛇形布点，采点不少于 5 个。每个点在 10m×10m 范围内，采取 0~10cm 的表层土。

③ 采集方法：

a. 对选定的取样点编上系列号，去除散在表面上的植物、杂草石等。

b. 把土壤采样器垂直于取样点表面放置，用锤子或大木棰把采样器冲打到预定深度（0~10cm）。

c. 用铁锹、移植馒刀等物把采集器从冲打的深度回收上来，这时要注意去除其外围的土壤。把采集器内采集到的土壤放入聚乙烯口袋内。

d. 如是砂质土壤，在回收取样器时，采样器内的土壤可能滑落。此时可用薄铁板或移植馒刀把采样器前端的开口部位堵住后再回收。

④ 预处理：将同一地方多点采集的土壤样品平铺在搪瓷盘中或塑料布上去除石块、草根等杂物，现场混合后取 2~3kg 样品，装在双层塑料袋内密封，再置于同样大小的布袋中保存待用。

4. 谷类

食用作物中，特别是以其籽实供食用的作物中，除了大米、麦类之外，还有玉米、小米、稗子、荞麦等，其中以大米和麦是代表性谷物，占主要地位。

① 采集方法：选择当地消费较多和种植面积较大、生长均匀的地方，在收获季节现场采集谷类样品。

② 预处理：把收割下来的作物晾晒风干后脱粒处理，去除夹杂物，只收集干籽实数 25kg。

5. 蔬菜类

蔬菜类的栽培方式千差万别，种类繁多，主要以普通蔬菜或者当地居民消费较多或种植面积较大的蔬菜为采集对象。原则上不选择大棚或水箱中培植的蔬菜样品。蔬菜细分又可分为叶菜类（菠菜、白菜）、果菜类（西红柿、瓜、大豆）、根菜类（胡萝卜、萝卜等）以及芋类（甘薯、土豆）等。

采集方法：对非结球性叶菜（菠菜、油菜），选定菜园中央部分几处生长均匀的场所，采集生长在该垄上一定距离（如1m）范围内的全部作物；对结球性叶菜（白菜、卷心菜等）、大型果菜、根菜以及芋类，由于个体差异大，为了方便，可在菜园中央部位选择5～7处生长均匀的场所，选择大小均匀的个体作为样品。新鲜蔬菜需25kg左右，大豆等需20kg左右。

6. 牛（羊）奶

指直接从母牛（羊）身上挤得的原汁牛（羊）奶和经过消毒杀菌、脂肪均匀化等加工处理以后直接在市场上销售的市奶，以及脱水处理后的奶粉。

采集容器和试剂：聚乙烯瓶（5L），质量浓度为37%的甲醛溶液。

采集方法：

① 挤出来的鲜奶先在冷冻机中冷却搅拌后供取样，或装在奶罐里搅拌均匀后供取样用。采样前洗净采样设备，采样时用采样奶洗涤3次后采集，样品采集后应立即分析，如需放置时，要在鲜奶中加入甲醛防腐（加入量为5mL/L）。

② 从当地加工厂或市场购置同一批市奶（酸奶）或奶粉，但要确认原料产地。

7. 牧草

采集方法：考虑牧草地纵横面积情况，划分10个等面积区域。在每个区域中央位置，各取样1～2kg。采集牧草时不可将土带入，把收集到的牧草样品放入聚乙烯口袋，封口。

8. 家禽、畜

根据与牧草、水体等介质的相关性，选择合适的采样场，首先选择健康的群体，随机选取若干个体。

根据监测目的取其整体或可食部分（肉、脂或内脏等）。在取内脏组织作为样品时，不要使内脏破损、汁液流出，并注意保鲜。

作为分析和保存目的，一般采集数千克。若委托采样，应做好相关记录。

一般不可从市场采集，更不能采集加工后的产品（如罐头）。

预处理：将采来样品的可食部分洗净、晾干表面水分，称鲜重并记录。

9. 陆地水生物

以食用鱼类和贝类为淡水生物中的取样对象。在捕捞季节在养殖区直接捕集，或从渔业公司购买确知其捕捞区的淡水生物，不能采集以饵料为主养殖的水产品。

① 样品采集部位：根据目的取其所需部位。整个或可食部分，或者内脏、肌肉等。

② 采集量：包括用作分析和保存在内，一般采集数千克。另外，还要考虑处理和制备过程的干燥物、灰分与鲜料之比，以及所需部位与整体之间的比例。

③ 采集用具：一般可委托捕捞，再购入所需样品，若由自己直接捕捞，也需与渔业人员商定。

④ 采集方法：

a. 鱼类：随着鱼种不同，捕捞期也不同。多数情况下无渔业权者不能捕捞，所以需委托有关部门进行取样。这时，应向受委托部门交待清楚应当详细记录的各项有关内容。

b. 贝类：同鱼类。

⑤ 预处理：

a. 鱼类：采集到的样品，在其新鲜时用净水迅速洗净。直接供分析和测定用的小鱼、鱼苗等全体样品，放入竹篓等器具内，控水 10~15min。大鱼则用纸张之类擦干，去鳞，去内脏，称鲜重（骨肉分离后分别称重）。分取肌肉、内脏等部位时，注意不要损伤内脏，以免污染其他组织；勿使体液流出，以免引起损失。

b. 贝类：在原水中浸泡一夜，使其吐出泥沙。用刀具取出贝壳中软体部分，称重（鲜重）。

10. 海洋生物

① 根据海洋生物的不同，取样方法可以分为以下四类：
a. 浮游生物：鱼类、乌贼类等浮游生物。
b. 底栖生物：贝类、甲壳类、海参类、海星类、海胆类、海绵类底栖生物。
c. 海藻类：裙带菜、羊栖菜、石花菜、苔菜、马尾藻、黑海带、褐海带等海藻类。
d. 附着生物：淡菜类、牡蛎、海鞘等生息在岩石礁石上的生物。

② 采集部位：全体或可食部分，或者内脏、肌肉等，根据目的不同，采集不同部位。

③ 采集量：同淡水生物。

④ 采集用具：一般做法是委托取样，然后购入。但必须交代和记录清楚具体要求。若自行取样也得取得相关部门同意和协助。

⑤ 可采用的工具有：
a. 底栖生物：拖网。
b. 海藻类、附着生物：刮土机、钢凿。

⑥ 采集方法：
a. 浮游生物：在捕鱼期，随鱼种而定。若委托取样，需交代清楚必须详细记录的内容。
b. 底栖生物：海星类生物需雇用拖网采集。海滨岩石上未利用的贝类，采用凿石钢凿和刮刀。
c. 海藻类：一般委托他人采集，需交代清楚必须详细记录的内容。
d. 附着生物：一般委托他人采集，需交代清楚必须详细记录的内容。

⑦ 预处理：
a. 浮游生物：采集到的样品尽量在其新鲜时迅速用净水洗净。其余同淡水生物。
b. 底栖生物、附着生物：同淡水生物。
c. 海藻类：海藻类多数附着在其他动植物上。另外，藻类根部上常常容易附着岩石碎片等杂物，所以要注意把它们除去。用作指示生物时，要直接进行控水。控水以后，称样品重量（鲜重）。

11. 指示生物

作为监测放射性核素用的指示生物，陆上生物有松叶、杉叶、艾蒿、苔藓、菌菇等，海洋生物有紫贻贝、马尾藻等。

① 采集部位：松叶等，原则上采集二年生叶。艾蒿等野草，也以其叶部为样品，茎、花蕾、花、枯叶应去除。对海洋指示生物，参见海洋生物采集。

② 采集用具：乙烯手套、梯子（采集松叶）。

③ 采集容器：聚乙烯口袋。

④ 采集方法：采集松叶，为防刺伤，要戴上乙烯手套。选择树高 4m 以下、树干直径小于 10cm 并且尚未经过人工修枝的年轻树。只采集二年生的松叶，共采集 20kg 左右。

采集艾蒿等野草时，选择上空没有树木覆盖的场所。不要花梗之类，只取新鲜叶子。

苔藓可借助专门工具采集，取整体，不必去除假根，但需去除泥沙。另外，也可用镰刀、修枝剪刀等采集茎和枝。

⑤ 预处理：采集到的样品，去除枯叶等杂物。把茎和枝等一起带回时，只把叶子选出来。清洗干净。

12. 生物样品的处理

① 样品的干化处理：动物取瘦肉为主，用绞肉机绞碎。置于烤箱中于200℃左右烘干，在烘干过程中可经常翻动，加快烘干速度，烘干后称干重，记录干鲜比。

② 样品的炭化处理：将烘干称重后的样品碾碎，使之尽量细小，加快炭化速度。将炭化温度控制在450℃以下。炭化过程中要注意经常翻动样品，使其受热均匀，防止底面温度过高，造成放射性核素的损失。待样品全部变成结块的焦炭状后，可将其转移至研钵中粉碎再继续加热，当无黑烟冒出时，可认为炭化完全。

③ 样品的灰化处理：将炭化好的样品移入马弗炉内灰化。关好炉门，按待检核素所要求的温度灰化，如待测核素包含铯的同位素，则灰化温度不高于450℃，直至灰分呈白色或灰白色疏松颗粒状为止。

为了避免某些元素在灰化样品中挥发损失，小样品可采用高频低温灰化法。测量^{131}I时，样品可用0.5mol/L的氢氧化钠浸泡16h后，再进行灰化（在660℃以内灰化，碘几乎不损失）。

取出置于干燥器中，冷却至室温，称重、记录，计算灰鲜（干）比。将样品充分混匀后装入磨口瓶中保存，贴好标签。

13. 样品的管理

（1）现场记录：所有采样过程中记录的信息应原始、全面、翔实，必要时，可用卫星定位、摄像和数码拍照等方式记录现场，以保证现场监测或采样过程客观、真实和可追溯。电子介质存储的记录应采取适当措施备份保存，保证可追溯和可读取，以防止记录丢失、失效或篡改。当输出数据打印在热敏纸或光敏纸等保存时间较短的介质上时，应同时保存记录的复印件或扫描件。

（2）采样人员要及时真实地填写采样记录表和样品卡（或样品标签），并签名。记录表和样品卡由他人复核，并签名。保持样品卡字迹清楚，不能涂改。所有对记录的更改（包括电子记录）要全程留痕，包括更改人签字。样品卡不得与样品分开。记录表的内容要尽量详尽，其格式与内容可以随采样类别的不同而不同。

14. 样品的运输和保存

（1）样品的运输

① 样品采集完毕应尽快运输至分析实验室，应采用样品运输车辆专门运输，在法律法规许可条件下可以委托物流公司运送，但必须保证样品不被污染和性状改变。

② 妥善包装，防止样品受到污染，也防止样品破损洒落污染其他样品，特别是水样瓶颈部和瓶盖在运输过程中不应破损或丢失，注意包装材料本身不能污染样品。

③ 为避免样品容器在运输过程中因震动碰撞而破碎，应用合适的装箱并采取必要的减震措施。

④ 需要冷藏的样品（如生物样品）必须达到冷藏的要求，运输车辆须经特别改装。水样存放点要尽量远离热源，不要放在可能导致水温升高的地方（如汽车发动机、制冷机旁），

避免阳光直射。冬季采集的水样可能结冰，如容器是玻璃瓶，则应采取保温措施防止破裂。

⑤ 对于半衰期特别短的样品，要保证运输时间不影响测量。

⑥ 严禁环境样品与放射性水平特别高的样品（如流出物样品）一起运输。

(2) 样品的保存

① 经过现场预处理的水样，应尽快分析测定，保存期一般不超过 2 个月。

② 密封后的土壤样品必须在 7d 内测定其含水率，晾干保存。

③ 生物样品在采集和现场预处理后要注意保鲜。牛（羊）奶样品采集后，立即加适量甲醛，防止变质。

④ 采集后的样品要分类分区保存，并有明显标识，以免混淆和交叉污染。

⑤ 测量完成后的样品，仍应按要求保存相当长一段时间，以备以后复查。对于运行前本底调查样品，以及部分重要样品需要保存至设施退役后若干年（如 10 年）。

15. 样品的交接、验收和领取

① 送样人员、接样人员会同质保人员应按送样单和样品卡信息认真清点样品，接样人员应对样品的时效性、完整性和保存条件进行检查和记录，对不符合要求的样品可以拒收，或明确告知客户（送样人）有关样品偏离情况，并在报告中注明。确认无误后，双方在送样单上签字。

② 样品验收后，存放在样品贮存间或实验室指定区域内，由样品管理人员妥善保管，严防丢失、混淆和污染，注意保存期限。

③ 分析人员按规定程序领取样品。

16. 建立样品库

① 监测完成后的样品可入库保存。放射性活度较高的样品由委托单位收回或暂存至城市放射性废物库。

② 进库的样品应为物理化学性质相对稳定的固体环境样品，适合长期保存。

③ 样品库应为独立房间，并应防止外界污染，保证安全。样品库的环境条件应满足长期稳定保存样品的要求，根据样品的性质合理分区。

④ 样品库由样品管理人员负责，并建立样品保存档案。

三、总 α、总 β 测量的制样方法

总 α、总 β 放射性测量的制样方法按样品源厚度分为薄样法、中层法和厚样法。薄样法是 α 放射性测量的薄样一般不超过 $1mg/cm^2$，在不做自吸收修正的情况下，测量结果将偏低约 10%；中层法是指被测样品在样品盘内的质量厚度不可忽略，但又未达到最大饱和层厚度；所谓饱和层法（厚样法）就是样品盘中被测样品的厚度必须等于或大于 α 粒子在样品中的最大饱和层厚度。总 β 放射性测量样品由于各核素发射的 β 最大能量相差非常悬殊，因此在做样品的总 β 放射性测量时，很难采用饱和层法也很难采用薄样法，通常都是将样品均匀铺于样品盘内，厚度在 $10\sim50mg/cm^2$ 之间，一般以 $20mg/cm^2$ 为宜。

1. 对样品的直接测量法

在气溶胶取样中，气溶胶样品和尘埃将比较均匀地吸附在滤材上。在做气溶胶样品的总 α、总 β 放射性测量时，可将滤材置于测量装置中直接测量。其方法如下：将滤材用夹环固定，取样前将滤材和固定夹环一同烘干，在保干器中冷却称重，然后安置在空气取样器中进行气溶胶取样。取样后将固定在夹环上的滤材和样品烘干，在保干器中冷却、称重，然后将

固定在夹环上的样品在低本底测量装置中测量。样品的干燥、称重，是为了计算样品的质量厚度，做样品自吸收的修正，并消除吸附在滤材上的水分对样品测量的影响。此法在烘干过程中将会造成吸附在滤材上的易挥发物质的损失。

2. 蒸发浓缩水样法

① 取 1～5L 水样，在 750mL 瓷蒸发皿中，加入 500mL 的水样，蒸发皿置于可调电压控温电热套上加热，使水在不沸腾状态下蒸发。

② 当体积浓缩到约 200mL 时，再分次加入待蒸发水样，直至全部水样蒸发浓缩到约 50mL 时，将浓缩液转移到 100mL 烧杯中，并用 1∶30（体积比）硝酸洗涤蒸发皿，合并后继续在不沸腾条件下蒸发。

③ 在水样快蒸干时，用少量硝酸洗涤烧杯，并将洗涤液和残水一起转移到样品盘内，用红外灯继续蒸干，使残渣均匀铺在盘上。做总 α 放射性测量时，应使样品盘中沉积固体的厚度不超过 $1mg/cm^2$。

④ 样品测量时，应参照液体样品处理的直接蒸发法做蒸发损失的修正。

3. 共沉淀法制备总 α 放射性测量样品源

（1）方法概述　样品灰经处理后，用 $BaSO_4$ 共沉淀，偶氮胂Ⅲ（铀试剂Ⅲ）络合，在柠檬酸三钠盐存在下，用活性炭吸附，然后将活性炭灰化，铺源，测量其 α 放射性活度。本方法可除去样品中的大量无机盐基质，适合于做 α 放射性测量。全程回收率大于 90%，最低可探测限为 $6.7×10^{-3}Bq/g$。

（2）适用范围　本方法适用于生物样品和食品中铀、钍、镭、锫、钚和镅等元素的测定。

（3）试剂

① $BaCl_2$ 溶液，0.1mol/L。

② 活性炭，经盐酸处理后使用。

③ 偶氮胂Ⅲ（铀试剂Ⅲ），5%酸性溶液。

④ 柠檬酸三钠溶液，0.005%。

⑤ 硝酸（HNO_3），含量 65%～68%。

⑥ 盐酸（HCl），含量 36%～38%。

⑦ 硫酸（H_2SO_4），含量 95%～98%。

⑧ 硫酸溶液，1∶9（体积比）。

⑨ 氢氟酸（HF），含量 40%。

⑩ 氢氧化铵溶液，1∶1（体积比）。

（4）操作方法

① 样品经干法灰化后，取 1.0g 灰样于 50mL 烧杯中，加入 20mL 新配的王水溶解，缓慢蒸发至干。冷却后，加入 2～3mL 盐酸（36%～38%），微热，再加入 20mL 水煮沸，过滤并收集滤液于 200mL 烧杯中。

② 将残渣连同滤纸灰化，转入原 50mL 烧杯中，加入 0.5～1mL HNO_3（65%～68%）和 1mL HF（40%），加热除硅，蒸干并冷却后，加入 1mL HCl（36%～38%）和少许水煮沸，过滤。将滤液合并于①滤液中。沉淀用水洗 2～3 次，合并洗涤液和滤液。

③ 往滤液中加入 1.0mL $BaCl_2$ 溶液，边搅拌边加入 2mL H_2SO_4 溶液，生成 Ba(Ra)SO_4 同晶沉淀，加热煮沸，加水稀释至约 100mL，加 1.5mL 铀试剂Ⅲ和 2.0mL 柠檬酸三

钠盐溶液（0.005%），用氨水调节 pH 值至 5.0，加入 0.1～0.2g 活性炭，搅拌使其吸附 5min，过滤，弃去滤液，沉淀连同滤纸转入瓷坩埚中，先炭化，然后于 600℃灰化 10min，取出冷却。

4. 共沉淀法制备环境样品总 β 放射性测量样品源

环境中总 β 放射性的测定常用于人工放射性污染的早期判断。由于 ^{40}K 和 ^{87}Rb 都是 β 辐射体，又广泛分布在自然界，而环境中的人工 β 放射性核素含量又很低，常会被样品中的天然 β 放射性所掩盖。因此，在样品的处理和制源方法上，要求对 ^{40}K、^{87}Rb 的去污系数要高，同时又能将人工 β 放射性核素定量回收。通常是采用共沉淀法，使人工 β 放射性核素与天然的 ^{40}K 和 ^{87}Rb 分离，沉淀用于制源做总 β 放射性测量。

(1) 方法概述　各类环境介质样品（水、生物样品、土壤等）经预处理后，用碱式磷酸盐法使锶、钡、稀土和其他人工 β 放射性核素共沉淀，从而与天然的 ^{40}K、^{87}Rb 分离，沉淀过滤后在低本底 β 测量装置上测量。共沉淀法对下列比活度的样品回收率在 82%～92% 之间：水 $7.4×10^{-2}$Bq/3L，大米 $7×10^{-2}$Bq/15g，蔬菜 $7×10^{-2}$Bq/150g，鱼、肉 $1.5×10^{-1}$Bq/25g，尿 1.9Bq/150mL。本方法能完全除去样品所含天然 ^{40}K、^{87}Rb 的干扰，其缺点是一些核素如 ^{131}I 和 ^{137}Cs 等被除去而测不到。

(2) 试剂

① 磷酸（H_3PO_4），含量 85%。

② 硝酸溶液，5mol/L。

③ 浓氨水，含 NH_3 约 28%。

(3) 样品的预处理

① 水样：对于比较清洁的水，一般取 3L，不经预处理而直接进行分析；河水等浑浊的水需放置使之澄清，底层泥沙用 1mol/L HNO_3 热浸取二次，浸取液与澄清水合并进行分析。

② 土壤：样品置烘箱中，在 90℃烘干 3h 后，取 50～100g 样品研碎并充分混合过筛（100目），准确称取 2g 过筛后的样品于 50mL 离心管中，用 1mol/L HNO_3 热浸取两次，浸取液合并后用蒸馏水稀释至 400mL，待分析。

③ 动植物：将样品洗净、切碎和烘干后置于 150mL 平底瓷坩埚中炭化，接着在 450～500℃灰化。称取 1g 灰样于 50mL 离心管中，用 30mL 中等浓度（2～5mol/L）的热硝酸分 3 次浸取，合并浸取液并用蒸馏水稀释至 400mL，待分析。

(4) 操作方法

① 取预处理后的样品溶液 400mL（水样取 3L），在 50℃恒温水浴中加热。

② 向已加热的溶液中加入浓磷酸（按 500mL 样品加 1mL 磷酸的比例），在搅拌（500r/min）下缓慢滴加氨水，直到出现沉淀后再加过量浓磷酸 5～10mL，继续搅拌 30min。

③ 在室温下静置，最好放置过夜。用已恒重过的蓝带滤纸抽滤，沉淀连同滤纸贴在称重过的不锈钢盘上，在红外灯下烘干、称重。

④ 在低本底 β 测量装置上测量，计算样品的 β 放射性比活度。

5. 海水中总 β 放射性测量样品的制备

(1) 方法概述　采用氢氧化铁吸附和硫酸钡共沉淀浓集海水样品中部分放射性核素（除碱金属外的其他放射性核素都可以用此法载带），沉淀灼烧后制源，然后进行总 β 放射性活度的测量。

(2) 试剂

① 钡载体溶液：称取 5.4g 氯化钡（$BaCl_2 \cdot 2H_2O$）溶于水并稀释至 1L，此溶液浓度为 $3mg(Ba)/mL$。

② 铁载体溶液：称取 26.0g 硫酸铁铵[$FeNH_4(SO_4)_2 \cdot 12H_2O$]溶于水，稀释至 1L，贮存在棕色试剂瓶中，此溶液浓度为 $3mg(Fe)/mL$。

③ 氨性氯化铵溶液（1%），将 10g NH_4Cl 溶于水，加 12mL 浓氨水后稀释至 1L。

④ 氯化钾（KCl）。

(3) 操作方法

① 取 3L 已酸化的海水置于 5L 烧杯中，在搅拌下加入 10mL 铁载体溶液和 10mL 钡载体溶液，用 1∶1（体积比）氨水调节溶液 pH=7，然后煮沸 10~30min，放置冷却。

② 沉淀凝聚后倾去清液，余下部分通过中速定量滤纸抽滤，然后用氨性氯化铵溶液和水分别将沉淀洗涤 2~3 次，弃去滤液。

③ 将沉淀连同滤纸转入已恒重的瓷坩埚中，加热，炭化后于马弗炉中在 500℃ 灼烧 2h，冷却并恒重。

④ 将称过重的样品研细，转入已称重的不锈钢测量盘中铺匀，将铺好的样品在 110℃ 烘干 20min，恒重并测量。

四、γ 能谱分析样品的制备

由于 γ 射线的穿透性强，源物质及容器对射线的吸收很小，γ 能谱分析法能在多种放射性核素的混合物中测定单一 γ 放射性核素，对制源方法没有严格的限制。

在 γ 能谱分析中，可以以溶液、沉淀物或吸附在离子交换剂上的形式制成样品源做直接测量。当样品中待测核素含量足够高时，经过简单的处理，如蔬菜，经脱水后粉碎压缩成型即可直接测量；对于不限量的样品，如待测核素含量较低的环境介质样品，若能除去大部分的基质，使待测核素浓集，则可降低探测下限。

放射化学分离技术与 γ 能谱分析测量相结合，具有如下特点：第一，可以用放射化学分离技术将待测核素从大体积样品中浓集，除去大部分基质，有利于提高分析灵敏度；第二，在待测核素的浓集过程中，大部分干扰杂质将得到分离，减少了杂质核素对待分析核素的干扰；第三，用于 γ 能谱分析的样品，只要求浓集和制备成一定形状和体积，不必做进一步的分离纯化，省略了放射化学纯化过程的大量操作，缩短了分析时间。用于 γ 能谱分析的样品源可分为同时测定多种核素的混合源和测定指定核素的样品源。

1. 测定多种核素的样品源

在核事故应急监测中，由于放射性污染水平比较高，环境样品适宜于做多种核素的同时分析测定。一般用于 γ 能谱分析的样品可制备成体源，其几何形状多为圆盘形、圆柱形和凹杯形。几何条件的选择取决于样品的数量和核素的性质。对于分析发射低能 γ 射线的核素，由于样品自吸收严重，增加样品厚度并不会带来多大好处。对于分析发射 200keV 以上 γ 射线的核素，适当增加测量样品厚度可提高灵敏度。目前采用的样品盒有 $\phi 75mm \times 75mm$ 的聚乙烯样品盒和 600mL 凹杯形样品盒。凹杯样品适用于单晶 γ 能谱测量，对于反符合 γ 谱仪适用于较薄的圆形样品，因为凹杯样品和较厚的圆柱样品会大大降低反康效果，失去反符合意义。

测量样品的形态随介质而异，经常用于测量的介质有水、土壤、动植物等。制成的介质形态大多为溶液或固体粉末。

水样品介质可以用蒸发浓缩法、共沉淀法、溶剂萃取法或离子交换法将待测核素浓集，并将浓集后的样品装入样品盒中，制备成一定形状的液体或固体体源；土壤样品可以烘干、粉碎、过筛后，装入样品盒制成固体体源；动、植物样品经干燥、炭化（一般不需要进一步的灰化）后，粉碎，装入样品盒中压制成体源。

2. 分析指定核素的样品源

在环境核辐射监测中，由于环境样品的数量大、基质多、放射性水平又很低，有时为了适应环境评价需要，提高分析灵敏度和缩短分析时间，只要求测定某种介质样品中的某一核素。具体可详见该核素分析方法标准。

 同步练习

一、填空题

1. 指示生物是指 _____。
2. 陆地辐射环境质量监测中，空气监测主要包括空气中 _____，采样点要选择在 _____。
3. 核设施辐射环境监测，γ辐射累积剂量监测布点方法是 _____。
4. 总α、总β放射性测量的制样方法按样品源厚度分 _____、_____ 和 _____。

二、简答题

1. 环境中放射性样品采集应遵循的原则有哪些？
2. 简述放射性样品的管理、保存和运输。
3. 简述放射性蔬菜类样品采集（水果类、叶菜类、根菜类等作物）和预处理方法。
4. 简述总α、总β放射性测量中蒸发浓缩水样法的制样方法。

 阅读材料

中国人勒紧裤腰带研制出原子弹

我国的原子弹研制正式起步于1959年下半年，这个时期正是我国经济困难时期，这种困难集中反映在粮食、副食品的严重短缺。核武器研究院的广大科技人员，同样也是度过了忍饥挨饿、身体浮肿的艰苦岁月。但是在这里，我国的第一颗原子弹研制工作却出现了奇迹，科研人员没有灰心丧气，没有消极沉闷，他们像蒸汽机车一样，加上点煤、水，就会用尽全力向前奔驰。

科研人员每天就餐后走出食堂都说还没吃饱，但一回到研究室立刻开展工作，两个多小时后，肚子提出抗议了，有的人拿酱油冲一杯汤，有的人挖一勺黄色古巴糖，冲一杯糖水，还有的人拿出伊拉克蜜枣，含到嘴里。"加餐"后立刻又埋头科研工作，就这样坚持到下班。在这里大家曾经有自我鼓励和互相鼓励，喝一杯酱油汤或糖水，应坚持工作1小时以上，吃一粒伊拉克蜜枣，应坚持工作一个半小时以上。

远在新疆罗布泊核试验基地，几十万大军在那里从事科研工作和基建工程，那里大戈壁的客观条件本身就很艰苦了，在三年国家经济最困难的时候，曾出现过断炊的现象，这更是雪上加霜，罗布泊本来植物就很稀少，可以吃的如榆树叶子、沙枣树籽，甚至骆驼草，几乎都被他们拿来充饥了。

朋友们，今天你们可曾想到过，曾经有过如此困难、如此忍饥挨饿的人把原子弹搞出来，有了他们艰苦奋斗的闪光精神，才有我们今天的强大中国。这难道不是奇迹吗？他们发自肺腑的奉献之歌，将会世代流传下去。

任务三　环境中放射性核素分析测定

任务导入

根据任务二对环境放射性样品（如水质）的采集、预处理及样品源制备前期工作准备，本任务主要测定学院内生活饮用水中总 α、β 放射性等放射性核素的分析测定，通过查阅项目分析标准方法，严格按照标准要求实施项目的分析测定，并对结果做出质量评价。

知识学习

本节仅介绍环境中部分放射性核素的分析测定。

一、水质中总 α 放射性的测定

根据《生活饮用水卫生标准》（GB 5749—2022）及《生活饮用水标准检验方法　第 13 部分：放射性指标》（GB/T 5750.13—2023）的要求，生活饮用水中的总 α 放射性限值为 0.02Bq/L，总 β 放射性限值为 0.03Bq/L。

1. 监测依据

《水质　总 α 放射性的测定　厚源法》（HJ 898—2017）。

总 α 放射性：指本标准规定的制样条件下，样品中不挥发的所有天然和人工放射性核素的 α 辐射体总称。

本标准适用于地表水、地下水、工业废水和生活污水中总 α 放射性的测定。

方法探测下限取决于样品含有的残渣总质量、测量仪器的探测效率、本底计数率、测量时间等，典型条件下，探测下限可达 4.3×10^{-2} Bq/L。

2. 方法原理

缓慢将待测样品蒸发浓缩，转化成硫酸盐后蒸发至干，然后置于马弗炉内灼烧得到固体残渣。准确称取不少于"最小取样量"的残渣于测量盘内均匀铺平，置于低本底 α、β 测量仪上测量总 α 的计数率，以计算样品中总 α 的放射性活度浓度。

3. 试剂和材料

所有试剂的总 α 放射性应低于方法的探测下限。

（1）硝酸（HNO_3）：$\rho = 1.42$ g/mL。

（2）硝酸溶液：1+1。

量取 100mL 硝酸，稀释至 200mL。

(3) 硫酸（H_2SO_4）：$\rho=1.84g/mL$。

(4) 有机溶剂

无水乙醇：纯度≥95%（或丙酮：纯度≥95%）。

(5) 硫酸钙（$CaSO_4$）：优级纯。

使用前应在 105℃下干燥恒重，保存于干燥器中，硫酸钙粉末中可能含有痕量的 ^{226}Ra 和 ^{210}Pb，使用前，应称取与样品相同质量的硫酸钙粉末于测量盘内铺平，在低本底 α、β 测量仪上测量其总 α 计数率，应保持在仪器总 α 平均本底计数率的 3 倍标准偏差范围内，否则应更换硫酸钙粉末或采用硫酸粉末的总 α 计数率代替仪器本底计数率。

(6) 有证标准物质：以 ^{241}Am 标准溶液为总 α 标准物质，活度浓度值推荐 5.0～100.0Bq/g。

4. 仪器和设备

(1) 低本底 α、β 测量仪：仪器的性能指标应满足 GB/T 11682 中相关要求。

(2) 分析天平：感量 0.1mg。

(3) 可调温电热板：也可选电炉或其他加热设备。

(4) 烘箱。

(5) 红外箱或红外灯。

(6) 马弗炉：能在 350℃下保持恒温。

(7) 测量盘：带有边沿的不锈钢圆盘，圆盘的质量厚度至少为 $2.5mg/mm^2$，测量盘的直径取决于仪器探测器的直径及样品源托的大小。

(8) 蒸发皿：石英或瓷质材料，200mL。使用前将蒸发皿洗净、晾干或在烘箱内于 105℃下烘干后，置于马弗炉内 350℃下灼烧 1h，取出在干燥器内冷却后称重，连续两次称量（时间间隔大于 3h，通常不少于 6h）之差小于±1mg，即为恒重，记录恒重质量。

(9) 研钵和研磨棒。

(10) 聚乙烯桶：10L。

(11) 一般实验室常用仪器和设备。

5. 样品

(1) 样品的采集和保存　采样前将采样设备清洗干净，并用原水冲洗 3 遍采样聚乙烯桶。样品采集后，按每升样品加入 20mL 硝酸溶液酸化样品，以减少放射性物质被器壁吸收所造成的损失。样品采集后，应尽快分析测定，样品保存期一般不得超过 2 个月，采样量建议不少于 6L。

如果要测量澄清的样品，可通过过滤或静置使悬浮物下沉后，取上清液。

(2) 样品的制备

① 浓缩　根据残渣含量估算实验分析所需量取样品的体积（见表 7-12）。为防止操作过程中的损失，确保试样蒸干、灼烧后残渣总质量略大于 $0.1A$ mg（A 为测量盘的面积，mm^2），灼烧后的残渣总质量按 $0.13A$ mg 估算取样量。

量取估算体积的待测样品于烧杯中，置于可调温电热板上缓慢加热，电热板温度控制在 80℃左右，使样品在微沸条件下蒸发浓缩。为防止样品在微沸过程中溅出，烧杯中样品体积不得超过烧杯容量的一半，若样品体积较大，可以分次陆续加入。全部样品浓缩至 50mL 左右，放置冷却。将浓缩后的样品全部转移到蒸发皿中，用少量 80℃以上的热去离子水洗涤烧杯，防止盐类结晶附着在杯壁，然后将洗液一并倒入蒸发皿中。

对于硬度很小（如以碳酸钙计的硬度小于 30mg/L）的样品，应尽可能地量取实际可能采集到的最大样品体积来蒸发浓缩，如果确实无法获得实际需要的样品量，也可在样品中加入略大于 $0.13A$ mg 硫酸钙，然后经蒸发、浓缩、硫酸盐化、灼烧等过程后制成待测样品源。

② 硫酸盐化　沿器壁向蒸发皿中缓慢加入 1mL 的硫酸，为防止溅出，把蒸发皿放在红外箱或红外灯或水浴锅上加热，直至硫酸冒烟，再把蒸发皿放到可调温电热板上（温度低于 350℃），继续加热至烟雾散尽。

③ 灼烧　将装有残渣的蒸发皿放入马弗炉内，在 350℃下灼烧 1h 后取出，放入干燥器内冷却，冷却后准确称量，并计算出灼烧后残渣的总质量。

表 7-12　不同水样中残渣量范围

序号	样品类别	残渣量范围/(g/L)	均值和标准偏差/(g/L)	样品数/个
1	自来水	0.12～0.44	0.24±0.09	23
2	地表水	0.10～1.35	0.43±0.25	288
3	地下水	0.16～1.01	0.42±0.21	15
4	处理前废水	0.20～216.1	28.5±59.9	40
5	处理后废水	0.093～28.7	2.0±3.8	72

④ 样品源的制备　将残渣全部转移到研钵中，研磨成细粉末状，准确称取不少于 $0.1A$ mg 的残渣粉末到测量盘中央，用滴管吸取有机溶剂，滴到残渣粉末上，使浸润在有机溶剂中的残渣粉末均匀平铺在测量盘内，然后将测量盘晾干或置于烘箱中烘干，制成样品源。

⑤ 空白试样的制备　准确称取与样品源相同质量的硫酸钙，按样品源的制备相同步骤制成空白试样。

⑥ 实验室全过程空白试样的制备　量取 1L 去离子水至 2L 玻璃烧杯中，加入 20mL 硝酸溶液，搅拌均匀后，加入 $0.13A$ mg 的硫酸钙，按①～④操作，然后称取与样品源相同质量的残渣，制成实验室全过程空白试样。

⑦ 标准源的制备　准确称取 2.5g 的硫酸钙于 150mL 烧杯中，加入 10mL 硝酸溶液，搅拌后加入 100mL 的热水（80℃以上），在电热板上小心加热以溶解固态物质。把所有溶液转入 200mL 蒸发皿中，准确加入约 5Bq～10Bq 的标准物质，在红外箱内或红外灯下缓慢蒸干，再置于马弗炉内 350℃下灼烧 1h，取出，放入干燥器内冷却后称重，获得含有 ^{241}Am 的硫酸钙标准粉末。根据加入的 ^{241}Am 总活度和灼烧后得到的硫酸钙残渣总质量，按照公式 (7-28) 计算硫酸钙标准粉末的总 α 放射性活度浓度。

$$\alpha_s = \frac{A_s \times M_s}{m_s} \tag{7-28}$$

式中　α_s——硫酸钙标准粉末的总 α 放射性活度浓度，Bq/g；

A_s——加入的 ^{241}Am 标准溶液的活度浓度，Bq/g；

M_s——加入的 ^{241}Am 标准溶液质量，mg；

m_s——灼烧后硫酸钙的残渣总质量，mg。

将硫酸钙标准粉末研细，称取与样品源相同的质量于测量盘中，按样品源的制备相同步骤，制成标准源，记录铺盘的日期和时间。

也可直接购买有证 ^{241}Am 固体粉末标准物质，使用前在 105℃下干燥恒重后，直接称取、铺盘、测量。

6. 分析步骤

(1) 仪器本底的测定　取未使用过、无污染的测量盘，洗涤后用酒精浸泡 1h 以上，取出、烘干，置于低本底 α、β 测量仪上连续测量总 α 本底计数率 8h～24h，确定仪器本底的稳定性，取平均值，以计数率 R_0（s^{-1}）表示。

(2) 有效饱和厚度（最小铺盘量）的确定　实际测量：分别称取 80mg、100mg、120mg、140mg、160mg、180mg、200mg、220mg、240mg 的标准源于测量盘内，按样品源的制备相同步骤，制成不同厚度的系列标准源，均匀平铺在测量盘底部，晾干后，置于低本底 α、β 测量仪上测量每个标准源的总 α 计数率。以总 α 净计数率为纵坐标，铺盘量为横坐标，绘制 α 自吸收曲线。当铺盘量达到一定的值时，总 α 净计数率不再随铺盘量的增加而增加，延长自吸收曲线的斜线段与水平段，交叉点对应的铺盘量即为标准源的有效饱和度，也就是方法的最小铺盘量。

理论估算：如果有效饱和厚度测量有困难，可直接按 0.1A mg 计算。

(3) 空白试样的测定　将空白试样在低本底 α、β 测量仪上测量总 α 计数率。总 α 计数率应保持在仪器总 α 本底平均计数率的 3 倍标准偏差范围内，否则应更换硫酸钙或采用空白试样的总 α 计数率代替仪器本底计数率。

(4) 实验室全过程空白试样的测定　将实验室全过程空白试样在低本底 α、β 测量仪上测量总 α 计数率。总 α 计数率应保持在仪器总 α 本底平均计数率的 3 倍标准偏差范围内，否则应选用放射性水平更低的化学试剂，或采用实验室全过程空白试样的 α 计数率代替仪器本底计数率。

(5) 标准源的测定　将标准源在低本底 α、β 测量仪上测量总 α 计数率，以计数率 R_s（s^{-1}）表示，并记录计数时刻，时间间隔和日期。

(6) 样品源的测定　样品源晾干后应立即在低本底 α、β 测量仪上测量总 α 计数率 R_x（s^{-1}），并记录计数时刻，时间间隔和日期。

测量时间的长短取决于样品和本底的计数率及所要求的精度。

仪器对同一样品源计数率的测量结果存在波动，需测量 5 次以上，取算术平均值。

7. 结果计算与表示

(1) 结果计算　样品中总 α 放射性活度浓度 C_α（Bq/L），按照式(7-29)进行计算。

$$C_\alpha = \frac{(R_X - R_0)}{(R_s - R_0)} \times \alpha_s \times \frac{m}{1000} \times \frac{1.02}{V} \tag{7-29}$$

式中　C_α——样品中总 α 放射性活度浓度，Bq/L；

　　　R_X——样品源的总 α 计数率，s^{-1}；

　　　R_0——本底的总 α 计数率，s^{-1}；

　　　α_s——标准源的总 α 放射性活度浓度，Bq/g；

　　　m——样品蒸干、灼烧后的残渣总质量，mg；

　　　1.02——校正系数，即 1020mL 酸化样品相当于 1000mL 原始样品；

　　　R_s——标准源的总 α 计数率，s^{-1}；

　　　V——取样体积，L。

(2) 结果表示　当测定结果小于 0.1Bq/L 时，保留小数点后三位，测定结果大于等于

0.1Bq/L 时，保留三位有效数字。

8. 注意事项

应选择与待测样品中放射性核素种类以及灼烧后残渣的化学组分中主要 α 射线能量相同或相近的核素作为标准源，以提高方法的准确度，如 ^{241}Am、U 或 ^{239}Pu 等。

应采用相同材质的玻璃器皿。

废水盐度较高时，测量灵敏度会降低。

固体中总 α 放射性的测量可参照本标准样品源的制备和测量部分。

二、水质中总 β 放射性的测定

1. 监测依据

《水质　总 β 放射性的测定　厚源法》（HJ 899—2017）。

总 β 放射性：指本标准规定的制样条件下，样品中 β 最大能量大于 0.3MeV 的不挥发的 β 辐射体总称。

本标准适用于地表水、地下水、工业废水和生活污水中总 β 放射性的测定。

方法探测下限取决于样品含有的残渣总质量、测量仪器的探测效率、本底计数率、测量时间等，典型条件下，探测下限可达 1.5×10^{-2} Bq/L。

2. 方法原理

缓慢将待测样品蒸发浓缩，转化成硫酸盐后蒸发至干，然后置于马弗炉内灼烧得到固体残渣。准确称取不少于"最小取样量"的残渣于测量盘内均匀铺平，置于低本底 α、β 测量仪上测量总 β 的计数率，以计算样品中总 β 的放射性活度浓度。

3. 试剂和材料

所有试剂的总 β 放射性低于方法的探测下限。

（1）硝酸（HNO_3）：$\rho = 1.42$g/mL。

（2）硝酸溶液：1+1。量取 100mL 硝酸，稀释至 200mL。

（3）硫酸（H_2SO_4）：$\rho = 1.84$g/mL。

（4）有机溶剂

无水乙醇：纯度≥95%（或丙酮：纯度≥95%）。

（5）硫酸钙（$CaSO_4$）：优级纯。

使用前应在 105℃下干燥恒重，保存于干燥器中。

（6）标准物质：以优级纯氯化钾为总 β 标准物质，使用前应在 105℃干燥恒重后，置于干燥器中保存。

4. 仪器和设备

（1）低本底 α、β 测量仪：仪器的性能指标应满足 GB/T 11682 中相关要求。

（2）分析天平：感量 0.1mg。

（3）可调温电热板：也可选电炉或其他加热设备。

（4）烘箱。

（5）红外箱或红外灯。

（6）马弗炉：能在 350℃下保持恒温。

（7）测量盘：带有边沿的不锈钢圆盘，圆盘的单位面积质量至少为 2.5mg/mm^2，测量盘的直径取决于仪器探测器的直径及样品源托的大小。

(8) 蒸发皿：石英或瓷制材料，200mL。使用前将蒸发皿洗净、晾干或在烘箱内于105℃下烘干后，置于马弗炉内350℃下灼烧1h，取出，在干燥器内冷却后称重，连续两次称量（时间间隔大于3h，通常不少于6h）之差小于±1mg，即为恒重，记录恒重质量。

(9) 研钵和研磨棒。

(10) 聚乙烯桶：10L。

(11) 一般实验室常用仪器和设备。

5. 样品

(1) 样品的采集和保存　采样前将采样设备清洗干净，并用原水冲洗3遍采样聚乙烯桶。样品采集后，按每升样品加入20mL硝酸溶液酸化样品，以减少放射性物质被器壁吸收所造成的损失。样品采集后，应尽快分析测定，样品保存期一般不得超过2个月，采样量建议不少于6L。

如果要测量澄清的样品，可通过过滤或静置使悬浮物下沉后，取上清液。

(2) 浓缩　同水质总α放射性测定样品（厚源法）浓缩方法。

(3) 硫酸盐化　沿器壁向蒸发皿中缓慢加入1mL的硫酸，为防止溅出，把蒸发皿放在红外箱或红外灯或水浴锅上加热，直至硫酸冒烟，再把蒸发皿放到可调温电热板上（温度低于350℃），继续加热至烟雾散尽。

(4) 灼烧　将装有残渣的蒸发皿放入马弗炉内，在350℃下灼烧1h后取出，放入干燥器内冷却，冷却后准确称量，根据差重求得灼烧后残渣的总质量。

(5) 样品源的制备　将残渣全部转移到研钵中，研磨成细粉末状，准确称取不少于0.1A mg的残渣粉末到测量盘中央，用滴管吸取有机溶剂，滴到残渣粉末上，使浸润在有机溶剂中的残渣粉末均匀平铺在测量盘内，然后将测量盘晾干或置于烘箱中烘干，制成样品源。

(6) 空白试样的制备　准确称取与样品源相同质量的硫酸钙，按样品源的制备相同步骤制成空白试样。

(7) 实验室全过程空白试样的制备　量取1L去离子水至2L玻璃烧杯中，加入20mL硝酸溶液，搅拌均匀后，加入0.13A mg的硫酸钙，按(2)~(4)操作，然后称取与样品源相同质量的残渣，制成实验室全过程空白试样。

(8) 标准源的制备　先将标准物质在研钵内研细，准确称取与样品相同质量的标准物质于测量盘中，按样品源的制备相同步骤制成标准源，晾干，记下铺源的日期和时间。

6. 分析步骤

(1) 仪器本底的测定　取未使用过、无污染的测量盘，洗涤后用酒精浸泡1h以上，取出、烘干，置于低本底α、β测量仪上连续测量仪器的总β本底计数率8h~24h，确定仪器本底的稳定性，取平均值，以计数率R_0（s^{-1}）表示。

(2) 有效饱和厚度（最小铺盘量）的确定　实际测量：分别称取80mg、100mg、120mg、140mg、160mg、180mg、200mg、220mg、240mg的标准物质于测量盘内，按样品源的制备相同步骤，制成不同厚度的系列标准源，均匀平铺在测量盘底部，晾干后，置于低本底α、β测量仪上测量每个标准源的总β计数率。以总β净计数率为纵坐标，铺盘量为横坐标，绘制β自吸收曲线，当铺盘量达到一定的值时，总β净计数率不再随铺盘量的增加而增加，延长自吸收曲线的斜线段与水平段，交叉点对应的铺盘量即为标准源的有效饱和度，也就是方法的最小铺盘量。

理论估算：如果有效饱和厚度测量有困难，可直接按 $0.1A$ mg 计算。

（3）空白试样的测定　将空白试样在低本底 α、β 测量仪上测量总 β 计数率。总 β 计数率应保持在仪器总 β 本底平均计数率的 3 倍标准偏差范围内，否则应更换硫酸钙或采用空白试样的总 β 计数率代替仪器本底计数率。

（4）实验室全过程空白试样的测定　将实验室全过程空白试样在低本底 α、β 测量仪上测量总 β 计数率。总 β 计数率应保持在仪器总 β 本底平均计数率的 3 倍标准偏差范围内，否则应选用放射性水平更低的化学试剂，或采用实验室全过程空白试样的 β 计数率代替仪器本底计数率。

（5）标准源的测定　将标准源在低本底 α、β 测量仪上测量总 β 计数率，以计数率 R_s（s^{-1}）表示，并记录计数时刻，时间间隔和日期。

（6）样品源的测定　样品源晾干后应立即在低本底 α、β 测量仪上测量总 β 计数率 R_x（s^{-1}）。并记录计数时刻，时间间隔和日期。

测量时间的长短取决于样品和本底的计数率及所要求的精度。

仪器对同一样品源计数率的测量结果存在波动，需测量 5 次以上，取算术平均值。

7. 结果计算与表示

（1）结果计算　样品中总 β 放射性活度浓度 C_β(Bq/L)，按照式(7-30)进行计算。

$$C_\beta = \frac{(R_x - R_0)}{(R_s - R_0)} \times \beta_s \times \frac{m}{1000} \times \frac{1.02}{V} \qquad (7-30)$$

式中　C_β——样品中总 β 放射性活度浓度，Bq/L；

R_x——样品源的总 β 计数率，s^{-1}；

R_0——本底的总 β 计数率，s^{-1}；

β_s——标准源的总 β 放射性活度浓度，Bq/g；

m——样品蒸干、灼烧后的残渣总质量，mg；

1.02——校正系数，即 1020mL 酸化样品相当于 1000mL 原始样品；

R_s——标准源的总 β 计数率，s^{-1}；

V——取样体积，L。

（2）结果表示　当测定结果小于 0.1Bq/L 时，保留小数点后三位，测定结果大于等于 0.1Bq/L 时，保留三位有效数字。

8. 注意事项

应选择与待测样品中放射性核素种类以及灼烧后残渣的化学组分中主要 β 射线能量相同或相近的核素作为标准源，以提高方法的准确度，如氯化钾，^{137}Cs、^{90}Sr 等。

应用采用相同材质的玻璃器皿。

废水盐度较高时，测量灵敏度会降低。

固体中总 β 放射性的测量可参照本标准样品源的制备和测量部分。

三、环境样品中微量铀的分析测定

铀是原子序数为 92 的元素，其元素符号为 U，是自然界中能够找到的最重元素。在自然界中有三种同位素，均带有放射性，拥有非常长的半衰期（数亿年到数十亿年），地球上存量最多的是铀-238（占99.284%），再就是可用作核能发电的燃料的铀-235（占0.711%），最少的是铀-234（占0.0054%），铀拥有12种人工同位素（铀-226～铀-240）。铀-235是制造核武器的主要材料之一，但在天然矿石中铀的3种同位素共生，其中铀-235的含量非常低，只有约0.7%。只有把其他同位素分离出去，不断提高铀-235的浓度，才能用于制造核武器，这一加工过程称为铀浓缩。

环境样品中微量铀的分析测定是严格按照《环境样品中微量铀的分析方法》（HJ 840—2017）执行。

本标准适用环境水样、空气、生物和土壤样品中微量铀的分析方法，也适用于对核设施营运单位、核技术利用单位、铀（钍）矿和伴生放射性矿开发利用单位的铀污染监测。

本节重点介绍激光荧光法测铀，激光荧光法对环境水、空气、生物、土壤样品中铀的测量范围分别为 2.0×10^{-8}～2.0×10^{-5} g/L（水样），2.0×10^{-11}～2.0×10^{-8} g/m³（空气取样体积为10m³时），1.0×10^{-8}～1.0×10^{-5} g/g 灰（生物样品灰量为0.05g时）和 1.0×10^{-7}～1.0×10^{-4} g/g（土壤样品量为0.10g时）。

1. 方法原理

向液态样品中加入的铀荧光增强剂与样品中铀酰离子形成稳定的络合物，在紫外脉冲光源的照射下能被激发产生荧光，并且铀含量在一定范围内时，荧光强度与铀含量成正比，通过测量荧光强度，计算获得铀含量。

2. 试剂

本方法所使用的试剂，铀含量高于环境水平的试剂不能用于实验过程。

(1) 氢氟酸（HF）：质量分数≥40%。

(2) 硝酸（HNO_3）：质量分数65.0%～68.0%。

(3) 硝酸溶液：$c(HNO_3)=1mol/L$。

(4) 硝酸溶液：1+1。

(5) 硝酸溶液：1+2。

(6) 硝酸酸化水：pH=2。

(7) 高氯酸（$HClO_4$）：质量分数70.0%～72.0%。

(8) 过硫酸钠（$Na_2S_2O_8$）。

(9) 氢氧化钠（NaOH）。

(10) 氢氧化钠（NaOH）溶液：质量分数4%。

(11) 铀荧光增强剂。

(12) 抗干扰型铀荧光增强剂使用液（土壤样品测定）：称取2.5g氢氧化钠，用100mL铀荧光增强剂溶解后，再用水定容至1000mL，摇匀，置于塑料瓶中保存备用。

(13) 八氧化三铀（基准或光谱纯，八氧化三铀含量大于99.97%）。

(14) 铀标准贮备溶液：$\rho(U)=1.00mg/mL$。

① 外购铀标准贮备溶液：购买有标准物质证书的铀标准溶液作为铀标准贮备溶液。

② 配制铀标准贮备溶液：将八氧化三铀放至马弗炉中850℃灼烧0.5h，取出，置于干燥器中冷却至室温。称取0.1179g于50mL烧杯内，用2～3滴水润湿后加入5mL硝酸，于电热板上加热溶解并蒸发至近干（控制温度防止溅出），然后用硝酸酸化水溶解，定量转入100mL容量瓶内，用硝酸酸化水稀释至标线。

(15) 铀标准中间溶液：$\rho(U)=10.0\mu g/mL$。

取 1.00mL 1.00mg/mL 的铀标准贮备溶液，用硝酸酸化水稀释至 100mL。

(16) 铀标准工作溶液：$\rho(U)=0.500\mu g/mL$。

取 5.00mL 10.0μg/mL 的铀标准中间溶液，用硝酸酸化水稀释至 100mL。

(17) 铀标准工作溶液：$\rho(U)=0.100\mu g/mL$。

取 1.00mL 10.0μg/mL 的铀标准中间溶液，用硝酸酸化水稀释至 100mL。

3. 主要仪器设备

(1) 铀分析仪：量程范围为 $1\times10^{-11}\sim2\times10^{-8}$ g/mL；检出下限≤2×10^{-11} g/mL；线性相关系数 $r\geqslant0.995$。

(2) 微量进样器：50μL，100μL。

(3) 分析天平：可读性 0.1mg。

(4) 石英比色皿：1cm×2cm×4cm。

(5) 聚四氟乙烯坩埚（有盖）：20~30mL。

(6) 铂坩埚：20mL。

(7) 马弗炉：控温精度±3℃。

(8) 空气取样器。

(9) 酸度计。

4. 样品的处理

(1) 样品采集、运输和保存　按照 HJ 61 相关规定进行水样、空气、生物样品及土壤样品的采集和保存。其中空气样品采样滤膜为过氯乙烯树脂合成纤维滤布，取样器直径为 100mm，取样头距地高 1.5m，流速 50~100cm/s。采样体积根据空气中铀含量确定（一般不少于 $10m^3$），记录采样时气温、气压、采样体积时，需换算成标准状况下体积。采样结束，将滤布存放于样品盒内。

(2) 样品预处理

① 水样　将水样静置后取上清液为待测样品。如水样有悬浮物，需用孔径 0.45μm 的过滤器过滤除去，以滤液为待测样品。

② 空气样品　揭开并弃去采样滤膜纱布，将过氯乙烯树脂合成纤维滤布放入铂坩埚中，置于马弗炉内缓慢升温至 700℃，灼烧 1h。

取出坩埚冷却后，加入 5mL 硝酸，在电热砂浴上加热，冒烟后，滴加氢氟酸 0.5mL，继续加热至近干（控制温度防止溅出）。如果灰分大，可再滴加氢氟酸直至脱硅完成。

取下坩埚，再加入 2mL 硝酸，蒸发至近干（控制温度防止溅出）。

用硝酸酸化水洗涤坩埚三次，合并于 10mL 容量瓶中，根据所用铀荧光增强剂的使用条件，以氢氧化钠和硝酸调节滤液 pH 值至合适范围，达到所用铀荧光增强剂使用要求，并定容至容量瓶标线，摇匀后作为待测样品。

③ 生物样品　将所采集的生物样品通过样品预处理、前处理（包括干燥、炭化、灰化等）手段，得到生物样品灰样。样品处理应当控制好炭化、灰化温度、防止明火，防止样品发生烧结。

生物样品灰分析称重时应均匀，并且样品灰应当有与该生物样品鲜重（或干重）确切的换算系数（灰鲜比或灰干比，即 1kg 鲜重或干重的生物样品经预处理、前处理后所得的灰重，以 g/kg 表示），仅需要给出灰样含量结果的除外。

称取 0.0200~0.0500g（根据样品中铀含量而定）生物样品灰于 50mL 的瓷坩埚中，置于马弗炉中600℃灼烧至灰化完全（无明显碳粒），取出稍冷后，加入20mL水和2.0g过硫酸钠，于电热板上加热，搅拌，直到气泡冒尽后蒸干。若在蒸干过程中仍有气泡，可稍冷却后再加入约15mL水，于电热板上加热直至无气泡后蒸干，固体物完全熔融。取下坩埚，冷至室温，加入15mL水，固体溶解后，稍微加热后转入离心管离心或过滤。用水洗涤容器与不溶物。收集滤液与洗涤液于25mL容量瓶中。弃去不溶物。

根据所用铀荧光增强剂的使用条件，以氢氧化钠和硝酸调节滤液pH值至合适范围，并定容至容量瓶标线，摇匀后为待测样品。

④ 土壤样品　取一定量通过140目筛的土壤样品，于恒温干燥箱内，在105～110℃温度条件下烘烤2h，取出置于干燥器冷却至室温。

称取0.0100～0.1000g样品于20mL～30mL聚四氟乙烯坩埚中，用少许水润湿，加入硝酸5mL、高氯酸3mL、氢氟酸2mL，缓缓摇匀，加坩埚盖，在调温电热板上加热约1h（注意控制温度不超过220℃），待样品完全分解后，去坩埚盖蒸发至白烟冒尽。取下坩埚，稍冷后沿壁加入硝酸1mL，再将坩埚置于调温电热板上加热（注意控制温度不超过220℃）至样品呈湿盐状（注意防止干枯）。取下坩埚稍冷后，趁热沿壁加入5mL已预热（60～70℃）的（1+2）硝酸，再于电热板上加热至溶液清亮时立即取下，用水冲洗坩埚壁，放至室温，转于50mL容量瓶中，用水洗涤坩埚三次，洗涤液合并于容量瓶中，并用水定容至容量瓶标线，摇匀，澄清。

移取5mL澄清样品溶液于50mL容量瓶中，并根据所用铀荧光增强剂的使用条件，以氢氧化钠和硝酸调节滤液pH值至合适范围，用水稀释定容至容量瓶标线，摇匀后为待测样品。

5. 分析步骤

（1）线性范围确定　以空白样品，按样品分析步骤操作，测量时按照仪器使用要求，将仪器的光电管负高压调节到合适范围，分数次加入铀标准溶液并分别测定记录荧光强度。以荧光强度为纵坐标，铀含量为横坐标，绘制荧光强度—铀含量标准曲线，确定荧光强度—铀含量线性范围，要求在线性范围内，$r>0.995$。计算荧光强度与铀含量标准比值B。

实际样品采用标准加入法进行测量，应当在线性范围内进行。

（2）样品测定

① 按照仪器操作规程开机并至仪器稳定，检查确认仪器的光电管负高压等指标与确定线性范围时的状态相同。

② 移取5.00mL待测样品溶液于石英比色皿中，置于微量铀分析仪测量室内，测定并记录读数N_0。

③ 向样品内加入0.5mL铀荧光增强剂（土壤样品测定用抗干扰型铀荧光增强剂使用液），充分混匀，注意观察，如产生沉淀，则该样品报废（注意：应将被测样品稀释或进行其他方法处理，直至无沉淀产生，方可进入测量步骤）。

④ 测定记录荧光强度N_1。

⑤ 再向样品内加入50μL 0.100μg/mL铀标准工作溶液（铀含量较高时，加入50μL 0.500μg/mL铀标准溶液），充分混匀，测定记录荧光强度N_2。

⑥ 检查N_2应处于标准曲线线性范围内，如超出线性范围，应将样品稀释后重新测定。

⑦ 检查N_2-N_1与加入的铀标准量的比值，应与标准曲线B值相符合。

6. 结果计算

(1) 水样铀含量按式(7-31)计算：

$$C_水 = \frac{(N_1 - N_0) \times C_1 V_1 K}{(N_2 - N_1) \times V_0} \times 1000 \tag{7-31}$$

式中 $C_水$——水样中铀的浓度，$\mu g/mL$；

N_0——样品未加铀荧光增强剂前测得的荧光强度；

N_1——样品加铀荧光增强剂后测得的荧光强度；

N_2——样品加铀标准工作溶液后测得的荧光强度；

C_1——测定荧光强度 N_2 时加入的铀标准工作溶液的浓度，$\mu g/mL$；

V_1——测定荧光强度 N_2 时加入的铀标准工作溶液的体积，mL；

V_0——分析用水样的体积，mL；

K——水样稀释倍数。

(2) 空气样品中铀含量按式(7-32)计算：

$$C_气 = \left(\frac{N_1 - N_0}{N_2 - N_1} - \frac{N_1' - N_0'}{N_2' - N_1'}\right) \times \frac{K C_1 V_1 V_2}{V_0 V Y} \tag{7-32}$$

式中 $C_气$——空气样品中铀的浓度，$\mu g/m^3$；

N_0'，N_1'，N_2'——测定试剂空白样品时相应的仪器读数；

V_2——样品处理时的定容体积，mL；

V——测定用样品体积，mL；

V_0——测定用标准状况下采样体积，m^3；

K——稀释倍数（样品需要稀释测量时用）；

Y——全程回收率，%；

其他符号同式(7-31)。

(3) 生物样品中铀含量按式(7-33)计算：

$$A_生 = \left(\frac{N_1 - N_0}{N_2 - N_1} - \frac{N_1' - N_0'}{N_2' - N_1'}\right) \times \frac{K C_1 V_1 V M}{V_0 W Y} \tag{7-33}$$

式中 $A_生$——生物样品中铀含量，$\mu g/kg$；

V——生物样品灰溶解后的定容体积，mL；

V_0——测定用样品体积，mL；

M——灰鲜（干）比，g/kg；

W——分析用生物样品灰质量，g；

其他符号同式(7-32)。

(4) 土壤样品中铀含量按式(7-34)计算：

$$A_土 = \left(\frac{N_1 - N_0}{N_2 - N_1} - \frac{N_1' - N_0'}{N_2' - N_1'}\right) \times \frac{K C_1 V_1 V_2}{V W Y} \tag{7-34}$$

式中 $A_土$——土壤样品中铀含量，$\mu g/g$；

V_2——样品处理时的定容体积，mL；

V——测定用样品体积，mL；

W——样品称样量，g；

其上符号同式(7-32)。

7. 全程回收率的测定

(1) 空气　使用空白滤膜，揭开并弃去滤膜纱布，加入铀标准溶液，按样品处理与测定步骤操作，按式(7-35)计算全程化学回收率 Y：

$$Y = \frac{C_1 - C_2}{C_0} \times 100\% \tag{7-35}$$

式中　C_1——空白样品铀含量测定值，μg；

　　　C_2——样品铀含量测定值，μg；

　　　C_0——铀标准加入量，μg。

(2) 生物与土壤样品　以试剂空白，加入铀标准溶液，按样品处理与测定步骤操作，按式(7-35)计算全程化学回收率 Y。

四、水中钍的分析测定

钍，元素符号 Th。钍是放射性元素，自然界的钍全部为 ^{232}Th，半衰期约为 1.4×10^{10} 年。钍是高毒性元素。钍经过中子轰击，可得铀-233，因此它是潜在的核燃料。钍广泛分布在地壳中，是一种前景十分可观的能源材料。

钍以化合物的形式存在于矿物内（例如独居石和钍石），通常与稀土金属联系在一起，一般河流、土壤、生物体内含量较少，天然存在钍是质量数为 232 的钍同位素。钍矿的开采、冶炼以及废物的排放，可造成局部环境的污染。

钍一般用来制造合金以提高金属强度；灼烧二氧化钍会发出强烈的白光，因此曾经用来做煤气灯的白热纱罩。钍衰变所储藏的能量，比铀、煤、石油和其他燃料总和还要多许多，而且钍的含量也要比铀多得多，所以钍是一种极有前途的能源。钍还是制造高级透镜的常用原料。用中子轰击钍可以得到一种核燃料——铀-233。另外，钍也是比铀更安全的核燃料，是未来核能利用的发展方向。

在环境样品中钍的含量较低，常用钍与某系有机溶剂形成有色的络合物，用分光光度法进行测量。水中钍的分析测定严格按照《水中钍的分析方法》(GB 11224—89) 标准执行。

1. 适用范围

本标准适用于地面水、地下水、饮用水中钍的分析，测定范围：$0.01 \sim 0.5 \mu g/L$。

2. 方法原理

水样中加入镁载体和氢氧化钠后，钍和镁以氢氧化物形式共沉淀。用浓硝酸溶解沉淀，溶解液通过三烷基氧膦萃淋树脂萃取色层柱选择性吸附钍，草酸-盐酸溶液解吸钍；在草酸-盐酸介质中，钍与偶氮胂Ⅲ生成红色络合物，于分光光度计 660nm 处测量其吸光度。水样中锆、铀总量分别超过 $10\mu g$、$100\mu g$ 时，会使结果偏高。

3. 试剂

所有试剂均为符合国家标准或专业标准的分析纯试剂和蒸馏水或同等纯度的水。

(1) 氯化镁（$MgCl_2 \cdot 6H_2O$）。

(2) 盐酸溶液：10%（体积分数）。

(3) 硝酸：浓度 65.0%～68.0%。

(4) 硝酸溶液：3mol/L。

(5) 硝酸溶液：1mol/L。

(6) 0.025mol/L 草酸-0.1mol/L 盐酸溶液。

(7) 0.1mol/L 草酸-6mol/L 盐酸溶液。

(8) 偶氮胂Ⅲ溶液：1g/L。

(9) 氢氧化钠溶液（10mol/L）：称取 200g 氢氧化钠，用水溶解，稀释至 500mL，贮存于聚乙烯瓶中。

(10) 钍标准溶液：10mg 钍-10％盐酸溶液，最大相对误差不大于 0.2％。
用盐酸溶液将钍标准溶液稀释至 1000mL，此溶液为每毫升含 10μg 钍。

(11) 三烷基氧膦（TRPO）萃淋树脂：50％（质量分数），60～75 目。

4. 仪器设备

(1) 玻璃色层交换柱：内径 7mm；
(2) 分光光度计；
(3) 离心沉淀机。

5. 采样

按国家关于核设施水质监测分析取样的规定进行。

6. 分析步骤

(1) 萃取色层柱的准备

① 树脂的处理　用去离子水将三烷基氧膦萃淋树脂浸泡 24h 后弃去上层清液。用硝酸溶液（3mol/L）搅拌下浸泡 2h，而后用去离子水洗至中性。自然晾干。保存于棕色玻璃瓶中。

② 萃取色层柱的制备　用湿法将树脂装入玻璃色层交换柱中，床高 70mm。床的上、下两端少量聚四氟乙烯丝填塞，用 25mL 硝酸溶液（1mol/L）以 1mL/min 流速通过玻璃色层交换柱后备用。

③ 萃取色层柱的再生　依次用 20mL 0.025mol/L 草酸-0.1mol/L 盐酸溶液、25mL 水、25mL 硝酸溶液（1mol/L）以 1mL/min 流速通过萃取色层柱后备用。

(2) 样品分析

① 取水样 10L，加氢氧化钠溶液调节至 pH 至 7，加 5.1g 氯化镁，在转速为 500r/min 搅拌下，缓慢滴加 10mL 氢氧化钠溶液。加完后继续搅拌半小时，放置 15h 以上。弃去上层清液，沉淀转入离心管中，在转速为 2000r/min 下离心 10min。弃去上层清液。用约 6mL 硝酸溶解沉淀。溶解液在上述转速下离心 10min，上层清液以 1mL/min 流速通过萃取色层柱。用 200mL 硝酸溶液（1mol/L）以 1mL/min 流速洗涤萃取色层柱，然后用 25mL 水洗涤，洗涤速度为 0.5mL/min。用 30mL 0.025mol/L 草酸-0.1mol/L 盐酸溶液以 0.3mL/min 流速解吸钍。收集解吸液于烧杯中，在电砂浴上缓慢蒸干。

② 将上述烧杯中的残渣用 0.1mol/L 草酸-6mol/L 盐酸溶液溶解并转入 10mL 容量瓶中，加入 0.50mL 偶氮胂Ⅲ。用 0.1mol/L 草酸-6mol/L 盐酸溶液稀释至刻度。10min 后，将此溶液转入 3cm 比色皿中。以偶氮胂Ⅲ溶液作参比液，于分光光度计 660nm 处测量其吸光度，从工作曲线上查出相应的钍量。

(3) 工作曲线绘制　准确移取 0，0.05mL，0.10mL，0.30mL，0.50mL 钍标准溶液（10μg/mL）置于一组盛有 10L 自来水的塑料桶中，按样品相同的步骤分析进行。以偶氮胂Ⅲ溶液作参比液，于分光光度计 660nm 处测量其吸光度。数据经线性回归处理后，以钍量为横坐标，吸光度为纵坐标绘制工作曲线。

7. 结果计算

试样中钍的浓度按下式计算：

$$C = \frac{m}{V} \tag{7-36}$$

式中　C——试样中钍的浓度，$\mu g/L$；

　　　m——从工作曲线上查得的钍量，μg；

　　　V——试样体积，L。

8. 注意事项

（1）显色剂偶氮胂Ⅲ溶液的使用期不得超过1个月，否则会影响钍的测定。

（2）在分析中，若需要更换试剂或分光光度计需要调整，更换零件时，必须重作工作曲线。

（3）对于碳酸盐结构地层的水样，由于含碳酸根较高，碳酸根与钍形成五碳酸根络钍阴离子 $[Th(CO_3)_5]^{5-}$ 从而影响钍的定量沉淀。此时，可在水样中加入过氧化氢，使钍形成溶度积小得多的水合过氧化钍（$Th_2O_7 \cdot 11H_2O$）沉淀。

（4）用硝酸溶解沉淀时，要缓慢加入，硝酸用量以恰好溶解沉淀为宜。此溶解液在上柱前，一定要离心，防止硅酸盐胶体及其残渣堵塞柱子。

（5）解吸液在蒸至近干时，应防止通风。

五、辐射环境监测标准分析方法

在选定测定分析方法时，凡有国家标准的，一律使用国家标准，没有国家标准的优先选用行业标准，选用其他方法需要报生态环境部批准，标准测量分析方法见表7-13。

表 7-13　辐射环境监测标准分析方法

监测项目	监测对象	标准号	标准名称
表面污染	污染表面	GB/T 14056	表面污染测定
氡及子体	空气	GB/T 14582	环境空气中氡的标准测量方法
氚	水	HJ 1126	水中氚的分析方法
钾-40	水	GB 11338	水中钾-40的分析方法
钴-60	水	GB/T 15221	水中钴-60的分析方法
铯-137	水、生物	HJ 816	水和生物样品灰中铯-137的放射化学分析方法
钋-210	水	HJ 813	水中钋-210的分析方法
钍	水	GB 11224	水中钍的分析方法
镭-226	水	GB 11214	水中镭-226的分析测定
镭-226	水	GB/T 11218	水中镭的α放射性核素的测定
钍	钍矿石	GB/T 17863	钍矿石中钍的测定

 同步练习

一、填空题

1. 碘-131即碘化钠口服溶液，无色澄清液体，碘-131发射的β射线可杀伤一部分甲状腺细胞，使甲状腺缩小，导致甲状腺合成的甲状腺激素减少，使甲亢表现消失，碘-131是一种相对原子质量为131的碘元素，它在元素周期表中是53号元素，则碘原子中的中子数为_____。

2. 根据我国《生活饮用水标准》（GB 5749—2022）及《生活饮用水标准检验方法 第 13 部分：放射性标准》GB/T 5750.13—2023）的国家标准，要求生活用水中的总 α 放射性限值为_____Bq/L，总 β 放射性限值为_____Bq/L。
3. 水质中总 α（厚源法）的测定原理是_____。
   总 β 放射性（厚源法）的方法原理是_____。
4. 激光荧光法测铀的方法原理是_____。
5. 水中钍的分析测定方法原理是_____。
6. 《水中钍的分析方法》（GB 11224—89）中规定，显色剂的使用期不得超过_____，否则会影响钍的测定。

二、简答题

1. 简述激光荧光法测水样中铀的测定步骤。
2. 简述水中钍的分析测定方法。

三、计算题

按照空气中微量铀的分析方法，为测定回收率，向样品中加入铀量 $0.100\mu g$，加入铀的样品中铀的测定值为 $0.084\mu g$，试计算回收率。

拓展知识

个人剂量监测

辐射监测包括辐射环境监测和个人剂量监测。个人剂量监测是指用辐射工作人员个人佩戴的剂量计进行的测量或对其体内及排泄物中放射性核素种类和活度所做的测量，以及对测量结果进行的分析和解释。监测的主要目的是对主要受照射的器官或组织所接受的平均当量剂量或有效剂量做出估算，进而限制工作人员个人接受的剂量，并且证明工作人员接受的剂量是符合有关国家标准的。附加目的是提供工作人员所受剂量趋势和工作场所条件以及有关事故照射的资料。

个人剂量监测可分为常规监测、操作监测和特殊监测三种不同类型。常规监测用于连续性作业，目的在于证明工作环境和工作条件是安全的，并且也证明没有发生需要重新评价操作程序的任何变化。操作监测是当某项特定操作开始时进行的监测。这种监测特别适用于短期操作程序的管理。特殊监测是在异常情况发生或怀疑发生时进行的监测。

依据工作人员受照射的情况，个人剂量监测可分为外照射个人剂量监测和内照射个人剂量监测。

外照射个人剂量监测 根据工作人员的工作性质、接受剂量的大小、剂量计的灵敏度和衰退特性等确定外照射个人剂量监测周期。对剂量计的基本要求是应能对正常和异常操作情况下所有可能遇到的各种辐射、能量、剂量当量和剂量当量率都能以适当的准确度估算出所接受的剂量当量。关于剂量计佩戴的位置，若使用一个剂量计，则剂量计应佩戴在代表躯干表面受照射最强的部位处，四肢特别是手部受照剂量较大时，需要佩戴附加的剂量计。在高照射量率辐射场的短期照射时，工作人员要佩戴几种个人剂量计，特别需要佩戴报警剂量计。为了执行辐射防护最优化纲要和及时防止意外照射，需要佩戴报警的个人剂量计，进行即时监测。用于监测β、X、γ辐射最常用的个人剂量计有胶片剂量计、辐射光致荧光玻璃剂量计和热释光剂量计。袖珍剂量计和报警剂量计可作为外照射个人剂量监测的辅助手段。

内照射个人剂量监测 首先应深入了解和分析操作放射性物质的工作场所、工艺特点、物料特性以及操作人员的技术熟练程度等情况,结合工作场所监测资料,确定出有害因素和需要进行监测的放射性核素的种类。经验表明,对操作大量气态和易挥发放射性物质的工作人员、在工作场所经常受到污染条件下从事核燃料处理和加工的工作人员、钚和其他超铀元素处理以及大量放射性核素的生产和操作的工作人员,应当进行体内放射性物质污染的常规监测。当可能发生明显的放射性核素摄入,或者已涉及到有可能明显地摄入放射性物质的事故时,应当进行特殊监测。根据工作人员的工作条件、操作量大小、放射性核素的种类和物理化学性质、内照射监测方法的灵敏度或探测下限、工作场所发生事故释放的可能性、工作人员先前体内放射性核素的沉积量以及人体内放射性核素的代谢规律等确定常规监测的频度。根据各种元素及其化合物在人体内的代谢规律辐射性质等确定内照射检验方法。

内照射检验方法主要有生物检验和体外直接测量两类。生物检验是利用化学分析程序和物理测量方法相结合的方法,对包括人尿、粪便、呼出气和鼻腔擦拭样品中放射性核素含量进行测量。尿样比较容易收集,尿中放射性核素的含量可以同体内含量联系起来,因此尿样中放射性核素含量分析测定是最常用的方法。体外直接测量包括利用全身计数器、肺部计数器、甲状腺计数器以及伤口探测器进行测量。此外,采用个人空气取样器测量放射性气溶胶和氡及其子体的吸入量,也是一种个人内照射监测方法。对于核电厂工作人员内照射个人监测,主要采用简易的全身计数器和甲状腺测量装置。根据有关摄入放射性核素的物理化学性质、摄入时间、摄入方式以及放射性物质在人体内的代谢模式等资料,结合监测数据,估算出各器官或组织的待积剂量当量,进而估算出个人所受的待积有效剂量当量。

参考文献

[1] 中国环境噪声污染防治报告［R］. 北京：中华人民共和国生态环境部，2022.
[2] 王宝庆. 物理性污染控制工程［M］. 北京：化学工业出版社，2020.
[3] 温香彩，李宪同. 环境噪声监测案例汇编［M］. 北京：科学出版社，2019.
[4] 刘铁祥. 物理性污染监测［M］. 北京：化学工业出版社，2009.
[5] 鞠美庭. 环境类专业课程教育内容选编［M］. 北京：化学工业出版社，2022.
[6] 王延俊. 环境样品放射性监测与分析［M］. 甘肃科学技术出版社，2017.
[7] 杨维耿，翟国庆. 环境电磁监测与评价［M］. 浙江大学出版社，2011.
[8] 张冬云. 建筑施工噪声扰民案例处理实例以及由此引起的思考［J］. 环境与发展，2014.
[9] 王连军. SoundPLAN 在噪声预测中的技巧及存在的问题［J］. 北方环境，2013.
[10] 王小明，廖银辉，张莉. 某工业企业厂界噪声监测案例分析［J］，化工管理，2016.
[11] 李刚，李玉龙，王磊，等. 新疆乌鲁木齐市移动通信基站电磁辐射监测与污染状况分析［J］. 四川环境，2019.
[12] GB 12348—2008. 工业企业厂界环境噪声排放标准.
[13] HJ 972—2018. 移动通信基站电磁辐射环境监测方法.
[14] HJ 1151—2020. 5G 移动通信基站电磁辐射环境监测方法（试行）.
[15] GB 8702—2014. 电磁环境控制限值.
[16] HJ/T 10.3—1996. 辐射环境保护管理导则　电磁辐射环境影响评价方法与标准.
[17] GB 3096—2008. 声环境质量标准.
[18] GB 5749—2022. 生活饮用水标准.
[19] GB 12523—2011. 建筑施工场界环境噪声排放标准.
[20] GB 12525—90. 铁路边界噪声限值及其测量方法.
[21] GB 22337—2008. 社会生活环境噪声排放标准.
[22] GB/T 15190—2014. 声环境功能区划分技术规范.
[23] HJ 640—2012. 环境噪声监测技术规范　城市声环境常规监测.
[24] HJ 661—2012. 环境噪声监测点位编码规则.
[25] HJ 706—2014. 环境噪声监测技术规范　噪声测量值修正.
[26] HJ 707—2014. 环境噪声监测技术规范　结构传播固定设备室内噪声.
[27] HJ 841—2017. 水、牛奶、植物、动物甲状腺中碘-131 的分析方法.
[28] GB/T 5750.13—2023. 生活饮用水标准检验方法　第 13 部分：放射性指标.
[29] HJ 840—2017. 环境样品中微量铀的分析方法.
[30] GB 11224—89. 水中钍的分析方法.